“科学的力量”科普译丛

Power of science

第二辑

“十二五”国家重点图书出版规划项目

本书由上海文化发展基金会图书出版专项基金资助出版

A Piece of the Sun

the Quest for Fusion

一瓣太阳

——可控核聚变的寻梦之旅

修订版

[英]丹尼尔·克利里 著　　石云里 主译

丛书编委会

“科学的力量”科普译丛（第二辑）

序

科学是技术进步和社会发展的源泉，科学改变了我们的思维意识和生活方式；同时这些变化也彰显了科学的力量。科学技术飞速发展，知识内容迅速膨胀，新兴学科不断涌现。每一项科学发现或技术发明的后面，都深深地烙下了时代的特征，蕴藏着鲜为人知的故事。

近代，科学给全世界的发展带来了巨大的进步。哥白尼的“日心说”改变了千百年来人们对地球的认识，原来地球并非宇宙的中心，人类对宇宙的认识因此而发生了第一次飞跃；牛顿的经典力学让我们意识到，原来天地两个世界遵循着相同的运动规律，促进了自然科学的革命；麦克斯韦的电磁理论，和谐地统一了电和磁两大家族；戴维的尿素合成实验，成功地连接了看似毫无关联的有机和无机两个领域……

当前，科学又处在一个无比激动人心的时代。暗物质、暗能量的研究将搞清楚宇宙究竟由什么东西组成，进而改变我们对宇宙的根本理解；干细胞的研究将为我们提供前所未有的战胜疾病的方法，给我们提供新的健康细胞以代替病变的细胞；核聚变的研究可以从根本上解决人类能源短缺的问题，而且它是最清洁、最廉价和可再生的……

以上这些前沿研究工作正是上海教育出版社推出的“‘科学的力量’科普译丛”（第二辑）所收入的部分作品要呈现给读者的。这些佳作将展现空间科学、生命科学、物质科学等领域研究的最新进展，以通俗易懂的语言、生动形象的例子，展示前沿科学对社会产生的巨大影响。这些佳作以独特的视角深入展现科学进步在各个方面的巨大力量,带领读者展开一次愉快的探索之旅。它将从纷繁复杂的科学技术发展史中,精心筛选有代表性的焦点或热点问题,以此为突破口,由点及面来展现科学技术对人、自然、社会的巨大作用和重要影响,让人们对科学有一个客观而公正的认识。相信书中讲述的科学家在探秘道路上的悲喜故事,一定会振奋人们的精神;书中阐述的科学道理,一定会启示人们的思想;书中描绘的科学成就,一定会鼓舞读者的奋进;书中的点点滴滴,更会给人们一把把对口的钥匙,去打开一个个闪光的宝库。

科学已经改变、并将继续改变我们人类及我们赖以生存的这个世界。当然,摆在人类面前的仍有很多的不解之谜,富有好奇精神的人们,也一直没有停止探索的步伐。每一个新理论的提出、每一项新技术的应用,都使得我们离谜底更近了一步。本丛书将向读者展示,科学和技术已经产生、正在产生及将要产生的乃至有待于我们去努力探索的这些巨大变化。

感谢中科院紫金山天文台的常进研究员在这套丛书的出版过程中给予的大力支持。同时感谢上海教育出版社组织了这套精彩的丛书的出版工作。也感谢本套丛书的各位译者对原著相得益彰的翻译。

是为序。

南京大学天文与空间科学学院教授

中国科学院院士

发展中国家科学院院士

法国巴黎天文台名誉博士

方成

2015 年 7 月

献给贝尔纳黛特
她使一切成为可能

也献给萨姆和埃伦
感谢他们无限的热情

目　录

第 1 章　为什么是聚变?

我们把所有的一切都归因于聚变,太阳和在夜空中闪烁的每颗恒星都是由聚变提供能量的。没有它,宇宙就会是黑暗、阴冷和毫无生命的。聚变使宇宙中充满光和热,使地球上和可能的其他地方诞生生命。地球自身、我们呼吸的空气以及构成我们的物质,都是聚变的产物。

在"大爆炸"之后,一旦一切都冷却到中性原子能够形成的程度,宇宙中马上就会出现氢原子——最简单的原子,这些氢原子分布相当均匀。当然也存在少量的氦和一些神秘的暗物质,但是宇宙看上去仅仅只是氢原子和空旷的空间。那么,聚变是怎么将这张苍白的画布变换成今天可见的天体"动物园"(指星座)和我们身边 92 种元素的呢?首先它从引力中获得一些帮助。尽管引力是一种很弱的力,但经过数千万年的作用,它将氢原子彼此拉近。氢原子聚集成球形团块,引力则随着团块的增大而增大,从而吸入更多的氢原子。

随着这些由氢原子所组成的球逐渐增大,外部全部氢的重力导致球心气体的压力随之增加,而增大的压力则产生更高的温度(想想充气中的自行车轮胎:你打气越多,它变得越热)。温度越高意味着原子运动得越快,也就越来越剧烈地相互碰撞。当温度达到一定程度时,强烈的碰撞会把带负电的电子从原子核外层撞飞。就氢原子来说,这些核仅由一个简单的亚原子粒子构成,也就是带正电的质子。结果就产生了等离子体:一股带电粒子的热涡流。

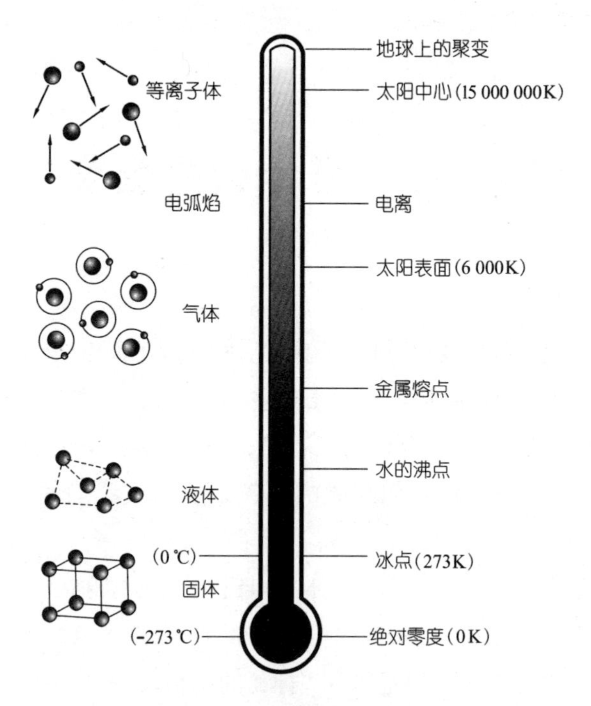

在高温状态下,等离子体(电离的气体)成为除固体、液体和气体之外的第四种物态。

当新生星增长到一定大小时——大致是地球质量的28 000倍,其核心温度达到1 000万摄氏度,聚变开始发生。聚变只不过是两个原子核相互融合而形成一个更大的核,但却很难做到,因为所有原子核都带有正电荷,同种电荷相斥。正在形成的恒星中心相互碰撞的质子就是如此。然而,当温度达到几百万摄氏度时,原子核之间碰合的猛力将突破静电斥力,并通过另一种近距离作用力相互结合。这就是使质子同它不带电的伙伴——中子相互结合,形成原子核的那种力。在这种力能够捕获它们,并把它们连在一起形成一个新原子核之前,两个碰撞质子之间的距离必须达到亚原子水平。但是,两个质子形成的核本身并不稳定,因此大部分质子对几乎都立刻分裂。

在非常偶然的情况下,这些短暂聚合体中的一个质子会很快衰变成一个中子。由一个质子和一个中子组成的原子核——也就是氘核,是很稳定的,新原子核因此得以存活下来。随着时间推移,这个过程会在原恒星的中心创造出越来越多的氘核,而当它们的量积累到足够多时,另一种反应开始发生。例如,一个氘核可以和另一个质子聚合产生一个氦-3(两个质子加一个中子);而且,一旦有足够的氦-3,两个氦-3可以聚合成一个氦-4(两个质子加两个中子),并放出两个质子。这些反应是链式核聚变的开始,结果产生了锂和铍两种元素。

作为副产品,这些聚变会产生热量。举例来说,一个氦-3的原子核要比产生它的原子核对略轻(在这个例子中是一个氘核和一个质子)。这个质量并没有消失,它在聚变过程中变成了能量。因此,这种链式反应一旦开始,无数的原子核将参与聚变,原始恒星的中心会变成一座狂暴的熔炉,温度进一步升高,导致更多的反应发生。这个简单过程将气体球变成一个成熟的恒星,并且正是它——或某种非常相似的反应链——为所有的恒星提供了能量,从被认为在大爆炸之后1.5亿年最早被点亮的那些恒星,一直到宇宙137亿年历史上的所有恒星。

聚变还有更多的戏法。在一个恒星生命的末期,当所有的氢都被“烧”完时,它便开始了消耗氦的链式反应,产生出铍、碳和氧。当所有的氦被用尽,其他链式反应又开始消耗这些原子核,并产生出更重的元素。通过这种方式,在一个恒星的死亡过程中,聚变创造了直到铁的所有元素。最终,当不再有聚变燃料存在,恒星的残留部分将在自身引力的作用下坍缩。如果是一颗大恒星,这种坍缩将释放非常大的引力能,在一场天翻地覆的大爆炸中将恒星外层崩飞,这就是超新星。超新星的能量如此强烈,能使恒星灰烬中遗留的重核进一步聚合。这些聚变又产生了其他所有的元素,从铁到铀,以至超铀元素。

这样,在一个恒星的生命周期里,聚变以氢为原材料,将它锻造成周期表中的所有其他元素。而当恒星最终爆炸时,它将这些元素散播到太空中。在那里,它们与新的氢混合,并慢慢结合成新的恒星和行星。因此,这些第二代恒星和它们周围形成的伴随行星中都含有元素的混合物,这使一些行星形成了岩石表面、海洋、大气和生命。除氢之外,你身体中的每一个原子都是在某颗恒星的漫长死亡过程中经由聚变创造的。

为了搞清楚究竟是什么使太阳和所有其他恒星发光,从19世纪下半期到20世纪早期,科学家一直在研究。令他们困惑的是,太阳如何能够在数十亿年间不断释放出如此巨大的能量而不会出现燃料短缺。到20世纪30年代后期,他们已经弄清了上述聚变反应的大致细节,并得出了自己的答案。这个答案将一颗思想的种子植入了一些人的头脑之中。由于第二次世界大战,这颗种子的萌发滞留了一段时间。但是,战争结束之后,它很快开始发芽。这颗种子是什么?它是这样一种想法:如果聚变在数十亿年间为太阳提供能量,那么,在能够加以控制的情况下,它是否同样能为地球提供无尽的能量?古希腊神话人物普罗米修斯(Prometheus)从神那里盗取火种,并把它交给人类,导致了进步、技术和文明。科学是否能"盗取"太阳的能量,并在地球上将它重新点燃,以此为全人类造福?

普罗米修斯的下场很惨——他因为自己的罪过而被链子永远锁在了一块岩石上。战后科学家们不用去担心那图谋报复的宙斯(Zeus)。事实上,他们认为驯服聚变会比较容易。恒星使它看起来似乎很容易:使足够多的氢聚集成团,施加引力,聚变就……发生了。然而在地球上可没有像恒星上那样容易实现的有利条件,其中就包括那种等效于千万个地球的重力,它能够对核心形成挤压,将氢加热和压缩至聚变温度。科学家不得不寻找其他某种方式来实现对氢的加热和压缩——这究竟会有多难？

尽管战争年代是灾难性的，但期间还是产生了一些技术奇迹。刚开始，一些人仍然在马背上作战，但很快战争中大量使用了快速移动的装甲坦克、远程空中轰炸机、巨型航空运输机以及潜艇。到了战争后期，还出现了能攻击几百英里外目标的火箭、喷气引擎飞机，以及最重要的——一种能摧毁整座城市的炸弹。战后，在一些科学家中弥漫着一种乐观情绪。既然他们在6年的战争时期都能取得如此多的成就，那么想象一下他们在和平时期该能做些什么。

其中之一就是发展核能。不过这并不是聚变，而是另外一种核反应，投掷在日本广岛和长崎的原子弹所利用的反应过程——裂变。裂变，从某种意义上来说是聚变的逆过程。在裂变中，我们所知道的一些最大的核，比如铀，分裂成两个新的核。这个起始核比裂变反应后得到的碎片稍重一些，那部分消失的质量在反应过程中转化成了能量。与聚变不同，裂变无需高温触发，大的核被高速运动的中子击中后很容易分裂。这是在1938年的新发现，一些核分裂时会附带产生中子，从而导致一种链式反应的开启：一个核被一个中子击中，它分裂并射出两个中子；这两个中子击中两个新核又射出四个中子，以此类推。这种链式反应使原子弹——裂变炸弹成为可能：如果你集合了一堆像是铀或者钚这样的所谓可裂变物质，且超过某一临界量，链式反应就会自发开始并失去控制，在一瞬间发生爆炸。

在加入曼哈顿计划（第二次世界大战期间盟军的原子弹研制计划）的科学家们制造出原子弹之前，他们在世界上第一座反应堆中以一种可控的方式测试了链式反应。该反应堆是秘密建设的，就位于芝加哥大学（University of Chicago）体育场所在的施塔格足球场（Stagg Field）底下的一个壁球场内，被称为芝加哥1号堆，因为组成它的是一堆铀和石墨块。反应堆的建设由恩里科·费米（Enrico

Fermi）领导，他是一位著名的意大利裔美国物理学家。石墨吸收中子以减缓裂变反应。反应堆中的石墨块是经过精心设计而特别排列的，既保证有足够多的铀彼此足够接近，以维持链式反应，同时又不足以让它失控并发生爆炸。反应堆周围既没有辐射屏，也没有采取措施防止可能的爆炸——费米认为无须如此，他对于自己的计算足够自信。1942 年 12 月 2 日下午 3 点左右，费米的助手们从反应堆中心慢慢拉出一根石墨控制棒。按照计算，在反应堆中，这点石墨量的减少恰好能允许链式反应开始。费米盯着一台中子计数器，看到中子数量随着控制棒被抽出开始上涨。在一群显要人物的见证下，费米启动了第一次可控核反应，持续了近半个小时，然后重新插入控制棒中止反应。

战争结束之后，工程师们在第一时间内将这项技术投入商业用途。第一座用来发电的核反应堆于 1951 年在美国建成，第一个向电网供电的反应堆则于 1954 年在苏联建成，第一座真正的商用核电站于 1956 年在英国开始运转。在那时，许多人预期核动力发电是廉价且无限的。但是，将裂变用作能源仍存在问题。

第一，铀是一种有限的资源，一些预测说在 21 世纪结束前铀就可能变得非常稀缺。

第二是安全问题：因为裂变反应堆依靠链式反应，反应的运行可能会过速，而反应堆则可能会因此而过热。反应堆虽然不会像原子弹那样引起核爆炸，因为其内部的可裂变物质太过分散；但是它会导致过热并熔化核芯——就像 1979 年发生在三哩岛的事故，或引起火灾——就像 1986 年发生在切尔诺贝利的事故。反应堆中包含有数吨的铀或钚燃料，并且在运行一段时间后还要产生许多放射性废燃料，其中一些对人危害极大。当事故发生时，危险的是这种放射性物质的扩散范围又远又广。在三哩岛，这些物质的扩散受到了控制；但在切尔诺贝利却没有。

第三,就是废料问题。一座发电功率为 10 亿瓦的标准核电站每年会产生约 300 米^3 低、中水平的放射性废料,30 吨的高放射性废料。与同样产能的火力电站产生的废料(其中一些也具有相当的毒性)相比,这样的数量微不足道。然而,其中一些核废物的放射性即便不会保持数百万年,也会持续数十万年,这才是难以应付的问题。低、中水平的放射性废物可以近地表掩埋,其放射性会在短短几十年内衰减到安全等级。而高放射性废物则需要特殊处理,以保证它在数万年内不会被人类和其他生物所接触。仅仅想象一下如何去做这件事就是一种苛求,因此只有少数国家通过在地下深处建造永久储存库来处理这个问题,储存库被装满时就会被密封。其他国家则把废料存储在守卫森严的地表设施中。每年,世界上所有的反应堆总共要产生 10 000 米^3 的高放射性废料。

在喧闹的战后世界,随着一些国家开展用裂变获取核能的商业化竞争,一些科学家则意识到,尝试用核聚变来获取能量应当是一个更好的主意。支持核聚变的论点是极富吸引力的。首先,燃料是存在的:聚变消耗的是氢,或者更准确地说是氢的两种同位素,氘和氚。氘原子仅仅是一个氘原子核(一个质子和一个中子)加一个核外电子;而氚的原子核内则有两个中子。如果使氘和氚聚合,你会得到氦和一个中子。

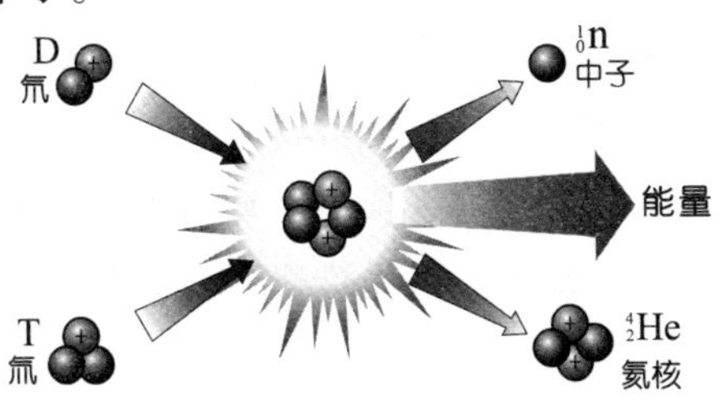

一个氘(D)与一个氚(T)以足够大的速度碰撞就会发生聚变,产生氦($^4_2$He)、一个中子($^1_0$n)和许多能量。

氘很容易从水中提取。海水的每 6 700 个氢原子中就有一个是氘原子。这看上去似乎并不多,但是考虑到全世界海洋中水的数量,其中有足够支持世界数十亿年能源需求的氘。氚更富于变化,因为它是一个不稳定的原子核,半衰期为 12 年,所以必须人工制造。最简单的方法是用锂,一种常在一些电池中使用的金属。当锂被中子轰击时,会分裂成氦和氚。任何中子源都能引发这一反应,而由于聚变反应堆本身就能产生大量中子,人们认为其中一部分中子可以用来制造氚燃料,以供消耗。锂可以从易于开采的矿物中提取,足够支撑全世界数百年的用电需求。当这部分矿产耗尽时,海洋中还存在足够数百万年使用的锂。

当你了解一座聚变反应堆到底需要多少燃料时,就能够理解这似乎远远过量的燃料供应。1 座 10 亿瓦的火力电站每天需要用 100 节火车车皮装载的 10 000 吨煤。相反,产出同样能量的核电站每天仅需消耗 1 千克的氘-氚燃料。通过聚变,一台笔记本电脑电池里的锂和 45 升水里的氘产生的电能,完全可以满足一个普通英国消费者 30 年的需求。

聚变是一个核反应过程,所以有人会担心它的安全性。聚变存在一些安全问题,但是与裂变反应堆相比,则是小巫见大巫。维持聚变反应是十分困难的,如果聚变反应堆的控制中存在任何故障,反应马上就会自然停止。反应过程就算失控也不会持续很长时间,因为聚变反应堆中的燃料很少。裂变反应堆的核芯存有够用数年的燃料,与之不同,聚变反应堆里每次都只有约 10 张邮票那么重的燃料,仅能维持几秒钟的反应。保存在反应堆外的燃料不存在任何反应的风险:只有在反应堆中被加热到超过 1 亿摄氏度时,它才会开始“燃烧”。

氚是一种放射性气体,所以对人类有害。但由于氚是现场产生的,所以一座聚变核电站无须保持大量备用存储。在那些小概率事件中，比如说恐怖分子炸毁核电站或是用飞机撞击核电站，或者是核电站受到地震和海啸（就像日本福岛核电站）袭击，也无须疏散附近居民。无论如何，氚是氢的一种，一种曾用于气球和飞艇上浮的气体；它在地球上的自然运动趋向是笔直向上的。

聚变反应堆确实会产生一些放射性废物，但与裂变相比，其数量仍然是微不足道的。聚变燃烧后的“灰烬”是氦，是被用来填充派对气球、放飞飞艇以及冷却核磁共振仪器的惰性气体。在经过反应过程中产生的高能中微子数十年的轰击之后，聚变堆结构中的金属和其他物质也会具有温和的放射性。所以当拆除一座核电站时，需要将它在浅矿坑中埋上数十年，但时间一到就可以安全地对这些材料进行回收利用。聚变不会产生需要数千年来降解的高放射性废料。

聚变好得似乎难以置信，对于20世纪40年代晚期和50年代早期的聚变研究先驱们来说，尽管他们尚未弄清全部细节，但是显然，相对于裂变，聚变会是具有巨大优势的能源。聚变的早期支持者中存在一种理想主义观点，他们几乎全部集中在英国、美国和苏联。所有物理学家都被曼哈顿计划释放的能量所震惊，许多人感到了对原子弹所引发灾难的一种责任感。聚变提供了一条和平利用核技术的途径，能让所有人受益。早期有关聚变的大量工作都是在武器实验室中进行的，因为那里是核物理学家们所在的地方。但是，后来他们中的许多人离开了实验室，到军事单位以外的地方继续从事聚变研究。

那时，这些持技术乐观主义观点的早期先驱们认为，他们能在10年内掌控聚变，然后转而研究商用电站，与裂变研发的时间表相同。他们知道，自己必须把氢加热到非常热，至少1亿摄氏度。在这种温度下，固体、液体甚至气体都无法存在，所以他们必须处理的是等离子体——存在于太阳核心的第四种物质形态,其中带负电的电子和带正电的离子相互独立地运动。20 世纪中期,科学家们对等离子体了解不多,尤其是超高温等离子体。他们必须建立起一个系统,能够容纳等离子体,将它加热到超过太阳核心的温度,并让它一直不接触边缘,因为超高的温度会点燃或熔化几乎所有的物质。

早期热衷于研究聚变的人们并没有被这些困难所吓倒,他们利用了等离子体同普通气体之间的关键差异:等离子体由带电粒子组成。当带电粒子在电场或磁场中运动时,会受到一个特定方向的力的作用。所以,研究者开始建造有复杂磁场和电场穿过的容器,将等离子体中的粒子推向中心,远离容器壁。这些容器有时是笔直的管子,有时是甜面包圈那样的环形和其他形状。最初他们是用科学家们最喜爱的材料玻璃制造的,小到可以放在实验台上,周围长出一堆又乱又密的电线、泵和测量仪器。

很快,研究者们研究出如何在他们的装置中创造出等离子体,以及如何将它们加热至高温,哪怕只持续极短的一瞬。虽然尚未得到聚变,但是储存和加热等离子体的成功激励他们去尝试新想法,制造更多的装置,并把它们越造越大。这些装置的制造者们还赋予它们很奇怪的名称,诸如箍缩(pinches)、磁镜装置(mirror machines)、仿星器(stellarators)、托卡马克(tokamaks)等。它们都未能达到聚变温度的原因之一,是有太多的热量从等离子体中逃逸出去,所以他们猜测装置越大越好,因为等离子体越多,热量从中心逃逸所需的时间就越长。很快,他们的装置已经大到不能放在实验台上,而占据了整个房间,后来又塞满了飞机库那么大的建筑。

他们还遇到了其他问题。使用高速摄像机观察等离子体时,它就像日光灯管里的等离子体那样发光——它在蠕动、膨胀,好像要挣脱自己的镣铐。这种被称为不稳定性的现象是前所未见的,也许是因为此前还无人尝试驾驭等离子体。为了找到约束它们的方法,研究者们在前进过程中不得不对等离子体理论进行调整或补充。

聚变研究中出现了一种模式:科学家们会制造出一台新装置;在运转中它会在达到聚变条件的方向上取得进步,但却又不像他们预想的那样多;这要么是因为装置表现平平,要么是因为他们遇到了某种未预见的新不稳定性;前行之路是制造另一台更大更好的装置,如此等等。聚变有了承诺很多但却从未兑现的名声。一个反复提到的玩笑是:“聚变是未来的能源,并且永远都将是。”

到20世纪80年代为止,反应堆已经从早期的台式装置开始走过了很长一段路程。在那十年里,到当时为止最大的几座聚变反应堆已经建成:三层楼大小的欧洲联合环(Joint European Torus,JET),以及它的美国副本——托卡马克核聚变试验反应堆(Tokamak Fusion Test Reactor,TFTR)。建造这些反应堆的目标是最终确立聚变研究上的第一个伟大的里程碑——达到能量收支平衡,也就是聚变反应产生的能量等于加热等离子体所使用的能量的状态。到当时为止,所有的反应堆都是能源的净消耗者。要想使聚变成为可靠的电力来源,就必须克服这个障碍。但是,尽管研究者们付出了10余年英雄般的努力,这两台巨大的装置都没能达到能量收支平衡。欧洲联合环最好的成绩创造于1997年,发出了16兆瓦的聚变能量,但这大约只是投入等离子体加热的能量的70%——接近了,但还远未达到。

一些人毕生的工作就是研究聚变,然后退休,并对被他们视作浪费的职业生涯感到痛苦。不过,这并没有阻止新成员每年被招募到这个行业:乐观的年轻毕业生热衷于抓住对世界有真实意义的复杂科学问题。他们的人数在最近几年中一直在增加,这也许是受到了两个因素的激励:首先,一台新的装置正在建造之中,这项全球性的巨大努力最终也许会证明,聚变能够成为能源的净产出者;第二,考虑到石油供应减少和气候变化的双重威胁,对于聚变的需求之大更是前所未有。

这台新装置是国际热核聚变实验堆(International Thermonuclear Experimental Reactor),或者ITER(与英文单词“eater——食者”的发音相同),这是现在大家喜欢的叫法。在过去60年里,已经有许多装置被标榜为将要作出重大突破的“那一个”,但最后却都是无果而终。不过,考虑到它的前任欧洲联合环曾那么接近能量收支平衡,国际热核聚变实验堆必定具有一些胜算。作为某个仓促上马的计划的组成部分,早先那些装置几乎都是清一色的应急之作。与此相反,国际热核聚变实验堆在开始建造前已经研发了四分之一个世纪;并且,由于建立国际合作中的微妙政治,它经历了无尽的评估、再评估、再考虑和再设计。它也许不是完美的聚变反应堆,但却是数千名研究者们的最好设想,他们自20世纪80年代中期开始就在为其设计作出贡献。

国际热核聚变实验堆不是一座电站,它不会连接到电网,也不会发一点电;但是,其设计者的目标是大大跨越能量收支平衡,激发出足够的聚变反应,从而产出10倍于为其运转而投入的能量。达到这个目标需要一座史诗般规模的反应堆。包含反应堆的建筑将高达60米,并向地下延伸13米——总高度超过了巴黎的凯旋门。内部的反应堆重23 000吨——继续巴黎的主题,超过了3个埃菲尔铁塔的重量。反应堆的心脏是高温等离子体有望点燃的地方,这一空间的高度大约是一个成年人身高的4倍,体积达到840米^3,远超欧洲联合环侏儒般的100米^3。

就在写作本书的时候,在法国南部卡达拉舍(Cadarache)的国际热核聚变实验堆工地上,工人们正在打地基、盖房子、安装电缆,从总体上准备场地。全世界的工厂正在生产即将组成这座反应堆的各种部件,准备运往法国,并现场组装。它们的大小和数量异常惊人。在6个不同的国际热核聚变实验堆成员国中,工厂里正在大量制造为反应堆磁体准备的铌-锡超导导线。完成以后,这些工厂将制造出80 000千米长的导线,足够绕赤道两圈。巨大的D形超导线圈是用来盛放等离子体的电磁体,每个高14米,重360吨,相当于一架满载的大型喷气客机。国际热核聚变实验堆需要18个这样的磁体。也许国际热核聚变实验堆最令人难以置信的数据是它的造价:130亿~160亿欧元,这也是它要通过国际合作进行制造的原因之一。这将使它成为有史以来最昂贵的一个实验——是欧洲核子研究组织(CERN)的大型强子对撞机(Large Hadron Collider)的两倍。作为东道主,欧盟承担了费用的45%;其余部分由中国、印度、日本、俄罗斯、韩国和美国均摊。按照目前的进度,反应堆将于2019年或2020年建成。

未来,能源会成为事关国家安全的问题。对加盟的国家而言,如此巨大的花费是一场针对这样一种未来的赌博。大部分人都同意,21世纪中的石油开采量将会急剧下降。虽然还有充足的煤炭,但大量燃煤会增加灾难性气候变化的风险。留给世界未来能源供给的选择并不多。由于很多原因,传统的核能让人心神不宁,包括安全性、核废料处理问题、核扩散和恐怖主义等。2011年3月,地震和海啸后发生在日本福岛第一核电站的灾难提醒了世界,即使是最高级的安全装置也仍然会遭受袭击。

像风能、潮汐能和太阳能这样的新能源无疑会成为我们未来能源的一部分。在某种意义上,它们只是从我们巨大的本地聚变反应堆——太阳那儿获取能源。新能源发电的成本很高,但近几十年内则出现了大幅下降;而随着技术上的持续进步,它还会进一步下降。然而,对于我们现代的高能耗社会而言,仅仅依靠新能源来运转将会是十分困难的,因为新能源具有天然的间断性(有时候没有太阳,有时候没有风)以及分散性(新能源技术占用很大的空间却不能产生很多电力)。是有办法可以应对新能源的间断性,比如说能量的储存和备用发电机组,但是所有这些都会增加成本。为风电场和太阳能发电厂找到足够的空间问题更大,尤其是由于世界上宽阔开放的空间大多远离大城市。大城市要消耗大部分能量,而远距离传输电力则会造成相当大的电能损失。比如说,英国一直在大力推动风力发电厂建设,截至2011年已经拥有大约300个风力发电厂,涡轮机总计将近3 500个。但是,风能所作的贡献仅仅只是英国总发电量的5%。加之常常难以克服地方上对兴建风力电厂的反对,因此还不清楚,风能怎样才能为英国的能源需求提供有实质性作用的一部分。

在能源问题上,艰难的选择摆在了我们人类面前。有人担心,在接下来的几十年中,围绕能源争夺的战争将会打响,尤其是在中国和印度这样的人口大国,这里日益繁荣,需要更多的能源。任何一个石油开采或运输的地方——霍尔木兹海峡、南中国海、里海和北极地区,都可能是一个爆发点。支持聚变就像是支持一次不太可能成功的尝试:它也许不会成功,不过一旦成功,将会回报丰厚。没有人承诺聚变会是廉价的,反应堆的建设和运转是非常昂贵的。但是,在一个聚变驱动的世界里,地缘政治将不再被石油工业主宰,所以就不再有石油禁运,不再有原油价格的大幅波动,也不再会担忧某些国家关闭天然气管道。

国际热核聚变实验堆背负了太多的期待,但也许它不会是第一个作出突破的装置。与之形成竞争的还有另外一种聚变堆技术,它主要是在核武器实验室中研发出来的,被用来帮助开展核爆炸的物理学研究;最先达到能量收支平衡可能是它,而不是国际热核聚变实验堆。这类反应堆并不包含大体积的等离子体,也无须将其加热至聚变温度。相反,它所用的是一个比胡椒粒还小的靶丸,其中充满氘和氚,用世界上最高能量的激光将它们箍缩至1 000倍铅的密度。假定箍缩过程是清洁和对称的,由此创造的极高温和极高压会引发一次爆炸性的聚变反应,就像一颗微型氢弹。虽然每一次爆炸产生的能量相对较少,但是如果这种过程能够被诱发而得到好的能量增益,并且能够制造出一个每秒钟产生10次或更多这种爆炸的设备,那么你就可能拥有一座电站。

用于探索这种聚变的最重要的装置是旧金山附近的国家点火装置(National Ignition Facility,NIF)。这台耗资35亿美元的装置于2009年完工,在本书写作时,那里的研究人员还在对它进行精密调整,以尽可能得到最好的靶丸箍缩。他们的目标是达成"点火",得到一团可用自身热量维持的炽热等离子体,并且使产出的能量大于用来箍缩它的能量。如果国家点火装置的研究人员真的成功了,他们预言,使用现有技术,他们只需12年就能建成一座电站的原型。并非所有在这个聚变分支上工作的人都认为这是可能的,但是他们都充满激情地相信,终有一天,这样的装置会成为一个可行的替代品,以取代像国际热核聚变实验堆那样的磁聚变装置。

此外,还有其他的一些途径。在建造单一、大型装置的汹涌大潮中,这些反应堆设计被搁置一旁。在对等离子体的操控上,它们使用的是像重离子束、极端电流或者液压装置这样的手段,而不是磁场或激光。一旦国际热核聚变实验堆和国家点火装置失败,或者不够成功,那么,这些被忽视的技术可能就有出头之日了。在风险投资的支持下,它们中间有些已经被一批创业公司采用。这些公司聘用具有奉献精神的专家组成小组,在隐秘的私人实验室里尝试向聚变冲刺。

仍有许多人对此持怀疑态度,他们认为,聚变永远不会为电网提供哪怕一千瓦的电,因为在科学和技术上还存在太多的不确定性。但是,他们的观点不会动摇那些已经为聚变能源之梦奉献了一生的确信者,这些人经受了大起大落、死胡同、错误路线以及小突破的考验。聚变并不是一个科学家们在实验室中闭门苦干的故事,军事上的权衡、政治以及历史中的机缘都持续推动了聚变研究的进程。为日益昂贵的聚变装置提供的资金支持也经历了潮起潮落,这主要取决于政府对寻找新能源的渴求度:20 世纪 70 年代,中东石油禁运导致了聚变经费投入的一次激增;然而,到了 20 世纪 80 年代,当油价回落时,研究经费就难以筹集。原子间谍活动、超级大国峰会、恐怖分子的劫机以及伊拉克战争都曾对聚变的命运产生过影响。使聚变研究得以继续的是一些科学家的坚定信念,他们接纳了这样一个领域,相信它总有一天将会成功。聚变科学不是为知识而知识,它没有宇宙大爆炸、黑洞、人类基因组或是猎获希格斯玻色子那样引人入胜,而更像是在一颗坚硬无比的坚果上猛砸,相信终有一天它会裂开。可能不会出现一个“尤里卡”时刻,但是总有一天国际热核聚变实验堆或其他反应堆的操作者会制造出正确的装置,等离子会变热,保持高温,并像一瓣太阳那样燃烧。

第 2 章　英国:托曼与箍缩装置

无人能确定究竟是谁最先拥有这个想法的。在经历了 20 世纪 20 年代和 30 年代席卷物理学界的发现飓风之后,利用热核聚变产生能量的理论部件都已经触手可及,注定有人会将它们拼装到一起。正如在科学上经常会发生的那样,同一个想法往往是从几个不相关的地方差不多同时涌现出来的。

汉斯 · 贝特(Hans Bethe)是一位流亡的物理学家,1933 年纳粹上台时他逃离德国,来到了康奈尔大学(Cornell University)。他还记得,1937 年自己在华盛顿同匈牙利流亡同事利奥 · 西拉德(Leo Szilard)进行过一次对话。那一年,汉斯 · 贝特写了一篇里程碑性的文章,最终确定了在恒星中产生能量的聚变过程,由此奠定了他在核聚变问题上的学术地位。弗里茨 · 豪特曼斯(Fritz Houtermans)也是一位逃离纳粹统治的科学家,不同的是他逃到了苏联的卡尔科夫。据信,他自 1937 年以来就一直在做聚变实验。而澳大利亚墨尔本大学(University of Melbourne)的研究生彼得 · 托曼(Peter Thonemann)则记得,自己在 1939 年制定了一个聚变反应堆的基础研究计划。

虽然聚变研究工作的启动已经万事俱备,但不久,第二次世界大战却让物理学家们不得不去考虑其他事情了。纳粹军队侵占波兰后,西拉德给美国政府写了一封信,提醒他们,链式裂变反应可用于制作一种毁灭性的炸弹,并警告,德国科学家正在这一领域开展工作。他劝说自己的老朋友和同事阿尔伯特·爱因斯坦(Albert Einstein)联合签署这封信,然后呈递给富兰克林·罗斯福(Franklin Roosevelt)总统。这封信最终导致了艰巨的曼哈顿计划,在纳粹德国之前开始了原子弹的研制。贝特加入了曼哈顿计划,在绝密的洛斯·阿拉莫斯(Los Alamos)实验室主导理论工作。实验室位于新墨西哥州的沙漠里,美国和欧洲许多优秀的物理学家都在那里度过了第二次世界大战的后几年。

托曼也加入了战争,1940 年在澳大利亚政府的弹药供应实验室工作,后来离开那里,到悉尼附近的融合无线公司(Amalgamated Wireless)的研究部门任职。当战争接近尾声的时候,他回到悉尼大学(Sydney University)重新开始他的学业。在悉尼大学,托曼对聚变的可能性痴情不改,他学位论文的题目是如何测量等离子体中的电子密度。他没完没了地谈论着聚变,并且在微波炉里熔化了家中窗户的玻璃,试图制造出用于等离子实验的甜面包圈式环形容器。

托曼出身于环境舒适的墨尔本市郊,与做股票经纪人的父亲,还有母亲、两个哥哥和一个姐姐住在一起。在墨尔本上大学期间,他最喜欢的运动是网球和滑雪。而在悉尼时,他自己制作了一块冲浪板,用于回到家乡时在附近的拉伊(Rye)海滩冲浪。他是公司里的开心豆,弹得一手好钢琴。但是,他放弃了这田园般的安逸生活,去了牛津大学(Oxford University),因为他认为那里有助于他对聚变的研究。

在 1946 年,从抵达英国的船上走下来肯定会感到震惊。澳大利亚南部没有遭受战争创伤,因此,被炸毁的英国城市、食物和衣服的限额配发以及资源的枯竭必定使那里看起来好像另外一个世界。但是牛津大学确实有托曼所追寻的东西:克拉伦登实验室(Clarendon Laboratory)塞满了当时最有名气的一些科学家,他们中的许多人也是刚刚从战时工作中解放出来;这里也有托曼需要的实验设备和技术人员。托曼同意在这里攻读核物理博士学位,每年薪水750英镑。他带来了满是计算公式的笔记本,它们描述了实现聚变反应的必要条件。然而,他的导师道格拉斯·罗夫(Douglas Roaf)有其他的想法,把托曼安排到了开发铁资源的工作上。然而,课题是相关的,托曼能够同时在"私下里"开展聚变方面的工作——探寻开始了。

聚变探寻的根可以追溯到托曼在牛津展开鼓捣之前的一个世纪。那时候,物理学家、地质学家和生物学家之间出现的一个争论是太阳的年龄问题。而19世纪的物理学家们在了解自己周围世界方面取得了巨大进步,在这些成功的鼓舞下,他们开始将自己的理论应用到一些更宏大的问题上。其中最关键的一项成就是热力学定律,它们支配着热的行为。根据热力学第一定律,能量或热量既不会凭空产生,也不会凭空消失,而只能从一个物体转移到另一个物体,或者从一种形式转化成另一种形式。因此,当小球从斜坡上滚下时,小球在最高点的重力势能转化成了它的动能;或者说,导线中电流的电能被灯泡转化成了热和光。

物理学家们发现,这样的定律在他们所研究的各种情况下都成立,因此得出结论,它们一定具有普适性。但是,当这些无所畏惧的物理学家们将热力学第一定律应用于太阳这一特例时,却得出了令人不安的结论。测出投射在地球表面一小块面积上的太阳热量,就能够外推出以地日距离为半径的球体内的热量。由此,科学家们就可以估算出这颗邻近恒星所发出的能量。热量的总和是非常惊人的,于是问题来了:如果能量不能凭空产生,那它们是从何而来的呢?当时的最佳能源是煤,但是如果有一个像太阳那么大的煤球,以科学家们算出的速率燃烧,那么大约3 000年后它就会化为灰烬。这样的时间太短,短得连整个太阳系的形成都来不及完成。

19世纪中叶的两位科学泰斗提出了一种不同的见解。德国生理学家兼物理学家赫尔曼·冯·亥姆霍兹(Herman von Helmholtz)于1854年提出,太阳的能量来自重力势能。随着太阳收缩,这种能量转化成内能,整个球体变得炽热并且辐射出光。苏格兰物理学家威廉·汤姆生(William Thomson,也就是后来的开尔文勋爵)得出了相似的结论,并计算出,如果以此为能源,一个太阳大小的天体应该已经存在了大约3 000万年。

对于太阳的年龄来说,这似乎是一个更加合理的数字,但却不能令所有人都满意。此前,查尔斯·达尔文(Charles Darwin)已于1859年在《物种起源》(*On the Origin of Species by by Means of Natural Selection*)一书中发表了自己的进化新理论。根据对他所居住的肯特郡(Kent)一个叫威尔德(Weald)地区的地表侵蚀过程的研究,达尔文在书中对地球年龄进行了粗略的计算,他的估计是3亿年。他还得出结论,认为进化也要用这样长的时间来产生自己周围所见到的各种生命。由于生命的存在需要太阳的能量,所以太阳的年龄至少也是那么长。地质学家也需要地球的年龄有几亿年,这样才能解释他们所观察到的岩石形态变化。这场关于太阳和地球年龄的激辩持续了数十年,而达尔文则被汤姆生的争论搞得不胜其烦,以致在《物种起源》的后续版本中删去了任何关于时间尺度的讨论。

19世纪后期,随着一项与天体物理学、地质学和进化论完全无关的发现——放射性的出现,这个神秘问题的解决途径才开始出现。法国物理学家亨利·贝克勒尔(Henri Becquerel)首先注意到,将铀盐放在用黑纸包裹的照相底片上时,冲洗后的底片上会留下它的影像。铀盐发射了一种看不见的辐射,能够穿过纸张,使底片曝光。玛丽·居里(Marie Curie)和她的丈夫皮埃尔·居里(Pierre Curie)与其他一些科学家一起继续研究了这一现象。他们夫妇将它称为放射性,并辨认出不同类型的放射线,还分离出两种新的放射性元素:镭和钚。尤其是镭,具有非常高的放射性,比同质量铀的放射性高出百万倍。在这些放射性研究的先驱者面前,镭展现出一种令人着迷的性质:不管周围环境如何,它一直都那么热。这种金属像是在打破热力学第一定律。这些热量又是从何而来?

十几年后,这个问题被阿尔伯特·爱因斯坦所回答,这其实是其狭义相对论的一个结果。通过对质量的包含,他的著名方程 $E=mc^2$ 拓展了热力学第一定律。如果能量转化成了质量,它就可能显得是消失了;相似地,质量也可以转化成能量。因为光速(也就是方程中的 c)是非常大的,所以非常小的质量都能够转化成巨大的能量(mc^2)。

不久,科学家们意识到,由贝克勒尔、居里夫妇和其他人发现的那些原子之所以具有放射性,是因为它们是不稳定的;随着时间推移,它们的原子核都要分裂成其他更小的原子核。伴随着每一次衰变,都有一丁点原子核的质量会转化成能量。这就解释了铀产生的热量和使照相底片变黑的放射线。这些研究人员所不知道的是,放射线会危及他们的健康。玛丽·居里将样本放在口袋里到处走,还把它放在案头,非常享受地看着它在黑暗中所发出的蓝绿色微光。1934年,居里夫人因再生障碍性贫血而去世,几乎可以确定这是长期暴露在放射性环境中的结果。直到今天,在不穿防护服的情况下去接触她从19世纪90年代传下来的日记本,甚至烹饪书依然被认为太过危险,因此这些东西都被放在了有铅衬的盒子里。

科学家们几乎马上就想知道,放射性是否是太阳的热源。但是,对太阳的观察显示,它并不包含多少放射性物质。它几乎都是由氢构成的,而氢是最小、最轻的元素,不能再衰变成任何更小的元素。

太阳能量源泉的关键性线索是由英国化学家弗朗西斯·阿斯顿(Francis Aston)提供的。1920年,阿斯顿试图证明同位素的存在,即同一元素能以质量不等但化学性质相同的形式存在。后来,他证明同位素确实存在,并且更重要的是,同位素的质量大约总是氢元素质量的整数倍。因此,最普通的碳同位素的质量大约是氢元素的12倍;但是,有些碳同位素的质量却是氢元素质量的13倍或者14倍。不过,那时候人们还不知道,之所以如此是因为原子核是由质子和中子构成的,并且两者的质量基本相同。普通的氢原子核仅仅只是一个质子,而碳原子核则有6个质子外加6个或7个或8个中子。但是在1920年,作为同位素研究工作的一部分,阿斯顿对大量不同元素原子的质量做了精密测量。正如人们预料的,作为第二小的原子,氦原子的质量大约是氢原子质量的4倍。然而,阿斯顿的测量是如此精密,以至于能够确定,氦原子的质量只是接近4个氢原子的质量,而不是精确相等——氦原子的质量略少于四个氢原子的质量。

那时候,人们认为氦原子真的是由四个氢原子组成的,因此,质量略显不同这一事实意义非凡。剑桥大学的亚瑟·爱丁顿(Arthur Eddington)注意到这一结果的重要性,他是当时的天体物理学先驱之一。爱丁顿是相对论的热切支持者,早在第一次世界大战期间就同爱因斯坦保持联系,而当时大多数英国科学家都尽量避免与德国同行有任何接触。爱丁顿也是坚定的和平主义者,在1918年曾因拒服兵役而险些入狱。当时杰出的科学家们联名支持他的官司,英国皇家天文学家弗兰克·沃森·戴森(Frank Watson Dyson)强调,爱丁顿的专长对他们将要进行的一项实验至关重要,实验目的是对相对论进行检验。

科学家们的请愿大获全胜。1919年,爱丁顿和戴森到非洲西海岸的普林西比岛(Principe)观测5月29日的日全食。爱因斯坦广义相对论的一项预言是,大质量物体的引力会使一束光的路径发生偏转。这个物体的质量必须非常巨大才能观测到这一微弱的效应,而爱丁顿和戴森的目标则是要利用太阳。发生日食的时候,太阳光被月球挡住,这就有可能观测到那些光擦着太阳边缘传播过来的恒星。如果引力的确能使光束发生弯曲,那么随着太阳穿过天际,在它挡住一颗恒星之前的一刹那,由于太阳引力对光传播路线的弯曲作用,来自恒星的光束会发生移动。爱丁顿和戴森真的观测到了恒星的移动,他们把观测结果带回了英国,消息一出,立即被全世界所报道,因为这是对相对论真实性的第一个确凿的证明。爱丁顿和爱因斯坦变成了家喻户晓的名字。

那时候,爱丁顿也在致力于建立一个恒星内部状态的理论模型,尽管它们的能量来源仍然未知。一些人仍然固守开尔文和亥姆霍兹的重力解释,但是爱丁顿确信,更有可能是某种核反应过程。结果,爱丁顿开始抨击阿斯顿的测量数据,并在1920年8月英国科学促进协会的演说中提出了一种新的理论。爱丁顿认为,在太阳中心炙热的环境下,氢原子聚合到一起形成氦原子;如果阿斯顿测量中那部分损失的质量在这个过程中转变成了能量,那么可以证明这就是太阳能量来源。爱丁顿估计,如果太阳质量的5%是由氢构成的(现在我们知道实际是75%左右),并且,根据阿斯顿的测量结果,有0.8%的氢的质量在聚变时转换成能量,那么,以太阳当时的产热率计算,它大约会持续150亿年。爱丁顿带有些许预言性地补充道:

> 如果恒星内的亚原子能量真的被自由地利用来维持它们巨大的熔炉,那这似乎又向我们的梦想靠近了一小步——控制这种潜在能量为人类造福,或者让人类自我毁灭。

如果太阳真的燃烧了几十亿年,这就给所有科学家——无论是进化论学家、地质学家还是天体物理学家——提供了他们所需要的时间。

爱丁顿继续尝试将核反应融入自己的恒星内部理论中,但是仍有许多令人困惑的问题。尽管阿斯顿已经表明四个氢原子结合成一个氦原子,而余下的质量转化成能量,但是没人知道如何使这个过程发生。在实验室能够实现的所有核反应中,没有一个反应能释放出足够维持太阳燃烧的能量。

另一个困惑是,根据当时盛行的经典物理学,氢核不能聚合。要想使氢核发生反应,就必须剥离其带负电的核外电子,只留下带正电的裸露原子核。为了实现聚变,两个这样的原子核必须以足够的力量相互碰撞,以达到足够近的距离,这样才更有利于它们的融合而不是再次飞散。这个过程就像是两个水滴被挤压到一起时所发生的:一开始它们似乎试图保持分离,好像各自被一层有弹性的膜包裹着,尽管它们被挤压到了一起;到最后,释放压力最好的方法就是融合成同一个水滴。对于两个原子核来说,问题在于它们都带有正电荷而相互排斥,就像是把磁体的同极放到一起会产生斥力一样:它们的距离越近,产生的斥力就越大。经典物理学认为,实际上不可能使两个原子核接近到能够产生聚变的程度。

然而,20世纪20年代出现了一个新秀:量子力学。在量子力学中很少有是或者不是的答案,更多的是概率。量子力学允许不可能的事件发生,只是它们发生的概率很低而已。1928年,一位名叫乔治·伽莫夫(Georgii Gamow)的俄罗斯年轻物理学家首先将量子力学应用于核反应。他推论,两个原子核靠得足够近并发生聚变反应并不是不可能。他还提出一个方程,用来计算这种反应发生的概率。

利用伽莫夫方程,当时在德国哥廷根大学(University of Göttingen)的弗里茨·豪特曼斯和威尔士(Wales)出生的天文学家罗伯特·阿特金森(Robert Atkinson)考虑,在爱丁顿预言存在于太阳中心的那种条件下,相互碰撞到一起的原子核会发生怎样的变化。在这项工作中,两位科学家的优势得到了完美的互补:豪特曼斯是在哥廷根大学同伽莫夫一起工作过的实验物理学家,了解量子力学在核反应中的应用,但却不了解太阳内部的情况;阿特金森了解爱丁顿太阳理论的全部,但对量子力学却知之甚少。他们的计算表明,在爱丁顿预言的条件下,两个氢核的碰撞反应率甚高。大部分人认为,他们在 1929 年发表的有关这个问题的论文是热核聚变能研究的起点。

现在轮到实验登场了。在剑桥大学(Cambridge University)的一次访问期间,伽莫夫同卡文迪什实验室(Cavendish Laboratory)一位名叫约翰·考克饶夫(John Cockcroft)的年轻物理学家讨论了自己关于原子核量子力学的工作。受此激发,考克饶夫和他的同事欧内斯特·沃尔顿(Ernest Walton)研制了一台设备,用于加速氢核,或者说是当时才逐渐为人所知的质子。质子和中子是所有原子核的组成部分。氢原子具有最简单的原子核,它仅仅由一个质子构成。考克饶夫相信,如果伽莫夫是正确的,他的加速器能将质子加速到足够大的速度,以致当它们相互碰撞时就会发生一些聚变反应。

到 1932 年,考克饶夫和沃尔顿已经将加速器建造完成,并且用它向金属锂样本发射质子。他们发现,在具有相对适中的能量时,质子能够穿透进锂原子核,并将锂原子核分裂成两个氦原子核。这在当时被欢呼成一场巨大的胜利:第一次"分裂原子"。多年以后,这两位科学家因他们的成就获得了诺贝尔奖。这次实验还有另外一层意义,因为它也是第一次产生出大量能量的核反应。与导致反应的质子能量相比,由此得到的两个氦原子核所具有的能量要大出 100 多倍。但是,这种反应的实现太难了,不可能成为太阳能量的实际来源。然而,这至少表明,从原子核中释放巨大能量是可能的。

卡文迪什实验室,考克饶夫一位名叫马克·奥利芬特(Mark Oliphant)的同事对考克饶夫-沃尔顿加速器做了一些改进,使它能够分离并加速氘核。氘的原子核比氢核多了一个中子,除了比氢核重一倍以外,其他方面都是相同的。这种相似使氘很难同氢区别开来——它的存在直到此前两年才得到确认。第一个制备出纯重水的科学家是美国物理化学家吉尔伯特·路易斯(Gilbert Lewis),他在1933年才刚刚设法分离出了数量仅仅堪用的所谓重水,重水是用氧和氘制备的,而不是氧和氢。路易斯一获得足够的重水,就马上给令人敬畏的卡文迪什实验室主任欧内斯特·卢瑟福(Ernest Rutherford)送去了一份样品。

卢瑟福是20世纪早期物理学界的顶尖人物,他发现天然放射性来自原子核的衰变,而衰变又会产生两种不同的辐射,因此于1908年获得诺贝尔奖。1911年,卢瑟福推翻了当时盛行的“葡萄干蛋糕”原子结构模型。这种模型认为,原子是一个带正电的球,里面布满了带负电的电子。卢瑟福证明,原子有一个很小但是密度很高的核,电子在核周围做轨道运动。直到今天,这种描述依然被认为是正确的。但是,卢瑟福有着专横跋扈的个性,嗓门很大,把卡文迪什实验室当成了自己的私人领地。他监督过考克饶夫和沃尔顿的工作,而现在,对于奥利芬特,他要看看他能拿氘做些什么。

卢瑟福和奥利芬特用氘或者氘核轰击了锂和许多不同的元素,想看看它们会引发什么样的核反应。最后,他们将氘与氘碰撞,发现它们产生了两种不同的反应:一种产生氦的同位素^{3}He(两个质子加一个中子),另一种则产生更重的氢同位素(一个质子加两个中子),最后它被称为氚。这两种反应都产生了额外的能量,大约是入射氘核能量的10倍。但是,与一些人一样,卢瑟福并不确信,通过这种方法能够产生有用数量的能量,因为虽然单次反应产生了能量,但是在受到加速的每100万个质子或者氘核中,实际上只有一个能够产生反应。所以,总体来说,能量损失是巨大的。那时,卢瑟福说了句名言:

通过分解原子而获得的能量少得非常可怜,想从这些原子的嬗变中获取一种能源简直是痴人说梦。

使用加速器产生聚变反应的效率之所以很低,是因为加速的质子和氘核很容易与靶核周围轨道上的电子纠缠在一起,在轰击到目标之前就已经消耗了大部分能量。在太阳中心,情况则大不相同,因为它是一种等离子体:氢原子失去了它们的电子,原子核之间可以相互直接碰撞,而无须首先在与电子的缠斗中杀开一条血路。

到1938年,伽莫夫已经从苏联来到了美国。由于对斯大林时期社会制度不满,他早在1932年就决定离开苏联。他最初企图与同样是物理学家的妻子柳波娃·沃明泽娃(Lyubov Vokhminzeva)一起逃离,但却没有成功。一开始,他们试图划着一只橡皮船穿过250千米的黑海到达土耳其,但无奈天公不作美。随后,他们想从俄罗斯北部的摩尔曼斯克(Murmansk)逃到挪威,最后同样也因为天气恶劣而告终。第二年,他们终于获得了成功,但却未费吹灰之力:伽莫夫和妻子获准去比利时参加一个物理学会议,他们就从那里潜逃了。在华盛顿特区的乔治·华盛顿大学(George Washington University)安顿下来后,伽莫夫确信,自己已经有足够的核物理知识来启动一场协同的努力,以解释太阳的工作原理。他与当时也在乔治·华盛顿大学的另一名流亡物理学家爱德华·泰勒(Edward Teller)开展合作,他们得出结论,认为氘聚变一定是太阳热量的来源。伽莫夫觉得,通过一次会议来就这个问题展开辩论的时机已经成熟。

那年春天会议上的明星是贝特,他与两位同事一起完成了三篇系列论文,总结了当时核物理学的全部知识——这项工作被同事们称为“贝特的圣经”。贝特参会前并没有太多地思考太阳的能量,但他很快就对查尔斯·克里奇菲尔德(Charles Critchfield)的工作产生了兴趣。此人以前是伽莫夫的学生,与会前他就提出了一系列能够为太阳燃烧提供能源的核反应。会议期间他们共同合作,贝特帮助克里奇菲尔德解决了该方案中的一些问题。在他们提出的质子与质子链式反应中,两个质子首先碰撞并生成氘核(一个质子转变为中子),然后氘核与另一个质子反应生成氦-3,而最后两个氦-3发生融合,生成氦-4和两个质子。

会议期间,贝特还着手研究另一个链式反应,其中一个碳核接连不断地受到质子轰击,由此生成一系列碳、氮、氧的同位素(因此被命名为碳氮氧循环),直到最后生成一个氦-4,并回到最初的状态。在会议结束后的六个月中,贝特继续对该问题进行研究,就恒星内部能量的产生建立了一套内在一致的理论,并就此发表了一篇开创性的论文。事实表明,在较小恒星中占主导地位的是质子间的链式反应,其中就包括太阳;而较大的恒星则倾向于碳氮氧循环。后来,这项研究为贝特赢得了1967年的诺贝尔物理学奖。然而,由于第二次世界大战的逼近,这条思路被暂时搁置起来。不久,众多著名的物理学家被招募进曼哈顿计划,并转向原子弹的研发。

这样又过了10年,在牛津大学克拉伦登实验室,托曼意识到,要想产生任何一点能量,就必须让氘核发生聚变。但问题是:怎样才能做到。卢瑟福已经表明,使用粒子加速器的效率极低。托曼意识到,并且其他一些物理学家也很快意识到:太阳已经提供了最好的思路。只要对聚变燃料进行加热:在持续对一个物体进行加热时,其内部原子的运动就会加快;如果继续加热,原子的运动最终会变得如此之快,从而使碰撞转变成聚变,释放出更多能量以维持反应的进行,并可望有所结余。几十亿年前,宇宙中的气体云形成了太阳,最初的热量是由引力导致的收缩产生的——因此,从一定意义上讲,亥姆霍兹和开尔文关于太阳原始热源的理论是正确的。但是,一旦中心的温度达到1 000万摄氏度,聚变就被点燃;从那时起,由聚变反应产生的所有光和热向外的压力会抵消引力,由此达到一种平衡,使收缩停止。我们举止温和的本地恒星——太阳就此呈现着一种持续的平衡作用:由其质量(大约是地球的33万倍)形成的巨大塌缩重量受到其中心缓慢燃烧的热核反应堆的完美托举。

但是,由于需要如此极端的高温,所以想在地球上再造一瓣太阳远非易事。一旦达到该温度的等离子体碰到它所在的容器,容器就会即刻熔化或者蒸发。因此,托曼必须解决的一个问题是,如何想办法容纳氘等离子体,使它什么都不会碰到。这个谜题的答案就藏在等离子体的特性之中。

除了固、液、气三种状态之外,等离子体是物质的第四种状态。只需通过加热就可以把气体转化成等离子体:在一定温度下,碰撞会使电子挣脱气体原子核的束缚。你也可以用高强度电场来制造等离子体,电场会将带负电的电子与带正电的原子核拉向相反的方向,并最终将它们扯开。大多数火焰都是等离子,电火花、闪电、荧光灯管和节能灯泡内的发光气体等也都一样。事实上,等离子体是宇宙中最为普遍的物质形态,因为几乎所有的恒星及恒星之间的大多数气体都是等离子体。在这样一个高度带电的宇宙中,像我们地球这样的行星是少有的电中性孤岛。

等离子体与普通气体之间最显著的差别是,等离子体是由带电粒子组成的,所以它会受到电场和磁场的作用。在电场中,等离子体中的离子均沿着电场方向运动,而所有的电子则都沿着与电场相反的方向运动(普通气体则不受电场的作用)。这种在等离子体中形成的电流,就像电子沿导线流动所形成的电流一样。

磁场对等离子体的效应更加微妙。带电粒子如果在磁场中处于静止状态,或者沿着磁感线方向运动,则不会受到磁场的任何作用。但是,当它们运动起来并切割磁感线时就会受到一个力的作用,这个力同时垂直于它们的运动方向和磁感线方向。因此,在由南向北的地磁场中,沿着一根导线自西向东流动的电流会受到竖直向上的作用力。在电动机和制动器等设备中,这种作用至关重要。

虽然科学家有办法使等离子体流转起来,但是怎样才能将它装进一个容器中,同时又不让它碰触容器壁呢?20世纪初发生的一件事为这个问题的解决埋下了种子。在澳大利亚新南威尔士州(New South Wales)利斯戈(Lithgow)附近的哈特利淡水河谷炼油厂(Hartley Vale Kerosene)里,一道闪电击中了厂里的烟囱。炼油厂一位名叫克拉克(G. H. Clark)的员工对烟囱避雷针上所出现的情况感到很困惑,于是把它送到了悉尼大学的物理学家波洛克(J. A. Pollock)那里。波洛克叫来一位同事,机械工程师巴勒克拉夫(S. H. Barraclough),让他看看是怎么回事。那一小段铜管像是被一股巨大的力量所压扁。然而,据他们所知,这根避雷针所遭受过的一切只不过是来自雷击的一股巨大电流脉冲而已。

对于究竟是什么压扁了铜管,波洛克和巴勒克拉夫提出了一种解释。当时人们都知道,流过直导体的电流会产生磁场,该磁场的磁感线就环绕在导体周围。但是,一旦有电流切割磁感线,电流中的电子就会受到力的作用,即便磁场是由该电流自己产生的。在这次事故中,由于存在一个直线电流和一个环绕它的磁场,这个力会直接向内指向导体的中心。在哈特利淡水河谷炼油厂的雷击事件中,通过铜管的电流脉冲是如此巨大,结果使这股向内的力变得足够强劲,以至于能把铜管压扁,就像捏扁一支牙膏管那样。

波洛克和巴勒克拉夫所发现的这个现象很快被命名为箍缩效应,但多年以来一直被看成是一件没什么实际用途的科学奇闻。40年后,还是在那所悉尼大学,托曼了解到这种箍缩效应,并开始了聚变的梦想。他意识到,如果让等离子体流过一个管道,那就可以产生电流;而电流又将产生箍缩效应,从而使等离子远离管道壁面。但是这个管道的末端该如何处理呢?如果将它封闭,那么等离子体就会在那里积聚;如果将它开放,那么它们就会全部排出。托曼的想法与当时的其他科学家不谋而合,也就是把管道弯曲成面包圈那样的环状,这样等离子体就能够根据需要不断地在管道里保持流动。

在牛津大学,托曼急切地想将自己的想法付诸实施。他写信给克拉伦登实验室主任弗雷德里克·林德曼(Frederick Lindemann)——或者也被称为彻韦尔勋爵(Lord Cherwell),向他申请仪器,以开展与聚变相关的实验。对一位年轻物理学家来说,这件事可是非比寻常,因为在战争期间,彻韦尔是温斯顿·丘吉尔(Winston Churchill)的知己,并担任过他的首席科学顾问,是一个很有权力和背景的人。彻韦尔让托曼在克拉伦登的员工专题讨论上报告自己的想法。因此,在1947年1月,托曼向一群担任要职的物理学家解释自己关于受控热核聚变的想法。几乎没有人质疑他的计算结果,尽管有人提出过聚变反应会产生多大辐射的问题。彻韦尔事后对托曼说:"你放手去做吧!"

这样,有了彻韦尔的批准,托曼指导克拉伦登实验室的室内玻璃吹制工为他制作了一个玻璃管圆环,直径在10到20厘米,数学家们将这种形状称为圆环面。托曼首先解决的一个难题是,如何生成等离子体(用电场将中性的气体转变为等离子体),以及如何让等离子体在圆环面内流动。让电流流动起来是个关键,因为没有电流就不会有箍缩,但是如何做到这一点呢?这里,托曼将利用一种叫作电磁感应的小把戏。

当一根通电导线切割磁感线时会受到力的作用,反之亦然:当变化磁场切割一根导线时,其中的电子就会受到力的作用,并开始运动,形成电流。同理,穿过圆环面的变化磁场也会推着等离子体在圆环内运动。托曼利用一个电磁体达到了这一步,它的环形铁芯与圆环面环环相套,像一条链子上的两个链环一样,形成穿过圆环面中心的磁场。只有当磁场变化时才会产生这样的电磁感应,因此,电磁体中增强的电流将在铁环中产生一个逐渐增强的磁场,该磁场又将在圆环面中感应出不断增强的电流。然而,让电流无止境地增加是不可能的,因此,托曼使用了交替的电流,让它先朝一个方向,然后朝相反的方向振荡,两者之间迅速交替。当交流电通过电磁体时,其所产生的磁场总是变化的,等离子体的流动方向也因此不断变化——先沿着一个方向,随后又沿着另一个方向,除了在方向转换的短促的一刹那。

托曼的导师罗夫不知道从哪里弄来一台交流发电机,它在二战期间曾被用来给雷达发电。托曼很快认识到,仅仅靠交流电还不足以让等离子体动起来:在感应开始起作用从而使等离子体流动起来之前,他不得不先用一个静电场来启动它,形成一个绕着圆环的等离子体传导通道。由此,他开始了一系列一丝不苟的研究,试图了解等离子体在磁场中的行为。当时,等离子体物理学是一个晦涩而几乎无人问津的领域,他的很多尝试都是全新的。他测量了等离子体的基本传导特性和磁特性,测量了直管内等离子体箍缩效应的强度。托曼了解到,圆环内的等离子体束有向外膨胀的趋势,直到碰触到圆环的壁面,并熄灭。

托曼的工作还是受到了关注。1947 年 12 月,15 年前在剑桥分裂原子的物理学家约翰·考克饶夫让彻韦尔看看托曼进展如何。就在一年前,考克饶夫创立了英国原子能研究机构(Atomic Energy Research Establishment,AERE),位于哈韦尔(Harwell)的一个前皇家空军基地,距牛津仅 25 千米。考克饶夫与托曼见过几次,原子能研究机构几个月后接替了对托曼工作的资助,并给他配备了两名助手。

到这个时候,托曼已经从实验上证明了等离子体的箍缩效应。现在是时候增加能量,以产生一股更强的等离子体电流,进而表明,他能够对等离子体进行足够的挤压,使之产生高温。托曼同他的两位新助手之一柯希格(W. T. Cowhig)在 1948 年共同研究了等离子体箍缩理论,并且通过对直管内水银等离子体的测试来检验他们对箍缩强度的预言。由于能量的提高,他们需要用比玻璃更坚硬的材料来制作圆环面,同时也需要采取某种措施,以抵消等离子体电流向圆环面外壁方向膨胀的趋势。托曼的办法是做一个铜圆环面,并沿其外壁面的内侧布设导线。当等离子体流动起来时,托曼就在这些导线内通入方向相反的电流。反向电流相互排斥,托曼想利用这种排斥力使等离子体远离壁面。

到1949年夏天,铜圆环面建造成功并准备运行,托曼邀请彻韦尔和考克饶夫前来观看它的运行。圆环面上有两个小玻璃窗口,当托曼启动反应时,可以看到圆环面中部有一股稳定且明亮发光的等离子体电流。实验显然使彻韦尔和考克饶夫印象深刻,他们开始每周都参观托曼的实验室,通常是在星期天的上午前去,以便密切关注其进展。他们没有告诉托曼的是,他并不是英国唯一追寻聚变的研究者。

1946年,伦敦帝国理工学院(Imperial College in London)物理教授乔治·佩吉特·汤姆生(George Paget Thomson)就申请了圆环面式聚变反应堆的专利。汤姆生是英国科学研究机构的核心人物。他父亲约瑟夫·约翰·汤姆生(J. J. Thomson)是剑桥大学的物理学家,曾因发现电子而获得诺贝尔奖,并因其他许多发现而著名。小汤姆生自己也因证实电子的波粒二象性而在1937年获得诺贝尔奖。在二战之前,他就开始跟随父亲研究等离子体。在战争期间,他主要研究核物理,并且告诫英国政府,制造核武器是可能的。了解了他的这些经历,对为什么他会开始考虑聚变问题就不足为怪了。

汤姆生同帝国理工学院的同事们讨论了自己有关聚变反应堆的设想,也同伯明翰大学(Birmingham University)的物理学家鲁道夫·派尔斯(Rudolf Peierls)进行过讨论。派尔斯在战争期间曾在洛斯·阿拉莫斯参加过曼哈顿计划,了解那里就等离子体约束方案所开展的讨论。派尔斯对汤姆生的设想表示怀疑,并且指出了他方案中的一些问题,促使汤姆生进行了一些修改。汤姆生于1946年5月递交了专利申请,其中描述的是一个环形反应堆,使用箍缩效应来约束等离子体。虽然提出了几种方法,但是他并没有提到如何将气体电离,也没有说明如何让它在圆环面内流动起来。专利书中说,一个3米直径的圆环面就足以用来加速粒子并获得聚变。

汤姆生没能围绕自己的设想开展更多的工作,因为在1946年的大部分时间里,他被召请到纽约,担任联合国原子能委员会(United Nations Atomic Energy Commission)英国代表团的顾问。但是,在1947年1月,考克饶夫邀请他到哈韦尔参加会议,讨论在新建的英国原子能研究机构实验室启动一个聚变项目的可能性。来自帝国理工学院、伯明翰大学、牛津大学和哈韦尔的十几位科学家前来参会,其中包括派尔斯和另一位曾在洛斯·阿拉莫斯实验室工作过的物理学家克劳斯·富克斯(Klaus Fuchs)。汤姆生描述了他的反应堆和他设想的几种驱动电子围绕圆环面运动的方法。派尔斯对此表示了怀疑,而考克饶夫尽管很感兴趣,但却认为,建造汤姆生想要的那种大规模实验装置的时机尚不成熟。会议达成一致,认为帝国理工和伯明翰的小组应该在实验室里进一步做一些小规模的实验。汤姆生向自己的两名学生阿兰·韦尔(Alan Ware)和斯坦利·卡曾斯(Stanley Cousins)下派了任务,让他们研究环形容器内的箍缩效应。

但是,汤姆生坚信他的计划是有效的,所以一直在施加压力。在5月份,他写信给英国政府的原子能控制官波特尔勋爵(Lord Portal),强调自己为了申请专利已经做了能够开展的所有工作,而为了证明这一概念,是时候建立一个比大学实验室规模更大的实验装置了。汤姆生建议,可以在位于奥尔德马斯顿(Aldermaston Court)的联合电气工业公司(Associated Electrical Industries,AEI)的新研究实验室里建立这样的实验装置。联合电气工业公司很热衷于开展这项工作,甚至主动提出要承担所需的费用。但是,波特尔不可避免要咨询考克饶夫的意见,而考克饶夫则坚持,这项工作应该在哈韦尔的控制下开展。在 10 月份讨论汤姆生支持的联合电气工业公司提议的一次会议上,考克饶夫再一次否决了直接建造一个大型反应堆的想法。

在那次会议后不久,考克饶夫了解到托曼在牛津大学的工作,而他不可能错过比较两套方案之间的差别。立足于一套有些模糊的理论理解,汤姆生从一开始就把宝押在一个专利上,并且正在利用他同高层的所有关系,向着全尺度反应堆直接推进。而另一方面,托曼则在实验室里有条不紊地测试自己的设想,以弄清哪些是有效的,而哪些不是。考克饶夫则确保托曼有足够的资金和团队支持。

人们对聚变的兴趣与日俱增。1948 年 4 月,考克饶夫的副手之一、哈韦尔普通物理学负责人斯金纳(H. W. B. Skinner)应召前往英国政府原子能委员会,向他们报告帝国理工、牛津大学和哈韦尔团队的工作情况。他指出,物理学家们对等离子体的理论理解仍然十分有限。他仍然怀疑汤姆生关于在圆环面内加速等离子体的提议,而自己更支持托曼的感应方法。斯金纳正确地抓住了用磁场约束等离子体方法的要害问题。“在解决这个疑难之前做再多的下一步规划都是徒劳的。”他写道。

直到 1949 年,托曼才在他的铜圆环面里生成了受到箍缩的等离子体,而帝国理工的韦尔和卡曾斯也取得了同样的成功。更大聚变研究项目的舞台已经搭起,但是等离子体和磁场研究领域之外的一些事件却开始成为绊脚石。

1950 年 2 月 2 日,克劳斯 · 富克斯被逮捕,并且在一个月后被判有向苏联泄露原子秘密的罪行。富克斯出生于德国,在学生时代就成为一名共产主义者。他于1933年逃离纳粹德国,定居英国。战争爆发时,他最初作为一名德国公民被拘禁。但是有影响的专家学者们说服当局释放了富克斯,他加入了英国国籍。派尔斯招聘富克斯参与英国的原子弹计划,二人不久就转到美国,加入了曼哈顿计划。后来,富克斯在自己的供词中说,在1941年6月德国入侵苏联后,苏联也变成了英国和美国的同盟国,他觉得苏联有权知道西方国家正在秘密开展的事情。大概就是在那个时候,苏联的军事情报机关联系上了富克斯。

在洛斯·阿拉莫斯,富克斯帮助解决了第一颗钚弹中裂变燃料的内爆问题,此外还作出了许多其他贡献。1945年7月,他现场参与了在特里尼蒂(Trinity)的第一次原子弹实验。第二年,他回到英国,加入了哈韦尔的原子能研究机构实验室。但是后来,经过数年的努力,美国密码专家在1946年破译了苏联军方的密码,发现曼哈顿计划遭到了间谍渗透。破译工作缓慢而艰难。分析最终破译的情报表明,为苏联工作的特工是一位英国核科学家。直到1949年,反间谍机构才怀疑到富克斯头上。在军情五处的讯问下,他供认了,并详细描述了自己从1942年开始如何把曼哈顿计划的细节传递给了他的苏联接头者。富克斯被监禁到1959年,后来移居到东德。

富克斯事件在英国原子能机构中引发了对保密问题近乎歇斯底里的控制。富克斯已经知道英国核聚变研究的一切,这引起了考克饶夫的担心。尽管聚变研究的目标是通过控制能量的释放来发电,而不是原子弹,但是聚变堆却可以产生数量巨大的中子,使不能裂变但却存量丰富的同位素铀-238转变为可裂变的钚-239。钚是制造某一类原子弹的关键,当时的供应非常短缺。

到那时为止,在帝国理工学院和牛津大学开展的聚变研究还是公开进行的,研究人员们也已经在学术期刊上发表了他们的研究结果。突然,托曼和他的同事发现,他们工作的内涵正在受到质询。

他们极力反对将他们的工作列为机密,但是无济于事:考克饶夫对可以发表的内容进行了严格限制。有关高温等离子体工作的任何描述都自动被定为机密,任何显示他们正在研发热核反应堆的内容也是如此。

对于考克饶夫想做的事情来说,更高保密性的要求反而使事情变得简单,他早已知道这一步是不可避免的:是时候在聚变研究上加把劲,把它提升到一个新的规模上,而这种规模对大学实验室来说是太大了。到1950年底,他决定把托曼和他的团队从牛津大学搬到哈韦尔。六个月后,韦尔和一位同事从帝国理工学院来到了奥尔德马斯顿,继续开展他们的工作。

托曼挪到了前航空基地的7号飞机库里。在飞机库里,聚变实验被安置在一个金属网笼子里,这个笼子很快就获得了"鸟笼"的美称。它能保护实验装置,使之免受附近其他大型装置的电场干扰。随着来自大学和其他政府实验室的新成员的不断加入,队伍迅速壮大。他们的首要任务之一是建成一个供电器,然后在铜和石英制成的各种圆环面上对它进行测试,之所以要用石英是为了让实验者能看到等离子体。

在7号飞机库最初的日子里,事情变得十分清楚:托曼的计划中存在一些严重的问题。由于他们用以驱动圆环面内等离子体电流的交流电频率很高,许多时候等离子体电流方向的改变会停止。在这样的时刻,离子会偏离应有轨迹,撞击圆环面的壁,造成等离子体热量的损失。他们对新建的供电器作了一些改进,但是,当功率提高时,情况变得更加糟糕。在尝试解决这个问题若干年后,团队的新成员之一提出了一个彻底的方案。鲍勃·卡鲁特斯(Bob Carruthers)在战争期间从事的是雷达方面工作,帮助开发了脉冲供电器,它能够用脉冲的方式使电流只在一个方向上从零增加到峰值。将一个这样的脉冲输入到与圆环面相连的电磁体中,只会产生一次单一的脉冲箍缩效应,而不是交流电所能带来的快节奏拍打。这值得一试。

卡鲁特斯和其他几个人从7号飞机库的另外一个实验组借来了一些零件,建起了一个电容器堆,用来短期储存能产生电流的电荷,并把两个U形玻璃弯管焊接起来拼凑成一个圆环面。尽管实验有些异想天开,但是结果却令人惊奇:虽然他们产生的箍缩等离子体仅仅持续了万分之一秒,但这束等离子体比用交流电产生的箍缩等离子体要好约束得多。很快,整个团队都把精力集中到了脉冲等离子体上。改进速度非常快,以至于到1954年1月,所有利用交流电的实验全都被放弃了。

工作开始升级,实验者们建造了一系列更大的圆环,从马克-1(Mark-1)到马克-4(Mark-4),半径都达1米,产生的等离子体电流也一次比一次大。然而,仍然有美中不足之处。卡鲁特斯和一位同事对发光的等离子体电流进行拍照,发现它所形成的并不是一个以圆环面中心为中心的稳定圆环,而更像是一条曲折的河流在圆环面内部蜿蜒而行。聚变科学家们第一次碰到这样的问题,称它为“扭折不稳定性”。接下来的几十年中,随着电流和能量水平的提高,物理学家们还将会发现一大堆各式各样的不稳定性,并且不得不学会如何将它们一一制服。但在20世纪50年代中期的时候,他们对此则感到不知所措。

结果发现,扭折不稳定性是箍缩效应的一个自然结果。如果你想象有一束等离子体电流沿直线流动,那么它所产生的磁场就像是一系列围绕电流的环形,会沿着电流均匀分布。电流上任何一点小小的扭曲都会使圆环形磁场的分布变得外疏内密。磁感线分布越密,意味着磁场越强,因此作用在电流上产生箍缩的力是不平衡的,这就会加剧扭折。这里所需要的是某种回复力,将扭折推回到原来的直线上。

就在团队受此困扰的同时,脉冲变压器技术的成功却使下一个步骤的实施变得迫在眉睫,也就是建造一台更大的装置,以便能实际产生聚变所需的高温。托曼进行了计算,估计他们需要一个直径3米的金属圆环面,其管道本身的直径为1米。1954年,考克饶夫将项目建议书拿到了新成立的英国原子能机构(UK Atomic Energy Authority,UKAEA)的老板们面前,并获得了一致同意。这个项目经费高达20万英镑,而反应堆本身就要花费12.7万英镑。

7号机库刮起了一股行动的旋风。托曼和哈韦尔的理论物理学家们继续推敲设计细节,并于1956年春天完成设计,接着就同大都市威格士公司(Metropolitan-Vickers)签订合同,开始制造这个装置。以前还从未建造过这么大的聚变实验设施。脉冲变压器重150吨,在当时英国建造的同类变压器中块头最大。一度有人担心,威格士公司能否获得足够多特定等级的高品质钢,以满足变压器制造的需要。幸运的是,美国电力行业的一次罢工突然使大量这样的钢材进入市场。哈韦尔的其他工作人员拼命工作,以开发新的测量技术,以便在实验运行时能够准确测定等离子体的温度、等离子体电流的大小以及等离子体中的电子密度。1955年7月,这项工程被给予了一个代号:ZETA,代表“零功率热核装置”(Zero Energy Thermonuclear Assembly)——之所以叫“零功率”,是因为他们没指望它产生剩余功率。

扭折不稳定性问题仍然让人头疼。直到有一天,新近从克拉伦登实验室招募来的罗伊·比克顿(Roy Bickerton)建议,在等离子体上另外施加一个磁场。这个磁场沿着圆环面分布,并与等离子电流保持平行。移动的带电粒子紧随磁感线,围绕磁感线做螺线运动,形成螺旋轨迹。对磁感线来说,它也有张力,就像一根橡皮筋,所以当一个扭折开始形成时,这种环向磁场就受到拉伸,并开始把等离子体拉回原来的路线。由箍缩导致的扭折一旦开始就有加剧的趋势,但令人意想不到的是,这种纠正拉力完全能盖过这种趋势。

环向磁场的产生相对简单:只要在圆环外绕上螺旋形线圈,并给线圈通上电流。比克顿制作了一个新的玻璃圆环面,测试了各种类型的绕组及其电流值,发现在很宽的条件范围内可对扭折加以抑制。1956 年,大家作出了一个艰难的决定,要将这种绕组加进零功率热核装置的设计之中,而这会大大增加其复杂性和制造成本。然而,到 1957 年 8 月,零功率热核装置宣告制成,既准时又没有超出预算,为聚合某种等离子体作好了准备。

尽管他们是在做一个规模很大的项目,7 号机库仍有大学物理系的俱乐部氛围。大多数科学家来自牛津和剑桥这样的大学或者政府实验室,他们中的许多人在战争期间还曾在这些实验室里一起工作过。吸烟斗是礼节所需,而作为工作服,科学家们都穿白大褂,工程师们则穿棕大褂。当真的面临压力时,住在哈韦尔的考克饶夫有时会在晚上带着一箱啤酒来到机库,为团队提供稍许的放松。

效力于零功率热核装置的团队也相对地与世隔绝。科学家们不喜欢这样,但是保密措施必须严格执行,所以他们不能发表论文,也无法因为自己的工作而获得认可;他们不能在学术会议上作有关核聚变的报告,他们甚至不能与科学家同行、家人和朋友谈论自己的工作。这样做也恰好符合考克饶夫的意愿,因为他相信英国在核聚变技术上处于领先水平,他想保持这种状态。

在核前沿上,英国需要证明一些东西。战争期间的曼哈顿计划是美国、英国和加拿大之间一次真正的合作。但在 1946 年,美国国会通过了麦克马洪法案(the McMahon Act)以防止外国人获得美国的核机密,从而使合作结束。英国政府不得不盘算一番:究竟应该承担巨额开支来发展自己的核武器,还是就让美国人来参加核军备竞赛呢?伦敦的有关政府部门展开了激烈的闭门争论。最后,核热衷者获胜,这在一定程度上是出于为国争光的渴望,但同时也是由于对工业原子能重要性的预期。这一决定很快导致了哈韦尔原子能研究机构以及奥尔德马斯顿原子武器研究机构的建立。

英国在1952年爆炸了第一颗原子弹,是第三个试爆原子弹的国家。1956年,它又启动了第一座核电站科尔德·霍尔(Calder Hall),向电网输送电力。考克饶夫希望他在7号机库的团队也能在核聚变上实现突破。在1956年访问美国的核研究设施时,他的这一观点得到加强。虽然允许他看的东西是受到限制的,但他得到的结论是,尽管美国人在核聚变上投入很多,但还没有取得多大进展。

同年,哈韦尔得到了苏联聚变研究者所做工作的有价值信息,但不一定完整。这年4月,由苏联总理尼基塔·赫鲁晓夫(Nikita Khrushchev)率领的苏联官方代表团访问英国。代表团里有苏联主要的核科学家伊戈尔·库尔恰托夫(Igor Kurchatov),苏联的原子弹和氢弹之父。他在莫斯科原子能研究所(Institute of Atomic Energy)的实验室是发展中的苏联聚变项目的家园。库尔恰托夫与考克饶夫联系,问是否可以访问哈韦尔,并做一个科学报告。哈韦尔各部门的员工与来自联合电气工业公司和奥尔德马斯顿核武器实验室的同行们一齐挤进大讲堂,来听库尔恰托夫的报告。每个座位上都放着一份报告的打印稿,使用的是俄语和英语。

以"在气体放电中产生热核反应的可能性"(On the Possibility of Producing Thermonuclear Reactions in a Gas Discharge)为题,库尔恰托夫的演讲貌似大胆开放,而他的听众则是一群被禁止谈论自己工作的人。库尔恰托夫尽管没有透露有关苏联科学家究竟在研究什么的任何细节,但还是讨论了问题的复杂性,以及要得出确切结论的困难。他特别提到,很难确定等离子体产生的中子是否真的就是热核聚变的产物,这个问题不久也会令哈韦尔的研究人员感到困惑。库尔恰托夫说,早在1952年,苏联研究人员已经在一根直管中实现了对氘的箍缩,并从中获得了中子。但是,经过一番研究,他们发现,这些中子的性质同它们的热核反应来源并不一致。

考克饶夫和托曼都怀疑,这个报告是一次钓鱼性试探:库尔恰托夫想从报告后的提问中弄清,英国科学家已经取得了怎样的进展。但是,考克饶夫对此已经有所准备。他已经给所有参会的科学家发了一个清单,列出了在答听众问时不允许讨论的题目。托曼听了这个报告后得出一个(错误的)结论:苏联人还没有在一个圆环面内做等离子体实验。然而,考克饶夫却意识到,从苏联在战争结束后能迅速研发出核武器这一点来判断,他们不久就会迎头赶上。他必须着手加快英国的聚变研究。

同时,笼罩在聚变研究上的保密措施开始出现裂纹。1953年,美国总统艾森豪威尔(Dwight D. Eisenhower)在联合国大会全体会议上发表了一个演讲,后来被称为“原子能为和平服务”(Atoms for Peace)演讲。演讲中,艾森豪威尔承诺,要自由地用没有军事用途的核技术来为人类造福。这是否如听起来那样无私,历史学家仍在争议。但对于那些在保密的政府实验室里辛勤地开展核计划的人来说,这次演讲意义深远。

它的一个结果是几年后创立的国际原子能机构(International Atomic Energy Agency,IAEA),也就是联合国的原子督查部门,负责对民用核能的监督,并试图确保核材料不被转移到核武器生产上。演讲的另一个结果是“国际和平利用原子能会议”(International Conference on the Peaceful Uses of Atomic Energy),它于1955年8月在日内瓦召开。对于那些在整个战争期间以及随后的十年中一直处于秘密工作状态的人来说,日内瓦会议是一件出乎意料的事情。之前他们甚至不能告诉自己的家人他们在做什么;现在他们却可以向世界展示自己的工作,并且也可以与来自其他国家的同行们进行密切交流,此前他们对彼此的工作一无所知。来自西方国家的科学家甚至与他们铁幕后的竞争对手们交换笔记。

1955年会议的焦点是核裂变,随着第一批核电站的入网,它不久就会对人们的生活产生直接影响。聚变科学家们还没有能融入这种开放的精神之中:聚变堆产生的钚可以被用于核武器制造,这种可能性的存在意味着,政府还不准备把这只精灵从瓶中放出。然而,日内瓦会议上的一段附带的评论却推动了聚变研究解密的进程。会议主席、印度科学家霍米·巴巴(Homi Bhabha)在开幕词中提到:

> 我大胆预测,在接下来的20年中,一定会找到一种方法,使聚变能量以可控的方式加以释放。此事一旦实现,全世界的能源问题真的就得到了一劳永逸的解决,因为这种燃料与海洋中的重水同样丰富。

这段暗藏玄机的话让新闻界炸开了锅,对秘密聚变计划的存在提出了猜测。很快,包括美国和英国在内的一些国家也都承认各自聚变项目的存在,但很少透露其他详情。这样的信息空缺进一步激起了新闻界的欲火,他们想挖出更多消息。

1956年,在考克饶夫访美之后不久,美国原子能委员会(Atomic Energy Commission, AEC)机构正式建议,在两国的聚变项目之间展开合作。虽然这并没有在大西洋两岸之间导致洪水般的信息交流,但是科学家们确实开始进行实验室互访,并且双方同意遵守一项共同的保密政策:未经对方允许,任何一方都不能发表任何文章。英国科学家仍在鼓动更大的开放性,但是美国原子能委员会则坚守底线。这一时期,研究者们被允许发表了几篇文章,用一般性语言描述了聚变科学,但并未涉及具体的装置或者未来的计划。

1957年8月12日,零功率热核装置首次点火。在刚开始的几天里,研究人员使用的是纯氢。经过几天,他们弄清了反应堆的最佳运行条件,然后才开始改用氘。8月30日,探测器开始记录中子的产生情况,显示聚变反应的指示信号开始出现。没过多久,他们从每次脉冲中就能得到100万个中子,哈韦尔很快就变得群情激昂。他们真的这么快就大获全胜了吗?他们并没有得意忘形,他们不想像5年前苏联人那样被虚假的中子信号愚弄。当时还无法辨别中子是否来自热核反应。团队甚至还无法精确测量等离子体的温度,以判断它是否已经高到能使聚变发生的程度。

为了让聚变产生能量,最关键的是要把等离子体均匀加热到足够高的温度,从而使聚变反应在等离子体的整个中心全面发生。苏联人当初看到的是其他某种效应,诸如等离子体碰上圆环面的内壁并激发出中子,或者是磁场的缺陷加速了一小部分等离子体,而其他部分的温度还仍旧太低,这些都无法产生切实的能量。7号机库里的团队所担心的,正是被这样的现象愚弄,所以研究人员们选择小心谨慎,在确认他们看到热核反应产生的中子之前都避免做出任何的公开声明。

然而,考克饶夫没有被激动冲昏头脑。在9月5日星期四,他给原子能机构的主席埃德温·普洛登(Edwin Plowden)写了一封信,告诉他产生了中子,但是说自己还不能百分之百地确定,它们就是热核反应的产物。普洛登由此推断,可能性比较高,尽管还不是百分百。他准备下周一写信告诉总理哈罗德·麦克米伦(Harold Macmillan)。但是到下周一时,麦克米伦自己已经在报纸上看到这则消息了。

通过某种途径,零功率热核装置的存在被泄露给了新闻界,与一件大事正在进行之中的说法一起。就在考克饶夫写信给普洛登的第二天,在都柏林召开的英国科学促进会(British Association for the Advancement of Science)年会上,有一个热核聚变的专题讨论。记者聚集在那里,期待着有关零功率热核装置结果的一个重大消息的发布。甚至连爱尔兰总理埃蒙德·瓦莱拉(Éamon de Valera)都在听众席上等待。考克饶夫在专题讨论中安排了两位演讲者:乔治·汤姆生(George Thomson)和约翰·劳森(John Lawson),后者是在哈韦尔工作的理论物理学家,但最近转到了其他事情上。考克饶夫已经给劳森下达过严格的指令,不准他走漏任何消息。在讨论后的新闻发布会上,两位报告人受到新闻界的拷问,焦点是哈韦尔究竟发生了什么。他们因为要遵守保密条例,所以很多问题都被谢绝回答,这惹恼了那些热切期盼的记者。汤姆生承认,他认为至少还需要15年才能够建造出一个用于生产动力的反应堆。

第二天,报纸上满是有关聚变的各种消息,许多人对聚变能的前景进行了不太靠谱的推想。《金融时报》(*Financial Times*)报道说,零功率热核装置自8月中旬以来就在产生中子,尽管都柏林会议上并没有提及此事。还有人说,零功率热核装置已经达到200万摄氏度的温度。更多稀奇古怪的消息使哈韦尔的研究人员感到苦恼,而托曼则认为,他们必须发表一个官方声明来澄清事实。考克饶夫同意这样做,但是他被同美国之间的协议捆住了手脚,任何官方声明都必须征得他们同意。他们起草了一个新闻发布稿,将它电传给了华盛顿。

美国原子能委员会的第一反应是说,他们会同时发表一个并行的声明。但是,在美国聚变科学家对英国人的结果表示了怀疑之后,美国原子能委员会主席刘易斯·斯特劳斯(Lewis Strauss)说,任何消息都必须等到下一届有关“原子能和平利用”的日内瓦会议才能发布,而这离当时还有整整一年时间。而普洛登则不愿接受。美国人后来同意,至少要等到将在10月中旬召开的下一次舍伍德项目

(Project Sherwood)会议(美国热核聚变计划的别名),到时候来访的英国科学家们可以解释一下自己的结果。普洛登告诉斯特劳斯,自己对英国新闻界的抵抗坚持不到那时候。

哈韦尔团队知道,在等离子体温度以及热核反应所产生的中子性质两方面,他们还需要更多证据。但是托曼和其他一些人怀疑,美国怀有一个不可告人的动机:他们是要争取更多的时间来让自己的实验取得成果,这样他们就不会显得在聚变竞赛中已经落败。哈韦尔不得不接受推延,因此团队继续运行零功率热核装置,以搜集更多的结果,寻找更有力的证据。

然而,在10月初,两件大事的发生让零功率热核装置背上了巨大的政治包袱。10月4号,苏联发射了世界上第一颗人造卫星斯普特尼克(Sputnik,意思是"伴侣")。不到一周后,位于坎布里亚(Cumbria)温斯凯尔(Windscale)的核裂变堆"1号堆"(Pile 1)发生了火灾,并且将辐射扩散到了当地。尽管温斯凯尔反应堆的设计是为了生产核武器所需的钚而不是发电,但这次火灾以及它对公众的威胁严重破坏了核电的清洁高科技形象,公众开始质疑它的安全性。原子能委员会需要做一些事情来将公众的注意力从这次火灾上转移,而作为更清洁、更安全的核能形式,零功率热核装置可以完美地充当这个角色。

而在大西洋彼岸,美国则正在消受由卫星发射所引发的震惊。美国人一直假定,自己在高科技方面处于无懈可击的领先地位,而苏联则永远充当追赶者的角色。这其中的部分理由是美国在世界大战结束时俘获了纳粹德国所有顶尖的火箭科学家,并秘密地将他们带回美国。因此美国人认为,对太空的征服是他们唾手可得的事。当许多人带着好奇去接受人造卫星发射的事实时,它对美国军方来说却引起了恐慌。如果苏联能够发射一颗卫星,从理论上来说,它就能够从太空将一颗核武器投到美国领土上的任何地方——

这是美国所无法防御的。美国需要取得某种新的突破,以证明自己仍然是一个技术强国。聚变可以成为这样一个突破口,但是新闻界也许会将它描述为英国的巨大胜利,从而让美国进一步蒙羞。于是,美国原子能委员会继续玩弄着他们的时间拖延战术。

过去的每一天对于哈韦尔团队的成员们来说都是折磨,他们极其渴望对世界宣布所取得的成绩,特别是因为那些喜欢刺探底细的报纸,他们还在按照自己的想象发表更多的推测性报道。20世纪50年代可能是历史上一个独一无二的特殊时期,当时,科学家——尤其是物理学家——都被当作英雄。尽管投在日本的核武器曾经带来了可怕的毁灭,但它们的创制还是被看成巨大的技术成就,它们使战争迅速结束。在战后几年中,物理学家创造了更多的奇迹:火箭、喷气式飞机、电视和核电站等。在电视和电影中,他们被刻画成穿着白大褂的高贵骑士,几乎能够解决任何问题。在冷战期间不确定的世界里,最好有这样的人陪在你身边。而正是在这种氛围中,哈韦尔团队瞄准了启动他们的反应堆这一目标,期望以最小的成本获得清洁并且实际上也是无限的能量。对于发布他们成果将会产生的冲击,他们肯定毫无准备。

在10月份的舍伍德会议上,大家达成一致,两个团队可以发表描述他们结果的文章,一篇新的新闻发布稿也被炮制了出来。但是,美国原子能委员会却继续拖延,争辩说需要更多的证据。报纸上的文章中开始出现断言,说英国在聚变技术方面领先美国;由于美国强加的保密条例,哈韦尔团队的"巨大成功"正在受到压制。英国众议院里也有人提出了这样的问题。在反美情绪失去控制之前,斯特劳斯同意继续发表文章,但他首先派了一个美国聚变科学家代表团前往哈韦尔,以便亲眼看一看零功率热核装置。在他们12月份的这次访问之后,美国科学家仍旧在为更长的拖延辩解。但是,根据达成的协议,双方将在明年年初的《自然》(*Nature*)杂志上发表几篇科学报告。

就这样,在1958年1月23日,新闻媒体受邀来到哈韦尔。研究人员彻底打开了7号机库,将零功率热核装置展示给世界。由于他们对中子来源挥之不去的怀疑,研究人员们并没有在《自然》杂志的文章中说明中子可能是如何产生的。可是,向记者们发布的新闻中却认为,那些中子可能是热核聚变产生的。在嗅出这可能是一个关键问题后,记者们反复就中子问题向哈韦尔的科学家们发问。但是,他们只得到了一些闪烁其词的回答。在那天的新闻发布会上,考克饶夫同样受到了类似问题的轰炸,并最终承认,他有百分之九十的把握认定,至少有一部分中子是热核反应产生的。

第二天,零功率热核装置就成了全球报纸的头版头条,每篇报道里都提到考克饶夫百分之九十的确定性。《每日邮报》(*Daily Mail's*)头版宣扬了“宏伟的零功率热核装置”(The Mighty ZETA),而《新闻纪事》(*The News Chronicle*)则宣称,“英国揭开了她的太阳”(Britain Unveils Her Sun)。许多人把零功率热核装置描述为“英国的人造卫星”。7号机库里的团队也突然变成了名人,他们的照片出现在了报纸的头版,还附带有每个人的钢笔速写头像,这些报纸常常聚焦于他们团队成员的相对年轻。“就是这些名字,它们将会同对氢弹的控制联系在一起,就像卢瑟福、考克饶夫、费米以及其他一些人将会同原子能相提并论一样,”《邮报》说道,并继续,“又高,又黑,还戴着眼镜,托曼已经奉献了自己全部的职业生涯,以便打开自然界最大的能量库。”

意大利新闻界对零功率热核装置给予了比苏联人造卫星更多的报道。法国有少数几家报纸仔细分析了考克饶夫百分之十的错误概率。《纽约时报》(*The New York Times*)引用一位研究人员的观点,认为聚变反应堆能用来推动宇宙飞船。新闻短片摄影机记录下了7号机库开放日,仓促而就的电视节目向英国观众解释了这一重大突破。尽管有《自然》杂志上同时发表的那些文章,但很少有记者提到美国所做的工作——零功率热核装置就是英国的一个巨大胜利!

在接下来的几个月中,零功率热核装置和它的发明者受到持续关注。但是,研究人员们仍旧担心,他们是否真的看到了他们认为应当看到的东西。其他基于箍缩的装置也开始产生中子,包括韦尔在联合电气工业公司建造的一个圆环面,以及被异想天开地命名为或许器(Perhapsatron)的一台美国装置。但是,美国科学家们始终怀疑英国零功率热核装置的结果。他们就是不相信,哈韦尔团队能够让温度升高到他们所声称的 500 万摄氏度。任何低于这一温度的热度都不足以引发热核反应。

存在质疑的中子将受到密切的检测。在 1 月份零功率热核装置的新闻发布会上,哈韦尔另一个部门的核物理学家巴兹尔 · 罗斯(Basil Rose)设法加入进来,想弄清这些不确定性究竟是怎么回事。他负责哈韦尔的回旋器,也就是零功率热核装置同 7 号机库分享的一台粒子加速器。他很快意识到,更多地了解中子变得十分关键。他的实验室有一台精密的探测器,能够精确测量中子的能量和方向。令人沮丧的是,他刚刚把这台被称为散射云室的探测器借给了伦敦大学院(University College London)的科学家们,但他们还没有开始使用它,所以罗斯就说服他们将它发回到哈韦尔。

如果零功率热核装置的等离子体达到了热核反应的温度,那么,氘核将会随机地四处反弹,发生碰撞和聚变。因此,它们发出的中子将会均匀地沿所有方向飞散,并且具有相同的能量。当罗斯把自己的云室装到零功率热核装置上以研究其中的氘核时,所发现的情况并非如此。氘核大多沿着等离子体电流的轴线方向发射,在一个方向上强于另一个方向。为了证明这一点,罗斯要团队让零功率热核装置“反方向运行”,使等离子体电流沿着与常规方向相反的方向流动。可以肯定的是,氘核的优势方向也翻转了。结论是:零功率热核装置的中子并不是由热核聚变反应产生的。

5月中旬,团队在伦敦的一次新闻发布会上宣布了这一结果;一个月后,他们又在《自然》杂志上发表了更详细的说明。新闻界的反应比较冷静和相对克制,报纸可能也为它们自己数月前那些不靠谱的推断感到尴尬。《曼彻斯特卫报》(*Manchester Guardian*)还就是否该对保密的执念进行责备而提出了思考:

> 在一个围绕零功率热核装置而展开的巨大研究计划中,每天同具有其他专长的科学家们朝夕相处才是对可靠分析和解释的最好安全保障。因此我们不禁要问,如果零功率热核装置团队被允许同其他科学家自由而轻松地交谈,那么,事情是否就不会走偏了。

聚变科学家一直坚持认为,零功率热核装置是成功的。毕竟,这是第一台在高温条件下获得大量稳定的箍缩等离子体的设备。哈韦尔的科学家们对它的使用一直持续到1968年,储备了许多有用的信息。但是,在公众心目中,零功率热核装置永远都是一次失败的记忆:在一个比预想复杂得多的问题上,英国在科学上的骄傲自大被撞得头破血流。的确,在没有对等离子体温度和中子的性质得到非常可靠的信息之前就对外公布,这是哈韦尔团队的鲁莽之处;但是,他们却不应该为由此导致的糟糕后果而单独遭到谴责。在苏联人造卫星发射的震动和温斯凯尔核电站的火灾后需要有一次成功,这就意味着,哈韦尔团队承受着履行诺言的巨大政治压力。

英国也渴望通过某件事来恢复其民族自豪感。尽管英国在二战结束时也是战胜国之一,但还在为坐稳它的首席座次而斗争。英国已经不得不在原子能和武器方面匆匆忙忙地追赶超级大国。它的经济处于撕裂状态(直到1954年才结束配给制),曾经纵横全球的帝国正在迅速瓦解。1956年，在埃及将苏伊士运河收归国有后，英国企图同法国联手夺回对运河的控制权，但这项冒险行动最终却被持反对态度的美国带有羞辱性地粉碎了[①]。在没有太多东西值得炫耀的情况下，英国公众欣然接受了在这一奇妙的新技术中为他们带来一项世界第一的科学家们；如果再把它从他们手里拿走，他们就感觉是受到了欺骗。

在零功率热核装置成果颠覆后的几个月，英国科学家与来自全世界的同行相聚在日内瓦，召开第二次“原子能为和平服务”大会，而这次受到关注的则是聚变。在开会之前，他们都宣布要解密自己的聚变研究计划。美国和苏联的聚变项目想通过对研究活动的展览来一决高低。美国花费数百万美元把四个真实的聚变装置合并在一起，苏联则提供了一个类似的展示。随着保密的解除，哈韦尔的研究者们心知肚明，自己没有能力长期保持领先。

1960年，英国聚变研究人员搬进了在卡勒姆(Culham)专门建造的一个新实验室，那里从前也是一个飞机场，离哈韦尔10千米。然而，建造一个更大更好的零功率热核装置(ZETA 2)的计划却被放弃了。现在强调改用较小的装置，以便更好地理解等离子体的工作原理。托曼离开了这个项目，而在某种意义上，英国聚变的“英雄时代”已经终结。英国建造的另一个大型聚变装置要等到几十年之后才会出现，并且是在另外一个地方。但是，事情才刚刚开始升温。

---

① 译者注：在英国和法国以武力控制苏伊士运河后，美国和苏联对两国施加了强大的压力，要求他们撤军。艾森豪威尔先是警告英国不要进行侵略，后来又威胁对英国进行经济制裁。迫于压力，英国和法国最后不得不撤军，并因此而蒙羞。而在历史学家看来，这件事情则标志着英国国际霸主地位的最终丧失。

第 3 章　美国:斯皮策与仿星器

时钟拨回到 1951 年,当托曼已经在哈韦尔上任的时候,美国甚至还没有一个受控核聚变的研究项目。二战之后,许多曾在洛斯·阿拉莫斯实验室参与曼哈顿计划的科学家开始转向其他研究,特别是如何利用氢的聚合来制造威力更强大的核弹,当时的科学家称之为氢弹或"超弹"。曾在 1942 年建造出第一个核裂变反应堆——芝加哥 1 号堆(Chicago Pile-1)的恩里科·费米来到该实验室,并就热核反应作了一系列报告。报告促使一些听众思考,如何将可控核聚变用于能源生产。在洛斯·阿拉莫斯实验室的那些日子里,爱德华·泰勒会组织一些"奇思妙想"讨论会("wild ideas" seminars),其中的一些就专门讨论了如何控制聚变反应的问题。英国人詹姆斯·塔克(James Tuck)和波兰数学家斯坦尼斯瓦夫·乌拉姆(Stanislaw Ulam)计算了将氘离子束加速到高能量,再通过它们的碰撞来实现聚变的可能性。他们甚至进行了若干试验,但却以失败而告终。如今,战时的核弹计划已经结束,洛斯·阿拉莫斯的许多科学家又逐渐转回到他们战前的工作上。例如,泰勒回到芝加哥大学,塔克回到牛津大学的克拉伦登实验室。

在苏联的第一颗原子弹于 1949 年 8 月爆炸成功后,事情有了转机。美国战略家们曾认为,苏联还需要花费很多年才能赶上美国的核计划。塞米巴拉金斯克(Semipalatinsk)的爆炸令美国惊醒。如果苏联能在短短几年内制造出裂变武器,那么,以核聚变为基础的氢弹也就指日可待了。美国必须抢先成功,因此杜鲁门总统下令启动了一项研制氢弹的紧急计划。1950年,泰勒回到洛斯·阿拉莫斯实验室,其他许多科学家也加入了这项计划。该计划的一个子项目在新泽西州(New Jersey)的普林斯顿大学(Princeton University)建立起来,被称之为"马特洪恩计划"(Project Matterhorn),主要从事氢弹的理论研究。被招募进该计划的工作人员之一是天体物理学家莱曼·斯皮策(Lyman Spitzer)。雇用一位天文物理学家看似一个奇怪的选择,但斯皮策是星际物质专家,也就是研究充满星际间的稀薄气体和尘埃的。星际气体主要是氢等离子体,而由于氢弹的设计者们知道,他们将必须控制自己装置中的氢等离子体,所以斯皮策正是合适的人选。

1951年3月,在斯皮策开始加入马特洪恩计划之前,他本该要前往科罗拉多州(Colorado)的阿斯彭(Aspen)滑雪度假。但就在他准备出发的那天早晨,斯皮策接到父亲的电话,告诉他应该去买一份《纽约时报》。报纸上报道说,阿根廷独裁者胡安·庇隆(Juan Perón)宣称他们已掌握可控核聚变技术,并且正在研发利用这项技术发电,以造福全人类。当时知道的细节很少,后来才知道,原来一位名叫罗纳德·里克特(Ronald Richter)的奥地利物理学家在1948年说服庇隆,说自己可以利用核聚变为阿根廷提供无穷无尽的能源。庇隆热衷于一切与德国有关的事情,在没有咨询阿根廷物理学家的情况下,他就给里克特直接开了一张空白支票,还为他在阿根廷西部一个遥远的小岛——霍姆勒岛(Huemul Island)建造了一个实验室。里克特的计划是利用某种磁场来约束等离子体,并用氘和锂进行反应。根据庇隆3月24日的声明,里克特的实验——被称为"测热计"(thermotron)——已经产生了与核聚变一致的粒子和能量。

斯皮策动身前往阿斯彭,但来自阿根廷的新闻报道令他思绪如飞:如果你刻意要做,那么如何才能实现可控核聚变反应?斯皮策是一位极富天赋的科学家,他在20世纪30年代曾就读于耶鲁、普林斯顿和剑桥(跟随爱丁顿)。二战期间,他在声呐的研制上起到了关键作用。1947年,33岁的斯皮策成为普林斯顿大学天文系主任,以及普林斯顿大学天文台台长。他颇有文艺复兴时期人的风格,热爱音乐,也是一位出色的登山者,但时不时地会冒出些疯狂的念头,比如借助绳索和岩钉攀爬普林斯顿研究生院的塔楼,结果遭到学校保安人员制止。他正直的举止和彬彬有礼的说话方式刻画出的是一个有些老派的形象,但是他有高度的原则性,永远表现出完全的思想独立。然而,令他无法拒绝的则是一些大的挑战性科学难题,受控热核聚变恰好就是这样一个问题。

在宁静的阿斯彭,斯皮策有大量的时间进行思考。同之前的其他科学家们一样,斯皮策意识到,必须有一束温度非常高的等离子体,由此才能使原子核以足够大的能量相撞,从而实现聚变;这束等离子体必须具有相对较高的密度以产生足够多的碰撞,并且使其远离容器壁的最好方法是使用磁场。斯皮策并未像彼得·托曼和乔治·汤姆生那样得出结论,认为箍缩效应就是最终的答案。在乘坐长长的滑雪索道登上山顶时,斯皮策构想出一根带有磁场的直管,其中磁场的磁感线——能显示任意地点磁场方向的假想曲线——保持笔直,并与直管内部平行。带电的等离子体粒子通常会朝任意方向做直线运动,而这种均匀磁场对这些粒子的作用则会产生一个力,将它们垂直地拉向磁感线方向,使它们由直线运动变成围绕磁感线的细密螺旋运动。由于被约束在磁感线周围,这些粒子可以自由地沿着直管轴线方向运动,但却无法朝着管壁做横向运动。斯皮策推测,只要磁场不碰到管壁,这些粒子也不会撞到管壁。

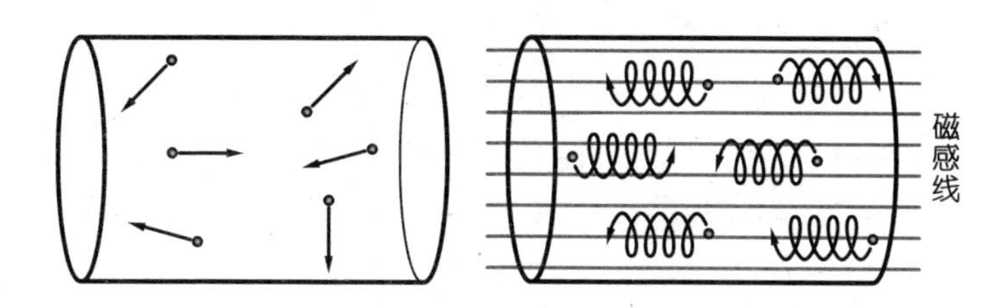

像在气体中一样,等离子体中的粒子在自由状态下会沿任意方向飞出。但是,在施加一个磁场后,等离子体粒子就被锁定在围绕磁感线的螺线上运动。

在一个管道里建立均匀的磁场很容易:只要将一段导线沿着直管一直绕满,然后通上电流即可——一款经典的电磁体。问题是,如何处理直管的两端?由于粒子可以沿着直管自由运动,它们同样也能够不受约束地飞出直管。斯皮策的解决方案是把直管弯曲成环形,形成一个圆环面,与托曼和汤姆生在他之前提出的设想一模一样。然而,这又产生了一个新的问题:将磁场弯成弧形意味着它不再是真正的均匀磁场。电磁体线圈的电线在弧形的内侧缠绕紧凑,而在外侧却缠绕疏松。这意味着,线圈绕组在弧形内侧所产生的磁场要比外侧的强。这个非均匀磁场对粒子的作用结果是一个垂直方向的力,结果会把电子拉向管道顶部,把离子拉向管道底部,反之亦然。电子和离子的分离会产生一个电场,电场与磁场共同作用推动粒子向弧形的外壁运动。总体结果是,粒子最后都要碰撞管壁,使等离子体失去能量,核聚变也就不会发生。斯皮策的计算表明,粒子在完成围绕圆环面一圈之前就将碰撞到管壁。

斯皮策离开阿斯彭的时候仍然被为这一难题所困扰,但是仅仅花费了几天时间,他便想出了一个解决方案:他没有使用圆环面,而是用两根弯管将两根交叉的直管连接起来,形成一个8字形。在这样的设计中,在前一段弯管里,电子被推向上部,离子被推向下部。当它们到达另一段弯管里时,电子则被推向下部,离子被推向上部。

于是,粒子的偏离运动基本上就被相互抵消了。

斯皮策没有继续参与氢弹研究的马特洪恩计划,而是花了一个月时间起草了一份详细的建议书,内容是一台用于产生动力的热核反应堆,他称之为“仿星器”。然后,他将该建议书提交给了美国原子能委员会。该委员会是1946年成立的政府机构,负责管理原子能和美国核武器的研发,包括马特洪恩计划。

5月11日,斯皮策受邀出席原子能委员会在华盛顿召开的会议,讨论受控聚变能的问题。詹姆斯·塔克也参加了这次会议,当时他又回到了洛斯·阿拉莫斯,从事氢弹研究。除了斯皮策,美国可能还有其他一些像塔克那样的人,他们年富力强,为攻克核聚变随时准备着。塔克在曼彻斯特(Manchester)出生和长大,他所学的是物理化学,先在曼彻斯特的维多利亚大学(Victoria University),之后去了牛津大学。在完成博士论文之前,他参与了利奥·西拉德在克拉伦登实验室对粒子加速器的工作。不久战争中断了一切:西拉德去了美国,塔克所在部门的主任弗雷德里克·林德曼则被委任为政府高官,他又带上了塔克。林德曼早已是丘吉尔的私人朋友,在丘吉尔担任首相后,林德曼成为他的科学顾问。然而,塔克并不喜欢政府科学顾问这样的政治高位,尽管他研究出了穿甲弹上的锥孔装药,真的为战争作出了重要贡献。

当洛斯·阿拉莫斯实验室遇到钚弹的内爆机制问题时,他们注意到塔克在锥孔装药方面的工作。曼哈顿计划的管理者通过丘吉尔请求塔克加入,塔克于1944年初调到新墨西哥州,协助研发爆炸透镜,这是爆炸成功的关键。1945年7月,他在新墨西哥州特里尼蒂试验点见证了首枚原子弹的爆炸。次年,他又参加了比基尼环礁(Bikini Atoll)的首次试验。战争结束后,塔克手头有了更多时间,于是他联系曼彻斯特大学,希望能完成他的博士论文,但是却被告知,

"提交论文的时限已过"。这时,他的老上司林德曼,现在变成了彻韦尔勋爵,正催促他回到英国。1946年秋天,塔克回到克拉伦登实验室,差不多与托曼到达那里的时间相同。塔克帮助实验室安装了一台新的粒子加速器,即电子感应加速器。而鉴于塔克在洛斯·阿拉莫斯的核聚变研究,约翰·考克饶夫邀请他参加1947年2月在哈韦尔召开的会议,讨论汤姆生的箍缩装置。

因此,到1949年塔克接到泰勒的电话,让他到洛斯·阿拉莫斯参加新的氢弹项目时,塔克对当时英国正在进行的所有核聚变研究已经有了很好的了解。回到新墨西哥州后,塔克着手开展对氘-氘和氘-氚反应性的准确测量,但同时也沿着与托曼相同的思路继续思考箍缩装置的建造。1951年春天,一名来自普林斯顿大学的研究生在洛斯·阿拉莫斯待了一段时间,他把斯皮策研制仿星器的计划告诉了塔克。又高又纤瘦的塔克是直率的北方人,有一股辛辣的幽默感。当他认为别人的想法不怎么样的时候,他总是会毫无顾忌地说出来。而他对斯皮策仿星器的看法恰好如此。

首先,塔克认为,仿星器旨在使等离子体长时间保持稳定的高温状态,但却会因为穿过等离子体和进入容器壁的热传导损失过多的热量。相反,箍缩则是一种脉冲装置,通过非常快地挤压等离子体来获得能量的爆发。塔克也不看好斯皮策的乐观主义。他曾亲身见识过托曼和汤姆生所遇到过的一些问题,了解实现核聚变需要很多条件,而不仅仅是设计一套良好的约束方案。许多事情都是未知或是未经试验的,现在谈论用于产生动力的反应堆还为时尚早。

5月11日,在原子能委员会的会议上,箍缩装置和仿星器都得到了讨论。支持两种方法的证据都受到考量,双方都以不同的方式进行阐述,并坚定地支持自己的装置。但是,原子能委员会的委员们更喜欢斯皮策的计划。7月,他们奖励给斯皮策5万美元,以表彰他在马特洪恩计划中对仿星器的理论研究。在1951年剩下的大部分时间里,塔克忙于反应速率的研究。但在临近年末的时候,他来到洛斯·阿拉斯莫实验室主任的面前,向他提出了一个新的受控热核研究计划。他从实验室的经费中得到5万美元来启动项目,从而为洛斯·阿拉斯莫同普林斯顿之间数年的竞争埋下了种子。

同时,在阿根廷,庇隆开始对等待更多来自霍姆勒岛的成功消息感到厌倦。他指派了一个由物理学家和工程师组成的技术委员会,对里克特的工作展开调查。1952年9月,委员会向庇隆报告,里克特用他的装置获得的温度太低,根本无法引发核聚变反应。这一年晚些时候,庇隆关闭了该实验室。无论里克特是否真的相信他能够获得核能,他都是在独自工作,切断了与其他科学家群体的联系,因此不可能获得成功。言过其实的声言事后被证明是错误的,而这在核聚变历史上也不是最后一次。

斯皮策着手完善仿星器的理论,并起草了一份完整的研发方案。研究将从一个桌面装置(型号A)开始。此装置将显示,等离子体可以被生成和约束住,并且其中的电子可以被加热到100万摄氏度。更大的型号B能够将离子加热到100万摄氏度,而型号C则将是一个实际的原型动力反应堆,能够达到超过1亿摄氏度的热核反应温度。整个过程大约需要10年时间。

1951年11月,能源委员会的管理层——由美国总统任命的五位委员开始考虑,受控聚变是否应该成为一个正式的项目。在当时的乐观气氛中,他们总体上都支持走上新的研究大道。他们也意识到,英国已经开始了聚变研究,并且怀疑苏联也在进行。在经受了两年前苏联第一颗原子弹爆炸所带来的震惊后,美国再也无法经受在重要的新研究领域里的任何落后。对美国来说这是一个面临很大不安全性的时期:它的国家实验室正抓紧赶在苏联前面制造出氢弹,而它的士兵则深陷朝鲜战争。委员们问原子能委员会研究部主任托马斯·约翰逊(Thomas Johnson),一个聚变项目需要花多少钱。约翰逊凭空想出了一个数字,说投入100万美元,花三年半到四年即可证明聚变是否可行,以及如果不可行,那么为什么不可行。于是,该项目以100万美元的资金启动了。

在慷慨的同时,委员们规定,项目必须保密,因为存在将核聚变中子用于生产钚的潜在可能。所以,马特洪恩计划中的可控核聚变部分就必须寻找一个与世隔绝的地方来开展工作。普林斯顿大学最近在郊区得到一处地产,这之前属于洛克菲勒基金会(Rockefeller Foundation)。斯皮策在那里发现了一座波纹铁皮做成的建筑,是当初安置实验室动物的地方。他们后来发现,这个“兔笼”到了夏天简直和地狱一样热,但凑合着能用。窗户被涂黑,四周安上了报警器,竖起了铁丝网栅栏,还有警卫巡逻。之后数周,斯皮策和他研究天体物理学的同事马丁·施瓦茨柴尔德(Martin Schwarzschild)坐在“兔笼”的地板上度过了几个周末,往直径为2英寸的玻璃管上缠绕扁铜线。他们在建造模型A,即美国第一个聚变反应堆。

塔克并不必过多担心安全问题:因为他是在国家实验室工作,周围的工作人员都已经接受过了安全检查。对他来说,最为有用的是测量装置和仪器方面的全部专业知识,或者“诊断学”,这是为了分析核弹试验而发展出来的技术。对于当时的聚变研究者来说,最主要的困难之一是如何准确弄清一个装置内部所发生的情况。等离子体的密度和温度是多少,它是在稳定地活动还是从控制中逃逸?自然地,塔克开始研究环形箍缩装置。它具有宜人的简约性,他希望这意味着一个实用的反应堆不会太贵。但是,并不是所有人都能信服。一位持怀疑态度的同事将他的装置称为“不可能器”(impossibilitron),而塔克则反驳道:“它或许可行,或许不可行。”并断然地将其称为“或许器”(Perhapsatron)。塔克从一个废弃的电子感应加速器上拆下了一些零件,并让实验室的技术人员为第一台或许器制作环形玻璃管。他的目标直接明了:即看看他能否产生第一束箍缩等离子体,检查这种等离子体是否稳定。如果这一步成功,他就计划生成中子。

第三个团队也加入了这项努力。泰勒正鼓动在洛斯·阿拉莫斯之外建立第二个武器实验室来研制氢弹。他选定的地点是加利福尼亚州(California)的一个小镇利弗莫尔(Livermore),位于旧金山(San Francisco)附近一个养牛和产酒的山谷里。加州大学伯克利分校(California University at Berkeley)曾于1950年在那里买下一个旧军营,建立了实验室。伯克利一位年轻的物理学家赫伯特·约克(Herbert York)被赋予组织新武器实验室的工作。这样,在1952年的开始几个月,约克访问了参与氢弹项目的其他实验室,包括阿拉莫斯和普林斯顿实验室,以讨论泰勒的计划。他对斯皮策和塔克的工作很感兴趣,并且确信,在利弗莫尔实验室设立自己的可控核聚变项目将会是一个非常好的想法,这样就可以把实验室的项目拓展到武器工作以外。约克不想通过制造一个箍缩装置或仿星器来简单重复其他实验室的研究,他需要制造自己的装置。斯皮策最初的构思对约克很有吸引力,因为它比较简单,由一个直管组成,其中施加有沿着管轴方向的磁场。仿星器肯定会碰到问题,因为它的管子要做成弧形,这样才能使它不带端口。如果保留直管的简单性,仅仅以某种方式简单地塞住管子的两个端口以防止粒子逃逸,那又当如何?约克最初的想法是,用强电波堵住直管的两端,因为当时知道这种电波会对物质产生某种压力。

约克在伯克利放射实验室就核聚变问题发表了一系列演讲,听众中有一个人叫理查德·波斯特(Richard Post),是实验室新招募的一位成员。波斯特被核聚变深深迷住,认为这是一个具有社会实用目标的研究领域。他最近的博士论文研究即与电波和等离子体有关,因此他马上给约克写了一份很长的备忘录,分析电波堵塞的构思和其他一些可能性。约克把他叫了过去,并给了他一份工作,即担任新实验室可控核聚变小组的负责人。波斯特和其他一些同事着手开始了这样一个装置的理论研究工作。他很快得出结论,为了产生足够强的电波以堵住直管两端,需要耗费大量的能量。他们开始分析磁场本身,发现如果能增强直管两端的磁场(即缠绕更多的电磁线圈),就能迫使磁感线彼此更加接近;如果等离子体符合条件,端口紧缩的磁场会迫使运动的粒子调转方向,这种效应被称为“磁镜”。现在,约克和波斯特总算有了一台他们自己的聚变装置。

在 1952 年中,仿星器和或许器都建造成功,并首次开机。两个团队首先都向他们的管道中注入稀有气体,而不是氘,因为他们并不想一开始就产生核聚变反应,而只想表明他们能够生成一束等离子体,并能约束和加热它。斯皮策能用他的型号 A 产生一束等离子体,并能够通过磁场的增强来显示约束力的改进。但是,粒子仍然会向管壁偏转,并且速度要比理论预期的更快。因此,斯皮策仍有一个难题等待解决。在他们的理论模型中,他们假定,等离子体中的所有粒子都相互独立地运动,主要只受磁场的影响。这一假设具有某种必然性,因为如果承认粒子之间也存在相互影响,那么,在这样一个计算机尚未广泛使用的年代,他们的计算将会变得无法想象地复杂。如果粒子确实相互影响,那么,像波和涡流这样的“集合效应”也必须得到处理。

或许器也证明比塔克原来预期的要难以驾驭得多。当这个直径为 1 米的装置启动后,研究者能够透过侧窗看到发光的等离子体;当在等离子体中诱导出电流后,他们能看到等离子体被箍缩成管道中心一条纤细的线,但转瞬即逝。在箍缩启动后,使用高速相机以不同的间隔进行拍照,他们可以看到,这条细线只能保持几百万分之一秒的稳定,随后便开始剧烈地扭动并彻底分裂。与鲍勃·卡鲁特斯在哈韦尔一样,塔克遇到了扭折不稳定性的问题。塔克抓住等离子体分裂之前出现过短暂稳定的事实,并得出结论:自己的精力要么放在使箍缩速度加快上——赶在不稳定性闯入之前就获得能量的爆发,要么就集中在寻找其他某种能让等离子体稳定的方法上。

利弗莫尔的磁镜工作也取得了进展,聚变项目因此获得了一些动力。1952 年 6 月底,实验室在丹佛(Denver)召开第一次会议,有 80 人参加。研究项目还因此获得了一个名称:原子能委员会的约翰逊暗中策划终止胡德实验室(Hood Laboratory)另一个名叫林肯计划(Project Lincoln)的研究项目,把经费转给塔克;将一串名字组合一番,也就只能称之为舍伍德计划(Project Sherwood)了。然而,这件事进行得一直相当轻松。项目的优先方向是由研究者们自己设定的。全世界从事核聚变研究的人总共也就那么几十位,其中的许多人还只是兼职的,包括斯皮策、塔克和波斯特,他们同时还有其他项目在进行。尽管对等离子体行为的错综复杂还很缺乏了解,但是,他们没有人怀疑过,从桌面演示设备到大型实验性反应堆以至此后的发电厂原型,这些只需要十年左右的发展过程。

1953 年中,刘易斯·斯特劳斯(Lewis Strauss)——与"稻草"(Straws)发音相同——上将被任命为原子能委员会主席,这搅破了聚变研究上的安宁气氛。斯特劳斯是那个时代的典型:坚定地信奉技术以及美国在科学上的卓越,极端怀疑苏联。他要通过核聚变的成功来显示资本主义体系的力量,并且想在他在原子能委员会的任期内就做到这一点。

斯特劳斯在弗吉尼亚(Virginia)出生并长大,高中毕业后本打算到弗吉尼亚大学攻读物理,但由于他家的鞋子批发生意出现问题,他必须回去和他父亲一起做推销工作。尽管三年后,他挣够了上大学的钱,但却于 1917 年志愿为共和党政客赫伯特·胡佛(Herbert

Hoover)(美国未来的总统)工作,支持欧洲战争。在担任胡佛私人秘书期间,他建立了广泛的政治联系。战后,他的工作是为来自欧洲的犹太难民提供帮助,这一经历令他非常憎恶共产主义。他再也没去大学学习物理,而是进入了纽约的一家银行,于 1929 年成为合伙人,攒下了一笔财富。作为海军预备役的老成员,他在二战中志愿服役,负责海军的军火管理,并最终成为海军少将。

斯特劳斯对物理学保持着浓厚的兴趣。20 世纪 30 年代,在他的父母因癌症去世后,他建立了一个基金来资助对疾病放射治疗的研究。通过该基金,他结识了当时一些杰出的物理学家,包括西拉德。斯特劳斯资助了西拉德在裂变链式反应方面的部分工作,这些工作最后导致科学家们在 1939 年向罗斯福总统进言,就原子弹的可能性提出警示。

1947 年,当杜鲁门总统(President Truman)筹建原子能委员会时,斯特劳斯显然是一位首席委员的人选。作为一位委员,斯特劳斯开始与曼哈顿计划的前科学领袖罗伯特·奥本海默(J. Robert Oppenheimer)接触。在诸多战后科学家中,奥本海默是一位图腾式的人物。他不仅成功地领导了设计原子弹的科学努力,加速了战争的结束,而且后来还反对过核武器竞赛,支持对核物质与核技术的国际管控。奥本海默是原子能委员会总顾问委员会(General Advisory Committee)的主席,他开明的观点对于保守的斯特劳斯来说是危险的信号。斯特劳斯强烈拥护直接制造氢弹,以此作为对付苏联的最终威慑。20 世纪 40 年代,奥本海默认为这一想法并不可行,转而支持建立一个小型战术原子弹的储备。与曼哈顿计划有联系的苏联间谍被揭露出来后,斯特劳斯警觉起来。间谍中包括克劳斯·富克斯、朱利叶斯(Julius)和埃塞尔·罗森堡(Ethel Rosenberg)。众所周知,奥本海默有许多朋友、亲戚和同事在 20 世纪 30 年代曾经是共产党员。所以,包括斯特劳斯在内的许多人都认为,他是一个难以接受的安全隐患。在一次国会听证会上,斯特劳斯就禁止放射性同位素的出口展开游说,奥本海默模仿他的口吻嘲笑道:“同位素没有电子器件那么重要,但是,要我们说,却比维他命更重要。”

1950 年,当杜鲁门总统批准发展氢弹的应急项目时,斯特劳斯离开了原子能委员会的职位,但他依然没有忘记对奥本海默的敌意。1953 年,当斯特劳斯重新回到原子能委员会担任主席时,他的第一波行动之一就是让联邦调查局加强对奥本海默的监视,包括跟踪他的行动,在他家里和办公室安装窃听器,监听他的电话,检查他的信件。联邦调查局并没有发现任何不忠诚的证据,但是斯特劳斯仍不死心。12 月,斯特劳斯告知奥本海默,他的安全许可被吊销,并展示了一份指控他的清单。奥本海默拒绝辞职,因此在接下来的 4 月和 5 月,召开了数次针对他安全许可的听证会。这一切都发生在麦卡锡参议员(Senator Joe McCarthy)反共的政治迫害期间,调查奥本海默这种高知名度人物的听证会引发了广泛关注。

这些听证会反复翻出以前的老账,包括奥本海默在战前与共产主义的联系,以及他与在洛斯·阿拉莫斯实验室工作的苏联间谍之间的关系。许多杰出的科学家、政治家和军官都为奥本海默辩护。泰勒作证说,他认为奥本海默忠诚于美国,但是由于他的判断力很有问题,所以应该剥夺他的安全许可。奥本海默自己的证词常常前后不一,漏洞百出,所以他的安全许可最终被吊销。奥本海默被普遍认为是反共狂热的受害者;泰勒因为自己的证词而受到科学界的冷落;而斯特劳斯则赢得了麦卡锡鹰犬的名声。

回到原子能委员会后,斯特劳斯对舍伍德计划的缓慢进展感到不满。他召集普林斯顿、洛斯·阿拉莫斯和利弗莫尔的项目负责人以及其他几位知名的物理学家,开会讨论这个项目的未来。事实证明,这组顾问比斯特劳斯所乐于见到的更加小心谨慎。他们把舍伍德计划描述成一项长期的努力,认为考虑大规模反应堆为时尚早。顾问们建议像从前一样继续同样的工作,而斯特劳斯却有另外的打算。他告诉约翰逊在总部加强舍伍德计划的组织工作,并准备将项目经费增加3倍。此外,尽管艾森豪威尔总统在12月发表了“原子能为和平服务”的演说后出现了解密核计划的迹象,但斯特劳斯仍坚持严密的安全措施。

约翰逊任命他的一位手下阿马萨·毕晓普(Amasa Bishop)全职管理舍伍德计划。他还建立了一个指导委员会,由每个实验室的项目负责人以及泰勒组成,一年召开若干次会议。由于舍伍德计划的会议基本定期召开,研究人员们中间突然出现了一种紧迫感,要为下次会议准备好研究结果。舍伍德计划的工作人员迅速增多,从1954年3月的45人上升到一年后的110人,到1956年人数又翻了一番。斯特劳斯慷慨地为项目投钱,多得几乎让研究人员们不知道如何才能花完。从约翰逊起初为1951—1953年度敲定的100万美元开始,舍伍德计划的预算在1954年一年就增加到170万美元,1955年为470万美元,1956年为670万美元,1957年为1 070万美元。斯特劳斯甚至开玩笑,要拿出100万美元奖励给第一个完成可控热核聚变的个人或团体。

约翰逊确认,仿星器是各种方案里最有希望的,应该成为舍伍德计划的研究重心。型号A显示出很好的约束功能,型号B还在建造中。相较于前者,第二台设备将拥有更强的磁场,而斯皮策则希望,其离子温度能够达到100万摄氏度。但是,在斯特劳斯建立的新体制下,斯皮策和其他计划的负责人都开始感受到来自管理层的压力。约翰逊要普林斯顿团队开始型号B辅助加热系统的研制,以帮助它达到更高的温度。然而,斯皮策则不愿在型号B制成并能看到其运行情况之前就开始这项工作。约翰逊坚持认为不能浪费时间,他还要普林斯顿团队着手开始设计型号C——斯皮策推想的动力反应堆原型。

从斯皮策的角度来看,这越来越不像是一个研究项目,而更像是一项应急研制努力,就像是当时正在进行的氢弹研制项目;为了节省时间,其中的事情都是同步开展,而不是有条不紊地循序推进。但是,这种做法有很多危险。在型号 B 被证明有效之前就开始下一件事是在冒险,因为他们可能会走错路,并且不得不返回原地,重新开始。尽管斯皮策持保留意见,但是,1954 年秋天,在型号 B 刚刚开始运转的几个星期后,普林斯顿团队还是开始了型号 C 的设计。

然而,很快受到关注的却是箍缩装置。此前,一位名叫马歇尔·罗森布卢特(Marshall Rosenbluth)的年轻理论物理学家来到了洛斯·阿拉莫斯。他曾在芝加哥大学攻读博士学位,导师是泰勒,泰勒后来招他加入氢弹团队。他对研制炸弹并不十分满意,但是,当他明白塔克在洛斯·阿拉莫斯所做的事情后便非常想加入。他同其他一些人开始构建一个更加严格的理论模型,以描述箍缩等离子体的工作方式,并且提出了发动机理论(Motor Theory),或者叫 M -理论。这一理论导致了一种戏剧性的结果。突然之间,研究者们对等离子体在干什么有了更好的理解。发动机理论的第一批预测之一是,如果增强等离子体电流,箍缩将会把等离子体加热到更高的温度。在一个像或许器那样的环形箍缩装置中,这将要求电磁体能产生一个更强的磁场,而这在当时却是很难实现的。因此,塔克和洛斯·阿拉莫斯的研究者们开始建造一个直形箍缩装置。他们在它两端各安装一个电极并对它们加上电压,这样就能够在该装置中产生出强电流。在加州大学伯克利分校的另一个团队也采用了同样的做法。

到 1955 年秋天,塔克拥有了一个 1 米长的箍缩装置,名叫“哥伦布”(Columbus),上面能够施加 10 万伏的电压。令研究人员们惊讶的是,每当他们创造一个能够产生箍缩的脉冲电流时,都会检测到来自等离子体的数百万个中子。如果这些中子是热核反应产生的,那么,等离子体一定达到了数百万或数千万摄氏度的高温。对于箍缩装置的成功，舍伍德计划的整个科学家群体都显得很兴奋。塔克一直让自己的目标保持适中，他现在开始形成更宏大的计划。以直形装置为基础的动力反应堆仍然必须凭借快速脉冲加以运转，在不稳定性撕裂等离子之前就产生核聚变能量的爆发。塔克作了一些粗略计算，并估计，在使用大口径直管的情况下，通入一股在能量上等效于一吨 TNT 炸药的脉冲电流，就能够产生等效于数吨 TNT 的核能。

但是，并不是每个人都确信，这些直线箍缩所产生的中子是来自热核反应。在 1955 年 10 月的一次舍伍德会议上，来自利弗莫尔的研究人员斯特林·科尔盖特（Stirling Colgate）指出，产生中子的箍缩有时是发生在一些特别的条件下；而根据发动机理论的预测，这些条件所创造的温度都太低，还不足以引发核聚变。科尔盖特建议，箍缩团队应尝试测量，是否所有方向上出现的中子数量都相同，因为只有当来源是热核等离子体时才会出现这样的情况。后来，零功率热核装置也接受了相同的测试。伯克利的箍缩团队开展了这一测试，发现管道一端出现的中子要多于另一端。因此，这些中子就不是来自热核反应：等离子体中的一些离子沿一个方向被加速到很高的速度，并通过聚变产生中子；但是，剩下的大部分等离子体却仍然处于太低的温度。次年春天，当库尔恰托夫来到哈韦尔，并出乎意料地做了关于热核聚变的报告时，西方的科学家了解到，1952 年，当他们的苏联同行们从自己的一个装置上检测到中子时，也同样经历了从希望到失望的剧烈起伏。

然而，这并没有毁灭美国对于箍缩的兴趣。有两个关于稳定箍缩等离子体的想法已经流传了几年，这些想法已经被托曼和他在哈韦尔的同事用到了零功率热核装置上。第一个想法是用导电的金属来制作容器，或者把它封闭在一个导体外壳中，以便让粒子远离容器壁。第二个想法是沿着管道施加一个纵向磁场，以便给等离子体提供一根磁“脊骨”。罗森布卢特将这些修改吸收进他关于箍缩的发动机理论模型,并预期,在某些苛刻的条件下,箍缩等离子体能够达到稳定。最终,他为自己赢得了“等离子体物理学教父”的绰号。1956 年夏天,在采用罗森布卢特开出的方子后,塔克的洛斯·阿拉莫斯团队和伯克利小组在稳定性方面都显示出了改进。这便开启了令人兴奋的可能性:也许箍缩并非一定要借助快脉冲装置在不稳定性侵入之前形成一些聚变,也许它能够在自己的等离子体上保持更长时间。

斯特劳斯加快舍伍德计划出结果的努力似乎起了作用,但是他包裹在该项目上的保密蚕茧开始出现裂缝。1954 年的“原子能法案”允许美国再一次与英国这样的同盟国分享核机密。按照艾森豪威尔总统“原子能为和平服务”政策,更多此前保密的核计划慢慢暴露在当时的公众面前。1955 年 8 月,在日内瓦召开的第一次“原子能为和平服务”会议上,数目巨大的计划被公之于众;霍米·巴巴关于核能的预言让各国政府承受了压力,使更多计划得到解密。为了不让美国看似落后于其他国家,斯特劳斯被迫于次日宣布了舍伍德计划的存在,但是没有透露其他细节。

当后续会议于 1958 年在日内瓦召开的计划被公布时,美国政府认为,原子能委员会应该举办一个让人“知难而退”的展览,以显示美国原子能技术的优势。起初,核聚变并没有真的被作为一场“盛大展览”的候选,但原子能委员会委员们拿到的其他类型反应堆展示的估计预算都是天价。由于解密已经开始显得不可避免,舍伍德计划的一些内容成为展览内容的可能性已经非常大。军事上的保密理由——核聚变的中子能够被用来制作炸弹所需的钚——也消失了,因为采矿公司发现了更大的天然铀矿储藏。

原子能委员会研究部的约翰逊和毕晓普长期以来一直敦促进

行解密。早在1956年4月,他们就建议,应该开始与英国开展核聚变方面信息交换;次月,他们又建议全面解密。原子能委员会的大部分委员都支持这一提议,但斯特劳斯却反对。9月,他们又提出一个稍微缓和的方案:除了对实用型聚变反应堆至关重要的任何细节外,解密所有的信息;而为了让解密得到最大收效,应该赶在一个重要的核聚变会议之前加以宣布,以敦促苏联人进行同样的解密工作。斯特劳斯仍然反对这一提议,不过委员们通常会决定按照投票的方式来推动工作进行。到了次月,来自英国哈韦尔的第一个代表团参观了美国主要的聚变实验室。11月访问英国的美国团组显然也对零功率热核装置感到震撼。这一点也不像是一个"原理证明"性的实验室试验,而显得像是一种能够产生动力的装置。设备的尺寸和追求目标远远超越了美国的任何计划,而美国代表团的成员则担心,如果英国决定将零功率热核装置运送到日内瓦展览,舍伍德的任何工作都将会黯然失色。在普林斯顿和洛斯·阿拉莫斯的竞争之外,美国团队现在不仅要担心英国,而且在库尔恰托夫的演讲后,还要担心苏联。

当零功率热核装置在1957年8月开始运行,并且几乎立刻开始产生中子的时候,美国对它的担心与日俱增。尽管重大突破的新闻在9月初确实已经透露给新闻界,斯特劳斯还是决意继续保密。他确信美国的项目更出色,尽管某些装置因技术问题进展缓慢,但是直形和环形的箍缩装置都显示出较好的前景。解密计划提议,在1958年日内瓦会议之前先不暴露任何事情,而会期还有整整一年的时间。如果在会议召开前斯特劳斯能诱使英国对零功率热核装置保持沉默,舍伍德就会有时间赶超,而美国的展览也就能成为日内瓦的明星。

但是,对日内瓦的盛大展览,实验室的项目负责人和原子能委员会的委员们却各有想法。它将会带来额外的政府资助,但是,在用于准备展览的几个月里,科学家们的注意力将会受到分散,而难以集中在攻克聚变的正事上。并且,仍然有人严重怀疑,他们能够在这段时间内获得热核聚变反应的中子。随着10月5日苏联发射第一颗人造卫星消息的传来,形势变得更加复杂。现在,斯特劳斯还受到另一个压力,要用某种公开方式展示美国技术的优势,以取得对这项苏联伟绩的胜利。美国方面决定在10月19日召开一次紧急会议,来为日内瓦的行动作出决定。项目负责人以及来自原子能委员会的约翰逊和毕晓普事先确定,如果把展示产生热核反应中子的反应堆作为目标,那太过冒险,应该计划一些较为低调的展览。原子能委员会的大多数委员也不喜欢这样的冒险,但是斯特劳斯非常顽固。他想要让核聚变在他的监管下完成,也想让美国的展览能够压倒在日内瓦的所有其他展览,并且还想为美国赢得荣誉贡献自己的一份力量。因此,热核反应中子将是日内瓦的重头戏。这是美国核聚变项目的一个转折点,为它设定目标或速度的不再是科学家,它已经变成美国外交政策的工具。

虽然斯特劳斯能够在日内瓦展览问题上显示自己的权威,但是却无法绕过零功率热核装置。英国新闻界已经抓住了其研究团队因为美国坚持保密而保持沉默的事实,而把斯特劳斯描绘成一个坏蛋。随着报纸的大声疾呼,哈韦尔的科学家们不知道他们还能把零功率热核装置的秘密保持多久。英国想要发表他们的研究结果,并且想要赶在日内瓦会议之前。斯特劳斯最终还是向不可避免的事实屈服。为了试探并减弱英国在核聚变方面的领先印象,他决定同时公布美国箍缩实验的细节。不过,他首先派了一组美国研究人员去查看零功率热核装置,看它是不是真的能够产生热核聚变中子。

或多或少,美国人还是承认了零功率热核装置产生了中子。不久,最新版的或许器和哥伦布直形箍缩装置也开始产出中子。总之,箍缩装置的前途看起来十分光明。然而,一些人仍然有所怀疑。

斯皮策怀疑,在如此短促的一段脉冲内,温度是否真的能达到500万摄氏度。他怀疑,由于某种不稳定性,等离子体中也许只有一小部分比其余部分得到了更多的能量。利弗莫尔的科尔盖特也在关注英国所声称的温度。他和两位同事一起对当时所有能产出中子的箍缩装置做了细致的比较,包括零功率热核装置、英国联合电气工业公司的赛普特三号(Sceptre Ⅲ)、或许器和哥伦布。他们检验了每一个装置中等离子体的导电性能,而没有聚焦在中子上。应用一个反映导电性能与温度之间关系的公式,他们得出结论,零功率热核装置达到的温度大约只有哈韦尔声称结果的十分之一,因此它所产生的中子不可能来自热核聚变反应。

然而,当零功率热核装置和美国箍缩装置的实验结果同时在1月底公布的时候,斯特劳斯和美国聚变科学家只能咬紧牙关。正如斯特劳斯所担心的,美国的结果在很大程度上受到忽视,哈韦尔的科学家们被欢呼为核聚变的攻克者。

几个月后,零功率热核装置从恩典中的坠落震惊了美国科学家,尽管早已有人怀疑过它的结果。洛斯·阿拉莫斯很快在或许器和哥伦布上进行了导致零功率热核装置翻船的类似试验,他们的装备也显示产生的是虚假中子。这让舍伍德计划失去了在日内瓦会议上一展雄姿的机会。但是斯特劳斯很顽固,他就是想要产生中子的装置,不管中子是不是核聚变反应的产物。斯特劳斯指望,会议上没有人能够说出其中的区别。一旦苏联拥有一个能产出中子的装置而美国却没有,那才是一场灾难。因此他继续给美国团队施压,要他们准备好展览。

整个夏季,所有核聚变实验室的几十位科学家都在为模型和展品忙碌,并在将它们包装发送到日内瓦之前对装置的运行进行测试。舍伍德计划的四个实验室共计发送了450吨的装备。[在为日内瓦会议抓紧赶制的过程中,橡树岭国家实验室(Oak Ridge National

Laboratory)起初的小规模核聚变研究工作迅速成长,成为舍伍德计划羽翼丰满的成员之一]全部大型客机都承担了向瑞士运送舍伍德计划技术人员和他们家人的任务,有些人提前一个多月就到达那里,以便在9月1日会议开幕前将一切安置妥当。注册的6 500名参会者使日内瓦旅馆的床位捉襟见肘,因此有些人只能住在像依云(Evian)这样50千米以外的小镇上。

会议规模巨大,在万国宫(Palais des Nations)召开。万国宫是20世纪30年代为国际联盟所建,后来成为联合国欧洲总部的所在地。它的主会场大约能够容纳2 000人。在宫殿的庭院里,专门为这次会议修建了一个大型展厅。来自67个国家的5 000名科学家参加了这次会议,同时与会的还有900名记者和3 600名工业界观察员,感兴趣的公众也能来参观展览。《时代》杂志称之为"巨人会议"(monster conference)。

美国在展览中虽然没有展示斯特劳斯所想要的具有冲击性的聚变中子,但是确实也令人印象深刻。普林斯顿运来了他们的仿星器型号B-2,并且展示了型号C的模型以及其他装置;橡树岭展示了他们的直流实验装置(Direct Current Experiment,DCX)的模型;利弗莫尔和伯克利分别展出了磁镜装置和直形箍缩装置的模型;洛斯·阿拉莫斯展示了一台运转中的或许器和一台哥伦布,两者都能产生中子;还有一台名叫斯库拉(Scylla)①的设备也是如此,它是箍缩装置的变体。连同核裂变反应堆和其他原子能技术,美国的展览占据了展馆的大半空间,共有10万人注册参观。它总共花费了450万美元,这在1958年是一大笔钱。

会议开幕前的两天,美国和英国都宣布完全解密自己的核聚变项目。曾在英美两国及苏联秘密实验室工作的大批核聚变研究人

① 译者注:斯库拉是希腊神话中吞噬水手的女海妖。

员一下子走到了明处,令人眼花缭乱。他们可以在大会堂向一大群听众宣读论文,并且不得不应对新闻发布会和感兴趣的公众。就在东西方正胶着在一场冷战之中的时候,在日内瓦,你却可以看到苏联和美国的科学家们聚在一起,站在会场的走廊里,或者坐在栖息于宫殿花园草地上的孔雀们中间,认真地讨论着等离子体物理。

虽然这一突然解密的全新科学领域令人兴奋,但大会堂里的科学报告却更多地带有反思的色彩。对于从原理论证到原型动力反应堆的顺利过渡,许多人都曾作出过乐观的预期。但是,零功率热核装置、或许器和哥伦布等箍缩装置在当年早些时候带来的失望,再加上其他装置上所遇到的技术难题,这些已经让许多人开始对此重新加以思考。托曼告诉到会的科学家:

> “我认为,稳定性问题至关重要。除非带电粒子穿过磁感线的速度能够降低到经典扩散理论给出的速度,否则,撞击容器壁所导致的能量损失将不会使聚变反应变成实用的能源。
>
> 我认为,这次大会上宣读的论文以及随后的讨论将显示,现在仍然不可能回答这一问题:‘能够通过轻元素燃料本身来发电吗?’”

爱德华·泰勒列出一系列必须克服的困难,包括核聚变反应产生的强中子辐射,它会改变反应堆物质的性质,并使反应堆成为人类操作者不能进入的区域。

> “这些以及其他的困难可能会使由此释放的能量非常昂贵,以致在20世纪末之前,对可控热核反应的经济开发也许都不会成为可能。”

经过两周的讨论后,在从日内瓦回到家中的科学家们中间,已经很少有人对自己所面临困难的任务还抱有任何虚幻的想法了。

日内瓦会议在某种程度上成了美国核聚变项目的分水岭。6

月,就在会议之前,斯特劳斯从原子能委员会主席的职位上下来了,尽管率领代表团参会的仍然是他。他没能达成自己的目标,没有在自己任职期间看到对聚变发电的成功示范;但是,他当初捡起了一个几十人参与并略显轻松的小规模研究项目(1954 年度财政预算:200 万美元),并把它扩张成了一场雇人数过百、活力充沛的研发团队(1958 年度财政预算:2 900 万美元)。

来自美国、英国和苏联的研究人员在日内瓦聚集一堂,他们比较着自己的笔记,并意识到大家在科学上原来上了同一条船:在对等离子体的行为没有真正足够理解之前,就不顾一切地想要找寻聚变产能之路。到这个时候,因保密规定而催生的猜疑与竞争气氛开始消散。在日内瓦建立起来的关系意味着,尽管大部分科学学科和正常生活被分割为东方和西方,核聚变研究却还能保持为一项真正的国际活动。科学家能相对容易地穿过铁幕开展实验室互访,国际会议也能够将他们定期地带到一起。

东西方之间的联系远非解密后的唯一变化。一夜之间,研究人员们的头等机密计划变成了一个普通的科学学科。普林斯顿的马特洪恩计划被改名为普林斯顿等离子体物理实验室(Princeton Plasma Physics Laboratory,PPPL),雇用新成员和培养新研究人员也变得更为简单,普林斯顿和麻省理工学院(Massachusetts Institute of Technology,MIT)设置了核聚变研究的研究生培养计划。

核聚变被并入主流科学。紧密相关领域的研究人员现在能够投入研究并参加核聚变的会议,这也拓展了可供使用的专业知识。美国物理学会(American Physical Society)设立了一个等离子体分会,可以召开自己的系列会议。专业的等离子物理期刊也得到创立,提交的论文需要进行“同行评议”,以便获得其他科学家的审核。所有这些变化会提高核聚变研究的科学标准,产生了水平更高的学术审查和批评。这些制度如果能够早些出现,也许就可以缓和笼罩在零功率热核装置、哥伦布和或许器上的过分乐观气氛。

工业界也加入了行动。西屋电器公司(Westinghouse)临时调派了两位工程师,参与普林斯顿型号C的设计,让他们在那里工作,但却保留他们在公司的工资。由于认为有一天聚变能将会与裂变能相匹敌,通用电气公司(General Electric)和新成立的通用原子技术公司(General Atomics)也都设立了它们自己的核聚变研究项目。

舍伍德计划也不得不面对它在原子能委员会中地位的新现实。在斯特劳斯的庇护下,舍伍德计划过着神佑般的生活,预算不断上涨,因为他对核聚变有着一种特别的兴趣。原子能委员会新任主席约翰·麦科恩(John McCone)则没有这副心肠。事实上,在任职的第一年中,他的注意力是在别的地方,包括裂变反应堆、核动力船以及对可能要实施核试验禁令的关注。但是,1959年7月,他下令审查舍伍德计划,尤其是它的资助水平。舍伍德计划的预算曾于1957年11月增加了3倍,用以帮助实验室为日内瓦会议作准备,而实验室的领导们则被诱导着相信,这种程度的资助在会后还将持续。

麦科恩有另外的想法。他觉得舍伍德计划应该得到资助,正如该委员会的其他项目一样,这符合它对原子能委员会的价值。但他不能理解,为什么要研究这么多不同的核聚变装置,为什么不集中在少数几个最有希望的装置上。这一计划的迫切性也已经降低。曾几何时,它离动力反应堆似乎只有两步之遥,但现在它的研究看来更多地集中在基本的等离子体物理上。舍伍德计划指导委员会成功地争取到对所有不同类型装置的保留,但是它也接受了这样一个现实,即削减10%的预算不可避免。

继哥伦布和或许器的失望之后,箍缩装置在美国也逐渐失去关注,希望被寄托在了仿星器上。普林斯顿的型号B衍生出了更多的版本(B-2,B-3),用以矫正磁场的缺陷,并增加了额外的加热系统。但是,它们全都存在一个问题,科学家们称之为"泵出"。从根本上来说,粒子漂移到容器壁边缘的速度要比理论预期得更快,并将等离子体的热量带走。

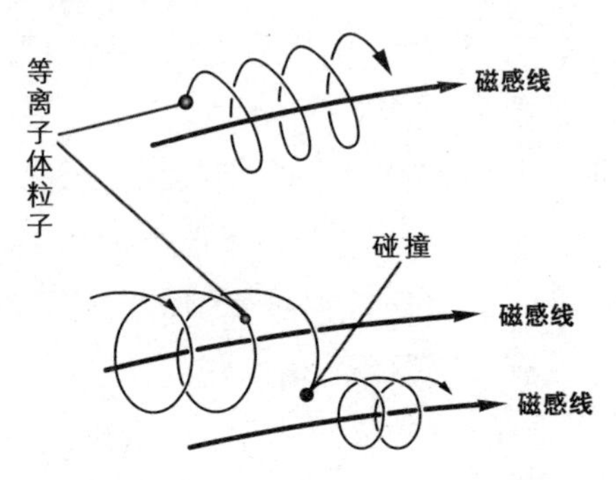

随着相互碰撞的发生,做螺旋运动的等离子体粒子会跃迁到另一条磁感线上。于是,它们越过磁场,向容器壁扩散。

在显示仿星器里等离子体的最简单图示中,粒子被磁场锁定,围绕着磁感线做紧密的螺旋线运动。但是,这并没有考虑粒子间的相互碰撞。当碰撞发生时,粒子能够从一条磁感线跳到另一条上,并且逐渐穿过这些磁感线。这一过程——扩散——在所有的气体中都会发生,但是核聚变研究人员一向依靠磁场来降低扩散速度。理论物理学家们预计,扩散速度的减慢比率与磁场强度的平方成正比。因此,将磁场强度增加 2 倍,就会使扩散速度减慢到 1/4。这种情况被称为经典扩散,但并没有在实际中看到过。

战争期间,作为曼哈顿计划的一部分,美国物理学家戴维·博姆(David Bohm)对磁场中等离子体的扩散进行了一些研究。他想要对铀的同位素进行分离,以便使天然铀得到浓缩而用于原子弹制造。纯粹通过实验,他发现粒子穿过磁场扩散的减慢只与磁场强度成正比,而不是与它的平方成正比。这一关系对于核聚变反应堆来说并不十分有利,因为增强磁场并不能很好地控制扩散。20 世纪 50 年代,核聚变装置的制造者们并不认为博姆公式适用于它们,因为博姆研究的等离子体中的离子要重得多,密度和温度也更低。而泵出却令他们感到疑虑。利用仿星器型号 B-3 开展工作的团队研究了不同磁场强度下的扩散速度,发现它们的变化与博姆所得出的结论完全一致。

1961 年 5 月,经过四年半的设计和建造,普林斯顿完成了仿星器型号 C。它的跑道形的等离子体真空室长 12 米。由于尺寸更大,型号 C 保持住粒子的时间比型号 B-3 要长 10 倍。但是,当研究人员们研究磁场强度增强的效果时,发现占主导地位的是博姆关系,而不是经典扩散理论。从 20 世纪 50 年代末到 60 年代初,博姆扩散一直是核聚变科学家们的苦恼之源。他们所能做的便是回到制图板前,试图更好地理解等离子体,看看能否发现解决问题的方法。

对于核聚变项目来说,显示出疑虑的迹象是非常糟糕的事情。1957 年,苏联发射第一颗人造卫星所产生的震动极大地推高了政府对科学技术的资助,但是这在现在却引发了怀疑。更具体地说,原子能委员会开始资助可控核聚变研究已经超过了 10 年,而到此时为止,科学家们也已经承诺过原型动力反应堆的出现。可结果却相反,本应花在新能源研发上的钱却被用于支付等离子体物理的基础研究。1963 年,美国国会从该项目 2 420 万美元的预算中削减了 30 万美元,次年又再次削减到 2 100 万美元。甚至在原子能委员会内部,也很少有核聚变的支持者。委员会更关心的是研发出一个快速中子增殖反应堆,它在能量生产方面显得比核聚变更具短期前景。

1965 年 9 月,来自全世界的核聚变研究人员聚集在英国核聚变项目的新家——卡勒姆实验室(Culham Laboratory),参加国际原子能机构组织的一个会议。该机构通过召开这类会议来维持自 1958 年日内瓦会议开始的国际合作。第一次会议于 1961 年在萨尔茨堡(Salzburg)召开,现在轮到了卡勒姆。斯皮策做了演讲,总结了全世界环形装置的实验结果。这并不是一个鼓舞人心的概述:所有的装置似乎都在经受失败,要么是因为博姆扩散(仿星器),要么因为不稳定性(箍缩装置)。刺穿斯皮策演说阴霾的只有一个潜在的亮点:直率而好斗的苏联核聚变工作领导人列夫·阿尔齐莫维奇(Lev Artsimovich)。他描述了苏联取得的一些令人鼓舞的结果,所用的装置是环形箍缩装置的一种变体,被称为托卡马克(Tokamak)。

托卡马克这一名字来自俄语中的短语"带有磁线圈的环形真空室"(toroidal chamber with magnetic coils)。其中有一束等离子体电流,在电磁场推动下在圆环内运动,因此等离子体被箍缩成沿着管道中心的一条狭窄的圆带。与其他箍缩装置不同的是,它增加了一个纵向磁场,方向与圆环走向一致。这样的磁场在或许器和零功率热核装置上是为了帮助稳定等离子体,但托卡马克的纵向磁场增强了500倍。这个磁场与等离子体电流产生的磁场结合在一起,结果扭转成一个绕着圆环行进的螺旋形结构的磁场——一件将等离子体约束住的紧身衣。阿尔齐莫维奇告诉卡勒姆实验室的科学家同行们,托卡马克证明能够克服不稳定,而且有可能使约束等离子体的时间比博姆公式所说的长出10倍。

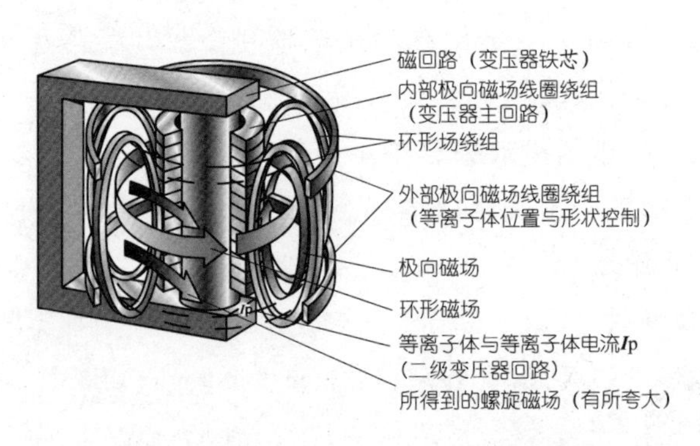

在托克马克内部,一个水平的环形磁场与
一个竖直磁场相结合,形成螺旋形磁感线。

然而,苏联人的软肋是他们的测量。他们的仪器非常原始,他们也不能直接读取温度和约束时间,而是从其他测量中加以推测。结果,会议中的许多人都怀疑苏联人用托卡马克所取得的看似巨大的进展,由此激发了斯皮策和阿尔齐莫维奇之间激烈的争论。斯皮策说他对未来非常悲观,许多代表都想知道,不稳定性与博姆扩散是否是热等离子体不可逃避的属性。

回到美国后,斯皮策很快被迫作出一个艰难的个人决定。在从事核聚变研究的同时,他仍然担任着普林斯顿大学天文系主任的职务。但是,大学现在让他担任综合研究董事会主席。三项工作看起来似乎太多了。当斯皮策在阿斯彭滑雪升降机上构思出仿星器时,他把完成一台原型动力反应堆考虑成是一个为期 10 年的计划。现在已经 15 年了,仿星器仍然存在严重问题,原型堆也遥遥无期。尽管前些年,他已经将实验室的行政管理职务交给了梅尔文·戈特利布(Melvin Gottlieb),但是在科学上,他仍是实验室的中心和灵魂,并且经常能够看到他骑着自行车,沿着具有历史意义的 1 号公路从普林斯顿来到实验室。因此,1966 年,斯皮策辞去了他在普林斯顿核聚变实验室的职务,回归到他的最爱:天文学。他继续在这一领域发挥重要影响,设计了最早的一些轨道空间天文台,帮助发射了哈勃空间望远镜(Hubble Space Telescope)。2003 年,美国国家航空航天局(NASA)发射了以他的名字命名的斯皮策空间望远镜(Spitzer Space Telescope),以向他表示敬意。

然而,根据原子能委员会的指示,斯皮策先前在核聚变方面的同事们现在却不得不对核聚变项目进行全面评估。由于这一领域看起来陷于停滞并且没有方向,评估委员会需要决定,它究竟是应该加速、减速还是被彻底放弃。委员会的成员们参观实验室,听取报告,并就不同装置的优缺点展开争论。委员会得出结论,核聚变研究值得保留。委员会认可已经取得的成果,提出如果核聚变被证明可行,美国需要合格的科学家骨干来领导。委员会还认为,在核聚变上输给其他国家就等同于在空间竞争上输给苏联。评估者们建议,核聚变的预算应持续五年每年增长 15%。但是,这项建议获得国会通过的前景看起来并不乐观。

此时的美国正深陷越南战争的泥潭,而总统林登·约翰逊(President Lyndon B. Johnson)则试图在国内推行一系列改革,它们被称为"伟大社会"(Great Society),旨在通过增加教育、医疗和市政的投入来解决贫困和种族不公问题。经过在原子能委员会内部、国会和白宫的多轮辩论,原子能委员会的委员们提出一个更加缓和的提案:预算在第一年增加 15%,之后增加量逐年减少,直到第五年增长到 6%左右。另外,每年用于设备的预算可以达到 400 万美元。

在仿星器奋斗的同时,研究者们也在尝试发现其他更成功的约束方式。利弗莫尔和通用原子技术公司仍在研究磁镜装置。在洛斯·阿拉莫斯,塔克和他的小组正在研制环形箍缩的一种变体,名叫"司库拉科"(Scyllac)。通用原子技术公司还与威斯康星大学(University of Wisconsin)组成团队,共同研制一种更为精密的装置,即多极装置。该装置显示出很好的约束力,但仅限于低密度和低温状态。

但是,1968 年 8 月,当研究者们聚集在西伯利亚(Siberia)的新西伯利亚市(Novosibirsk)召开第三届国际原子能会议时,所有人都在谈论托卡马克。1965 年阿尔齐莫维奇在卡勒姆实验室报告的结果曾令人印象深刻,从托卡马克 T-3 和 TM-3 上得到的最新数据也轰动一时。温度依然无法直接测量,但苏联人的计算结果超过 1 000 万摄氏度,是其他任何环形装置的 10 倍。约束上也显示出相似的改进。阿尔齐莫维奇受到了持怀疑态度的美国研究者的严密质问,尤其是来自普林斯顿实验室的研究人员。他们认为,苏联人所测量的可能只是一小群电子,它们被加速到很高速度,并且同其余等离子体相互分离——导致零功率热核装置、哥伦布和或许器虚假乐观结果的就是同样的问题。

整个20世纪60年代,苏联人同英国卡勒姆的核聚变研究团队开展了紧密的合作。在塞巴斯蒂安·皮斯(Sebastian Pease)领导下,英国人在研究中所使用的仍然是零功率热核装置,一种箍缩装置,而苏联的托卡马克则是箍缩装置的一个变体,因此双方有共同的地方。同时,卡勒姆的研究人员也完善了一种新技术,以直接测量热等离子体的温度。他们用一束激光照射等离子体,通过分析被粒子弹回的光的光谱,他们就能准确计算出等离子体的温度。在新西伯利亚,阿尔齐莫维奇向皮斯提出一个大胆的建议:把英国团队以及他们的激光温度计送到莫斯科,测量托卡马克T-3的温度,一劳永逸地解决存在的纷争。

皮斯回国后争取到了英国政府的同意,将他的组员和技术送到苏联。在冷战的高峰时期,东西方之间这种前所未有的合作将确定,托卡马克究竟是与零功率热核装置或者庇隆测热计一脉相承的另一次难堪,还是核聚变研究一直在追求的重大突破。

第 4 章　苏联：阿尔齐莫维奇和托卡马克

将时钟再次回拨，这次是拨到 1949 年的库页岛①。这个远离俄罗斯东海岸的小岛寒冷、偏僻，不适宜居住。在第二次世界大战即将结束之际，苏联军队从日本人手中夺取了该岛的大部分地区。对于战后在那里驻守的士兵来说，这注定是一个荒凉的地方。但是，对红军军士奥列格·亚历山德罗维奇·拉夫连季耶夫（Oleg Aleksandrovich Lavrentyev）来说，这里却提供了他所需要的东西：学习时间。拉夫连季耶夫在 18 岁参加红军之前并未完成学业，但他曾读到过铀的裂变，而链式核反应的可能性更是让他兴奋不已，并决定开始学习物理。他是一位老兵，从 1944 年到 1945 年曾在波罗的海国家与德国人激战，战争结束后他被派往东部。作为无线电操作员，他有大量的时间来阅读。他找来物理课本、专题著作，甚至订阅了学术性期刊《苏联物理学进展》（*Soviet Physics-Uspekhi*）。他会给他的军官作有关科学和技术主题的报告和讲座。1949 年，他仅仅用了 12 个月的时间就完成了三年的学业，并顺利通过了学校考试。

这一年的 8 月，苏联成功爆炸了第一颗原子弹，这让它的国民们备感自豪，并让美国吃惊。一场核武器竞赛就此开始。次年 1 月，美国总统杜鲁门在国会宣布，美国的核科学家将加倍努力，研制出一

① 译者注：俄罗斯称为萨哈林岛（Sakhalin）。

种更有威力的核聚变武器——氢弹。拉夫连季耶夫认识到,采取行动的时候到了。他给斯大林同志写了一封短信,说自己已经知道如何制造氢弹,并且掌握了一种利用可控核聚变反应发电的方法,可用于工业生产。他一直等待,却没有任何回音。

几个月后,拉夫连季耶夫又写了一封信。这一次,他把信寄给了苏联共产党中央委员会。事情很快有了回应,一位政府官员前来对他进行审问。接着,他被关进一间有人看守的房间,并限令用两个星期的时间把自己的想法写出来。1950 年 7 月 29 日,这些材料通过共产党秘密情报员传到了莫斯科。随后,他被解除了兵役,并被送往莫斯科。途中经停该岛首府南萨哈林斯克(Yuzhno-Sakhalinsk)时,拉夫连季耶夫受到该地区共产党委员会的热情欢迎。在 8 月 8 日抵达莫斯科后,他参加了入学考试并被录取为莫斯科国立大学(Moscow State University)的学生。短短几个星期,他就从远东的初级无线电操作员摇身变成了苏联莫斯科精英型研究大学的学生。

9 月,他被谢尔宾(I. D. Serbin)召见,谢尔宾是共产党重工程工业部的领导人。谢尔宾再次让拉夫连季耶夫写下他关于热核发电的想法,这次他是在一个受到安全保护的秘密房间里完成的。拉夫连季耶夫逐渐适应了在莫斯科的大学生活。但在 1 月份的一个晚上,当他回到学生公寓的寝室时,被告知要给某人打个电话。接电话的是马赫涅夫(V. A. Makhnev),工业仪器制造部(苏联核工业的代号)部长。马赫涅夫让他立刻到自己在克里姆林宫的办公室来。一位男子在安检门口迎接拉夫连季耶夫,并将他带进马赫涅夫的办公室。然后,部长向拉夫连季耶夫介绍了他的指导者安德烈·萨哈罗夫(Andrei Sakharov),苏联的氢弹之父,也是很久以后著名的苏联异见者。

前一年夏天,萨哈罗夫在阿尔扎马斯-16(Arzamas - 16)工作,这里是苏联的秘密核研究城市之一。在那里,萨哈罗夫被要求看一下拉夫连季耶夫在库页岛所写的信。在他的报告中,萨哈罗夫只用一句话就否定了拉夫连季耶夫的氢弹观点。拉夫连季耶夫提出用氢和锂进行聚变,但萨哈罗夫指出,这种组合的活跃程度不足,无法用于原子爆炸(这些是拉夫连季耶夫在库页岛时无法从自己所读的书中了解到的)。第二个建议,用可控核聚变反应发电,萨哈罗夫发现这要有趣得多。他写道:“我相信,作者阐述了一个极其重要,并且未必是没有希望的问题。”

拉夫连季耶夫的计划是用电场来限制等离子体,以使它发生聚合。他假设有两个同心的球体:外层球体充当离子来源,而相对于外层球体,由金属网格组成的内层球体将会处于极大的负电压下。这样就形成了一个电场,它将加速氘离子从外层球体向内层运动,在那里形成热等离子体,并发生聚合。这个场也能防止离子从球体中逃离。萨哈罗夫提出了两个理由,以解释为什么这个被称为电磁势阱的设备无法工作。首先,在电场将离子推向球体中心的同时,它会对电子施加反方向的作用,使电子从设备中逃离出去。结果,位于中心的等离子体中的正电荷会占据主导地位,从而阻止原子核之间足够靠近并发生聚变。其次,萨哈罗夫也考虑到,等离子体的低密度意味着不会产生足够多的碰撞。他不排除通过设计上的改进来解决这些问题的可能性,但他总结说:“这时候不能忽略作者创造性的首创精神。”他认为,拉夫连季耶夫值得好好培养。

马赫涅夫告诉他们两人,他们要去见原子武器特别委员会主席。几天后,他们再一次被领进克里姆林宫,并被带到主席办公室。办公桌后坐着的是苏联最可怕的人,拉夫连季·贝利亚(Lavrentiy Beria)。贝利亚负责苏联安全和内务人民委员会(NKVD)秘密警察,克格勃的前身。在战争期间,他领导了反宗派活动,并下令处决了成千上万的“背叛者”和“特嫌分子”。战争结束后,他被提拔为副总理,并掌握着对核武器紧急研制计划的控制权。在拉夫连季耶夫和马赫涅夫面前,他行事礼貌和正式,询问他们的家庭,包括监狱里的亲戚,但没有谈到任何核问题。拉夫连季耶夫的感觉是,贝利亚正在考察他们,以判断他们属于哪一种人。当他们离开时,马赫涅夫告诉拉夫连季耶夫,从今以后将会一切顺利,而他们俩将在一起工作。

对拉夫连季耶夫来说,确实一切顺利。一天夜里,来了几位黑衣人,将他和他的行李带进了一辆黑色的豪华轿车,这引起了其他同学的极大警觉。他的同班同学们最为担忧,但是第二天他又回到学校听课了,此时他已经被安置到市中心附近一间带有家具的房间里了。他也得到了丰厚的奖学金,能够查询他所需要的任何科学文献,学校里的物理、化学和数学教授们都亲自对他进行辅导。与贝利亚见面后没多久,他又受到另外一位官员的接见,并被带往政府大楼。经过诸多安全检查后,他见到了两位上将和一位有着浓密深色胡须的文职官员。这次谈话要专业化得多,但当话题转移到他的氢弹设计时,拉夫连季耶夫并不确定他是否应该谈论此事。他告诉那三个人,最近他刚见过贝利亚,接着谈话就转向更为实际的事情上。留胡须的文官是伊格尔·库尔恰托夫,苏联核武器项目的领导人。战争期间,库尔恰托夫就已经发誓,在为苏联研制出原子弹之前,他决不剃掉胡子。1949年,第一颗原子弹试验成功后,库尔恰托夫决定依然保留他的胡须,并经常将它剃成怪异的形状。对于他忠诚的同事们来说,他的名字就是“胡子”。

1951年5月,拉夫连季耶夫得到了安全许可,可以在大学学习的同时在测量仪器实验室(Laboratory of Measuring Instruments, LIPAN)工作,那里是苏联的秘密核研究实验室。在到达实验室时,他发现,一个充满活力的团队早已在利用一台核聚变装置开展工作了。令他沮丧的是,这并不是他的电磁势阱,而是萨哈罗夫和他的同事以及导师伊戈尔·塔姆(Igor Tamm)提出的一种磁路设计。

尽管已经身处苏联核研究努力的核心之中,也就是一年前他梦想的地方,但拉夫连季耶夫却从未真正融入其中。他与可恨的贝利亚的关系使他成为怀疑对象,而在学校里,他的特权地位也让他远离了同学们。

1953年3月,斯大林去世后,政治局成员之间出现了短暂的权力之争。他们中的大多数人害怕并且不信任贝利亚,并在6月逮捕了他。一个坦克师和一个步兵师被调入城内,以防止忠于贝利亚的内务部队来解救他。六个月后,贝利亚和他的六个共犯受到指控,罪名是被外国情报机构收买和企图复辟资本主义。几天后,他们就被处决了。没有了贝利亚的支持,拉夫连季耶夫的特权也随之被剥夺了,他被禁止进入测量仪器实验室。不过,虽然无法再进入测量仪器实验室,拉夫连季耶夫还是完成了他的学业,并继续攻读了博士学位。后来他在乌克兰哈尔科夫(Kharkov)的物理技术研究所找到了一份工作,在那里继续用电磁势阱来开展等离子约束的研究,但却没有成功。萨哈罗夫继续与拉夫连季耶夫保持联系,他一直坚持认为,为俄罗斯的聚变控制研究提供启发的,正是拉夫连季耶夫在库页岛所写的论文。

1950年夏天,当萨哈罗夫收到那篇论文时,他已经开始思考可控核聚变的问题,但却没有找到实现它的方法。虽然他不认为拉夫连季耶夫的电磁势阱能够解决问题,但这却让他想知道磁性势阱是否可行。他与伊戈尔·塔姆讨论了这个问题,虽然两人都在疯狂地为氢弹工作,但却抽出时间来考虑可控核聚变的问题。沿着与莱曼·斯皮策将要花费几个月时间才构想出来的同样思路,他们意识到,带电粒子可以被磁场锁定在某一位置,因为它们会被迫在紧密围绕磁感线的圆周上运动。而磁感线在一个环形管内形成圆圈,这样可以避免粒子从磁感线的末端逃逸出去——圆形管内的磁感线没有末端。同斯皮策一样,萨哈罗夫和塔姆也意识到,曲管内侧的磁场比它外侧的要强,因此粒子将被推向曲管的外侧管壁。斯皮策通过将环形管扭成8字形解决了这个问题;但是,与此不同,俄罗斯人则采用了扭转磁场的方式。他们增加了第二个磁场,在环形管内侧加上了一个垂直环,两个场的组合使磁感线以螺旋模式环绕在圆环面内部。这样,当一个粒子沿圆环运动时,就会围绕磁感线做紧密的螺线运动;并且,该磁感线会先以一定的角度沿着内侧管壁下弯,然后沿着外侧管壁底部上扬。这样,粒子向外侧管壁漂移的趋势就会与其向内侧管壁靠近的趋势相互抵消。

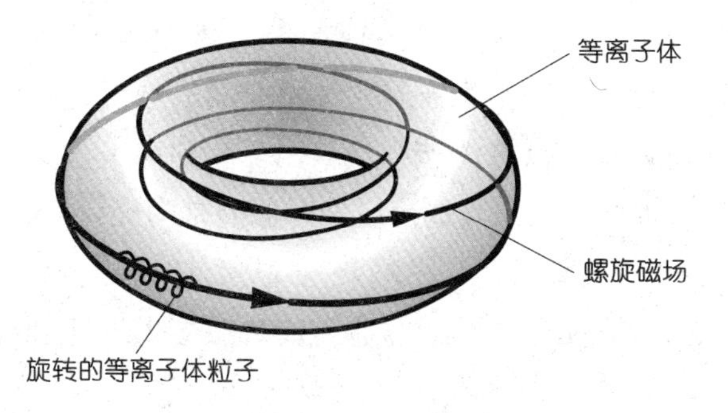

在托卡马克中,等离子体粒子仍然围绕磁感线旋转,
但是磁感线本身也沿圆环面形成螺旋形路线。

萨哈罗夫和塔姆获得了莫斯科列别捷夫物理研究所(Lebedev Physics Institute)的理论物理学家们的帮助,对这一想法进行了优化,然后再向库尔恰托夫进行了汇报。他们的老板热衷于这个想法,而且开始组建物理学团队,在测量仪器实验室开展研究。库尔恰托夫任命他最能干的副手列夫·阿尔齐莫维奇来领导这项科学计划。1951年5月5日,也就是斯皮策正在起草他的仿星器计划,而托曼已经从牛津搬到哈韦尔几个月后,经过斯大林的同意,苏联部长会议通过了启动俄罗斯核聚变研究项目的决议。

首先,测量仪器实验室的研究人员将他们的注意力放在了如何在圆环面内产生一股电流上。刚开始他们使用的是高频交流电,很快他们就转向单向电流脉冲。事实上,他们发现,沿着圆环面运动的电流产生了非常强的箍缩效应,以至于使他们开始怀疑,由萨哈罗夫设计出来的环形磁场是否有任何必要。因此,他们着手针对简单的箍缩装置展开实验,它们与托曼的马克-1(Mark -1)到马克-4(Mark -4)以及塔克的或许器相似。但是,研究人员们却无法在这些箍缩装置上得到更高的温度,尽管他们在1952年7月产出了一些中子,可它们被证明是不稳定性导致的虚假结果。

结果,他们重新转回到了环形和极向磁场相结合的方案上,与萨哈罗夫当年建议的一模一样。1955年,他们建造了第一台托卡马克式的装置,尽管他们还没有对它如此命名。然而,与之前的装置类似,这台新装置也没有能产生出高温。直到后来,他们才意识到问题的所在:苏联人用来制造反应堆容器的是陶瓷。从陶瓷器壁中撞出的原子会对等离子体造成污染,通过紫外线辐射将能量从等离子体中带走,使它无法变热。苏联人的努力毫无进展,他们已经江郎才尽。

为了给他的聚变团队注入一些新鲜血液,1955年,库尔恰托夫决定对这个领域进行解密。他首先召开了一次全苏联科学家大会,公开了测量仪器实验室在可控核聚变方面所开展的工作。代表们此前甚至不知道这个项目的存在,对已经完成工作的规模和数量感到震惊。接下来在4月份,库尔恰托夫在哈韦尔发表了他的著名演讲,描述了苏联的核聚变研究,让西方科学家大吃一惊。现在坚冰已破,东西方之间的谨慎联系通过科学会议得以建立,尽管该领域尚未正式解密。例如,1956年秋天,阿尔齐莫维奇和一位同事在瑞典参加了一个天体物理学会议,在会上他们结识了普林斯顿的莱曼·斯皮策以及哈韦尔的塞巴斯蒂安·皮斯。

1958年1月,在他们自己的研究停滞不前时,苏联团队从英国的报纸上吃惊地得知零功率热核装置成功的消息。从媒体报道零星的细节和照片中,测量仪器实验室的理论物理学家们试图理出一个头绪,以弄清零功率热核装置究竟是一个什么样的装置。从照片中,他们意识到它必定是一个紧凑的圆环面——更像是一个面包圈而不是呼啦圈。但是,按照他们的理解,要在这样一个容器中装载等离子体,唯一的方式只有使用像托卡马克那样的磁场。在收到有零功率热核装置团队及其美国同行研究论文的那期《自然》杂志时,苏联人马上就明白了,零功率热核装置团队是错的。尽管零功率热核装置的结果被证明是虚假的,但是,测量仪器实验室团队为理解它而开展了一些理论工作,这对于他们研制出第一台大型托卡马克T-3的计划很有帮助。

与西方一样,苏联原子能管理机构决定,在1958年日内瓦会议之前完全解密苏联的核聚变研究。所以,苏联研究人员带着他们所有的论文赶到了那里,准备与新找到的西方同行进行分享。这些论文最近刚刚出版,被装订成厚厚的四册。对参会的苏联人来说,斯皮策的仿星器令他们大吃一惊。状态稳定的操作以及长8字形或跑道形的真空室,这种想法是他们从未有过的。库尔恰托夫完全被这一设计所吸引,以致他下令停止T-3的建造,而改在莫斯科建造仿星器。测量仪器实验室的理论物理学家比较了这两种方案,并且提出了强有力的理由来支持托卡马克。库尔恰托夫心软了,最终把建造仿星器的机会留给了美国人。

虽然苏联的核聚变研究仍困难重重,但至少现在可以将这些困难与志趣相投的西方同行进行分享。他们所面临的挑战包括过短的约束时间、等离子体温度低和博姆扩散。随着零功率热核装置的溃败,世界各地的研究者都回到基础的等离子体物理研究上,试图更好地理解等离子体是如何工作的。苏联当局认为聚变研究应该具有很高的优先性,所以测量仪器实验室在实验上从不缺乏资金。由于他们对等离子体缺乏理解,设备也很原始,这支主要由年轻研究人员构成的团队只能一个接一个地建造新装置,每次在设计上进行一些细微的调整以尝试不同的想法,希望能出现性能上的提高。

一位名叫弗拉基米尔·穆霍瓦托夫(Vladimir Mukhovatov)的年轻研究人员试图阻止吸附在设备管壁中的氧渗入等离子体中,对其造成污染。他确信用于覆盖管道内壁的最好金属是黄金。他知道这样的实验会非常昂贵,但他还是找到了自己的团队领导努丹·亚夫林斯基(Nutan Yavlinskii),向他解释了这个想法。一个星期以后,2公斤重的黄金就放在了他的办公桌上。穆霍瓦托夫为设备的内壁镀上了黄金,但由于某种原因,这样得到的效果更差:他不能达到很好的密度,而且还受到不稳定性的困扰。在检查设备内部时,他发现金箔从内壁上脱落下来。他揭下了金箔,但它们已经同各种其他物质混合成一团。穆霍瓦托夫只好将混合物送到乌拉尔(Urals)的专用车间,让他们对金子进行提炼。几个月后,他打电话给车间,但却被告知,他送去的物质中只发现了少量的黄金,根本没有他所期望的2公斤——一定是车间的人看到这个难得的发财机会,偷走了黄金。穆霍瓦托夫紧张地前去亚夫林斯基那里承认自己的失误,但他的老板摆摆手打断了他,好像在说,这东西在送它来的地方还有很多呢。

日内瓦会议三年后,迎来了国际原子能机构的第二次会议,地点是奥地利的萨尔茨堡。在这里,西方学者第一次受到了列夫·阿尔齐莫维奇的猛烈批评。作为苏联核聚变项目的领导者,阿尔齐莫维奇具有一种与生俱来的影响力:他知道每个设备和每种理论的前因后果,不断分析数据、评估模型,并提出新观点。他是测量仪器实验室核聚变努力的核心和灵魂。在实验室的研讨会上,他会坐在一把破旧的橡木扶手椅上。据说这把椅子曾属于赫赫有名的量子理论家维尔纳·海森堡(Werner Heisenberg),但在战争结束时,被苏联士兵从柏林的威廉皇帝学院(Kaiser Wilhelm Institute)中"解放"出来。阿尔齐莫维奇专心倾听,总是能准确地抓住关键点和可能的弱点,单刀直入。在这样的对话后,年轻学者和经验丰富的老学者们会围在黑板前,与他们的主人就一些难题展开热烈的争论。对于一位平常习惯了古板的俄罗斯科学的新来者来说,这是一种令人振奋的经历。

在萨尔茨堡会议上,阿尔齐莫维奇严厉斥责了利弗莫尔的迪克·波斯特(Dick Post)所谈到的乐观结果。他所报告的是在一台磁镜装置中所获得的长时间约束,比测量仪器实验室的约飞(M. S. Ioffe)用类似设备所得到的结果要长得多。阿尔齐莫维奇嘲笑道:"我想说,约飞的结果与波斯特博士所描绘的……梦想中的热核黄金国的诱人画面之间存在尖锐的矛盾。"事实证明,由于在对测量结果的诠释中存在错误,利弗莫尔的结果远没有报告中所说的那么好,而阿尔齐莫维奇则使每个人的注意力都集中到了这个错误上。

阿尔齐莫维奇和他的团队继续就他们的托卡马克设计展开工作。在其他地方,基于箍缩原理的设备已经不再受到重视。洛斯·阿拉莫斯的塔克已经失去了兴趣,真的只有英国还在继续使用箍缩,尽管零功率热核装置仍旧受到不稳定因素的困扰。但苏联的托卡马克却不断得到改进,它利用一个纵向强磁场充当"脊柱",使箍缩得到加强。"胡子"在1960年逝世后,测量仪器实验室正式更名为库尔恰托夫原子能研究所。其中的研究人员开发出了新的诊断技术来研究等离子体,并提出了一些新方法来对它加以控制。

1965年,在卡勒姆召开下一届国际原子能机构会议的时候,阿尔齐莫维奇已经有了一些令人印象深刻的结果要报告:高达100万摄氏度的等离子体温度,以及2~4毫秒的约束时间,而且后者比博姆公式的预测值提高了近10倍。正如我们之前已经听说的,苏联人取得的结果在卡勒姆会议上引起了很多人的兴趣,特别是托卡马克在苏联以外几乎无人知道。但因为温度的间接测量和约束问题,莱曼·斯皮策和其他一些人仍然持怀疑态度。

苏联人继续顽强地致力于他们的托卡马克研究。到了1968年,在西伯利亚的新西伯利亚主办国际原子能机构大会的时候,他们的结果就不再那么容易被反驳了。现在,阿尔齐莫维奇自负地宣布,托卡马克T-3中电子的温度达到了1 000万摄氏度,而约束时间则达到10毫秒,是博姆公式预测时间的50倍。会议上不断爆出新闻。还有一些其他装置也突破了博姆势垒,但是,看来托卡马克的表现还可以得到进一步的提升,只要把它制造得更大,不断增强它的磁场。至此,托卡马克似乎最终变成了这样一种装置,它能让核聚变研究者们继续前进,创造出达到热核温度的等离子体。

可是,仍然还有一些怀疑者,其中大部分来自普林斯顿大学。他们指出,苏联人用以测量电子温度的方法过于复杂,这就使得结果值得怀疑。苏联人通过测量等离子体的磁性来推断等离子体(离子和电子)的整体温度,但是离子的温度则来自于一些因受到中和而被等离子体排斥出来的离子的能量。为了得到电子的温度,库尔恰托夫团队要从第一次测量结果中减去第二次的。普林斯顿的研究者们强调,所谓的失控电子同样会干扰苏联人的测量,因为这种现象也曾误导过零功率热核装置和或许器上的中子计数。

在最初的几十年中,有效测量技术的匮乏是一个困扰核聚变研究的难题。在不知道等离子体在干什么的情况下,很难弄清如何来增强它的性能。新西伯利亚会议的几年后,在英国上议院关于核聚变研究的一次辩论中,一位贵族问:“他们是如何测定3亿摄氏度的温度的?”回答是:“我想他们要用一根非常长的温度计。”如果你打算用普通的水银温度计来测量这样的温度,它将不得不达到600千米左右的长度。但即使这一点是可行的,那么等离子体的超高温度也会直接将玻璃熔化。

对这位英国贵族问题的正确回答应该是:不是一支非常长的温度计,而是一束激光。早在 5 年前,卡勒姆的研究人员就开始尝试用激光来测量等离子体的温度。激光此前在 1960 年刚刚被发明,但研究者们很快就意识到,它究竟有多么重要。激光最重要的一个特点是,其中的所有光子都具有完全相同的频率。这一点很有用,因为如果将一束激光打到快速移动的等离子体粒子上,一些光子在与粒子碰撞后会发生散射。光子在与迎面而来的粒子发生碰撞后会得到微小的能量,从而使频率提高。碰撞的粒子运动得越快,光子频率的波动就越大。光子与同向运动的粒子发生碰撞后会丢失一些能量,从而使频率降低。多普勒效应的这些例子可以被充分地加以利用,如果你向等离子体发射一束激光,并分析散射光子的频率,就可以判断等离子体的温度:小的散射频率就表明等离子体粒子的运动不是很快(也就是温度较低),因为频率变化很小;高温等离子体带有运动更快的粒子,其频率分布将会被拉大到更宽的范围。所以,这项基于散射光子"多普勒增宽"(Doppler broadening)技术可以用来测量等离子体的温度。

1968 年,卡勒姆的研究者们已经显示,他们能够比以前更加精确地测量自己箍缩装置中的等离子体温度。这种能力对于阿尔齐莫维奇来说是无价的,因为他将有能力验证托卡马克的成就。于是,他现在向皮斯建议,英国应该从卡勒姆派出一个研究团队到莫斯科,以解决这个问题。这真是革命性的。此时正值冷战高峰,并且这次实验所需的技术可能也具有军事上的敏感性。然而,1968 年是一个独特的历史时刻。这年年初,捷克斯洛伐克领导人亚历山大·杜布切克(Alexander Dubček)在他的东欧集团内开始推进自由化进程,恢复言论和旅行自由,放松对媒体的束缚,下放经济权力,并推行民主政治。整个东欧都希望苏联对他们国家的束缚能够有所放松。其他地方也存在类似的动荡:法国因为学生骚乱差点引起革命,美国通过了民权法案,而示威者们则游行反对越南战争。变化和机遇并存,这必定激发了两位物理学家,使他们要去推动这一前所未有的项目。

皮斯不得不想尽一切办法来获得批准,一路闯过英国原子能机构、技术部门和外交部的阻挠。他手中的王牌是这样一个事实:强大的苏联正在呼吁英国人用专业知识来帮助其解决技术难题。就在皮斯为此事而进行协商的过程中,苏联认定捷克的实验已经走得太远了。8 月 20 日,苏联和东欧集团其他国家的坦克开进了捷克斯洛伐克,杜布切克被推翻,布拉格的改革戛然而止。人们熟悉的冷战仇恨重新抬头,这直接延迟了对卡勒姆科学家任务的批准。最后,一直到 12 月,卡勒姆的科学家们才收到一封来自苏联国家科学委员会的官方邀请信,邀请他们访问库尔恰托夫研究所,邀请信由苏联总理列昂尼德·勃列日涅夫(Leonid Brezhnev)授权。就在飞机起飞前几个小时的午夜时分,必需的签证才被骑摩托车的黑衣信使从外交部送到团队成员们的家里。

团队里的英国核聚变科学家包括尼科尔·皮科克(Nicol Peacock)、迈克尔·福里斯特(Michael Forrest)、彼得·威尔科克(Peter Wilcock)和德里克·罗宾逊(Derek Robinson),他们习惯了卡勒姆周围牛津郡乡村里那份熟悉的安逸。对他们来说,20 世纪 60 年代的莫斯科简直是一个完全不同的世界。乘坐着由专用司机驾驶的政府豪华轿车驶进这座城市,冒着外面零下 30 摄氏度的低温,穿过斯大林时代办公建筑的高耸尖塔,绕过当年为防止希特勒的军队进入莫斯科而构建的纷乱的金属防御工事。这次对莫斯科的初访是为了查看苏联的装备,并确定他们需要带什么仪器来进行测量。他们要研究的托卡马克 T-3 尽管可能创造了地球上的最高温度,但外观却貌不惊人——一堆乱糟糟的管道、电线和未经最后加工的金属表面。这里存在着各种各样的问题,包括当地电力供应的大幅波动、驱动托卡马克装置的巨型飞轮发电机的振动,以及会对激光造成影响的杂散电场和磁场。

回到卡勒姆,他们有三个月的时间来准备匹配的激光器,制造必备的光学装置,并且要找到合适的光探测器以捕获散射光子。皮斯为他们开放了卡勒姆所有的设备。到1969年4月中旬,他们已经做好了出发准备,26个装满设备的箱子重达5吨。在官方的货物清单上,有几项设备的描述被刻意模糊化。它们实际上是军事等级的光探测器,被称为光电倍增管(photomultipliers),早已被列入禁止向共产主义国家出口的仪器清单。另一件装备是一个房间大小的金属笼子,主要用于屏蔽杂散电磁场对仪器的干扰。由于尺寸太大,以致团队不得不用巴基斯坦航空公司一架改装的波音707来进行运输。这是唯一有足够大的舱门,并且定期飞往莫斯科的民用飞机。

经过几个星期的紧张工作,整台设备在托卡马克T-3下面一间狭小的地下室里被组装到了一起,这样他们就可以通过圆环面的底部来发射激光。阿尔齐莫维奇经常来检查进度,迫切地想看到他的托卡马克得到证明。对于团队成员来说,生活在苏联时期的莫斯科并不容易。当地的食品商店与在战争时期的英国一样空空如也,尽管英国人还能从"贝里奥斯卡"(Berioska)商店得到补充,这些商店只为支付外币的外国人服务。罗宾逊的妻子玛丽昂(Marion)利用工作休假来到哈韦尔担任化学家,并参加了团队。为了发现在莫斯科的生存之道,她做了很多工作。他们与库尔恰托夫研究所的许多年轻研究人员住在同一栋公寓楼内,结下了持续数十年的友谊。这还不是卡勒姆团队的全部工作:由于库尔恰托夫研究所党代表们的社会联系,他们还被带到波修瓦大剧院(Bolshoi Theatre)看芭蕾,到克里姆林宫剧院(Kremlin Theatre)听歌剧,到克里姆林宫军械库(Kremlin Armoury)参观沙皇王冠宝石,并观看了莫斯科国立马戏团的表演。

实验设备一就位,他们就尝试向等离子体发射激光并测量散射光子。研究人员们立刻发现,等离子体本身就发出了很多光,比他们之前预想的要多得多,吞没了相当微弱的散射光子。在好几个星期里,他们都在试图梳理出散射光束的信号,但却没有成功。阿尔齐莫维奇则在一旁焦急地观察。

6月份,他们决定必须实施他们的备选计划。此前,他们已经准备并包装好第二个可以产生短脉冲的激光器。如果他们用其中的一个短脉冲非常短暂地照射等离子体,然后打开探测器,把时间控制在仅仅只够捕捉散射激光光子的长度上,这样他们在同一时间内就不会从等离子体中捕获那么多光子。他们让人将这台备用激光器很快发送到莫斯科,并开始进行必要的改装。在莫斯科热得挥汗如雨的夏天里,这项工作一直持续到7月。这台新激光器能量更高,毁坏了其他光学部件,所以他们不得不让英国方面尽快将替代件寄出,并直接发送到英国大使馆,以避免在海关延误。

6月21日,就在世界上其他人屏住呼吸,看着尼尔·阿姆斯特朗(Neil Armstrong)费劲地爬下梯子,踏上月球表面的时候,卡勒姆团队也在进行最后的调整。第二天,当"阿波罗11号"全体宇航员还在他们回家路上的时候,罗宾逊给皮斯打了一个电话。他说,他们已经利用新装备看到散射激光光子产生的一个明显信号:多普勒谱线增宽表明,温度很高。再经过了两周的实验,他们确认,T-3所达到的温度超过了1 000万摄氏度,就像苏联人一年前在新西伯利亚所说的那样。研究人员再次打电话给卡勒姆,而皮斯在自己也确定之后则打电话给哈罗德·菲尔斯(Harold Furth),美国普林斯顿核聚变实验室的研究主任——这一连串的电话完全改变了核聚变研究的进程。

在美国,对托卡马克的证实引起了各种反应。在普林斯顿,它引发了失望。在华盛顿特区原子能委员会的核聚变部办公室里,工作人员在桌子上跳舞。问题是,美国已经对核聚变进行了大量的投资。它现在正在资助四个不同实验室的研究——普林斯顿、洛斯·阿拉莫斯、利弗莫尔和橡树岭。研究人员研究各种各样的装置,包括仿星器、箍缩器、磁镜装置,还有被称为多极器的奇形怪状的装置,如此等等。一些人已经把他们的工作生涯全都奉献给了这些装置,但它们中还没有哪一个的表现能够接近苏联的托卡马克装置。

在普林斯顿,仿星器型号C也没有达到人们对它的期望。在普林斯顿和利弗莫尔之间,还存在重复性的工作,而国会正在寻求削减预算,从而为越南战争提供经费。追随莱曼·斯皮策的榜样,科学家们开始放弃核聚变而投入其他领域的研究,因为向动力反应堆快速进步的预期似乎已经破灭了,也很少有指示前进道路的新的想法。作为原子能委员会核聚变分部的负责人,阿玛萨·毕晓普现在需要某种能够迅速启动美国核聚变项目的东西,某种能同时激励国会和他自己的研究人员的东西。

毕晓普在1967年曾经访问过苏联,并且对库尔恰托夫研究所的装置留下了深刻印象。当阿尔齐莫维奇在国际原子能机构的新西伯利亚会议上介绍托卡马克装置令人吃惊的结果时,毕晓普开始认真地考虑,美国是不是也应该开始建造托卡马克。当然,普林斯顿的研究人员拒绝了这个想法。他们认为苏联人是错误的,实际上托卡马克装置的性能并不比仿星器型号C好太多。毕晓普认真地考虑了他们的观点。他们已经为仿星器的发展奉献了将近20年的时间,而且他们在环形核聚变装置方面都是美国无可争议的专家。

然而,其他人并没有那么消极。田纳西州的橡树岭国家实验室的核聚变团队在一个特殊的磁镜装置上已经奋斗了很多年,这个装置被称为直流实验(Direct Current Experiment,DCX),它通过向等离子体中发射氘分子束(D_2)来对它进行加热。但是,在经过几年的实验后,他们只能够使它在非常低的粒子密度下工作。将太多粒子注入等离子体,不稳定性会将它破坏。橡树岭的核聚变主任赫尔曼·波斯特马(Herman Postma)害怕,由于国会正在寻求省钱,他们的实验室可能会被从核聚变项目中完全移除。他们所需要的是用一个新的装置来反败为胜,而托卡马克则给他们提供了一个完美的机会:美国还没有人在建造托卡马克,而橡树岭则可以成为国家托卡马克实验室。在1969年年初,波斯特马的团队开始设计自己的橡树岭托卡马克或者奥尔马克(Ormak①),其目的在于重复苏联人的结果(这还是在卡勒姆团队宣布他们的温度测量结果之前),同时超越他们去演示某些新东西。苏联团队已经表明,如果增加圆环面半径与等离子体管半径之比——这个值被称为环径比(aspect ratio),那么,等离子体的性能还会得到改进。换句话说,托卡马克应该更像一个面包圈,而不是一个呼啦圈。因此,橡树岭团队设计的托卡马克有两个可互换的等离子体室,一个的环径比与苏联的T-3相当(约7),另一个的比例要小得多,只有2。

1969年春天,阿尔齐莫维奇来到波士顿(Boston)。阿尔齐莫维奇受到了麻省理工学院两位熟识的教授的邀请,这次访问本来是作为休假的一部分:他会做几个演讲,并继续完成他在写的一本书。但随着美国对托卡马克兴趣的高涨,研究者们不会轻易放过这次难得的机会。橡树岭团队一些设计托卡马克的人来到波士顿,以充当他的私人听众。另一个团队来自德克萨斯大学(University of Texas),他们正在设计一台具有全新特点的托卡马克。他们计划使用一个强电场在等离子体中形成湍流,希望漩涡能提高它的温度。

近期抵达麻省理工学院的意大利物理学家布鲁诺·科皮

① 译者注:显然,Ormak是橡树岭(Ork Ridge)和托克马克(Tokamak)的合体词。

(Bruno Coppi)也找到了阿尔齐莫维奇。科皮已经在普林斯顿工作了很多年,并带着另一个托卡马克计划来到麻省理工学院。托卡马克的箍缩效应依赖于流过环形腔室的电流,该电流具有一种有利的附带效应:它也能加热等离子体,因为存在电阻,当电流受到环形腔驱动力推动时,电阻会使其温度升高。当你把两个手掌放在一起相互摩擦时,它们之间的摩擦力会让你的双手温暖起来,上述效应与此类似。科皮试图设计一台具有低环径比和强环形磁场的托卡马克,这两个因素被认为都会使电阻效应达到最大。这种效应被称为欧姆加热(欧姆是电阻的单位)。麻省理工学院拥有世界级的磁体实验室,科皮在实验室工程师们的帮助下开始设计这个装置。

所有这些托卡马克计划所欠缺的都是建造资金,但这一切很快就会改变。毕晓普知道,是到了该转移到托卡马克上的时候了。国会甚至也已经对苏联的结果产生了兴趣,并询问原子能委员会,需要什么才能追赶上苏联。于是,1969 年 6 月,毕晓普在新墨西哥州的阿尔伯克基(Albuquerque)组织召开了一次常务委员会会议,并邀请任何写了托卡马克建议书的人到会,让他们对自己的计划进行介绍。橡树岭团队参加了会议,提出了奥尔马克的建议;德克萨斯州的研究人员提出了德州湍流托卡马克(Texas Turbulent Tokamak)的设想;科皮和他的麻省理工学院同事则提出了紧凑强磁场设备,叫作阿尔卡托(Alcator),这个名字取自强磁场圆环面的拉丁语词组。毕晓普想要的是来自普林斯顿等离子体物理实验室的建议,但却没有等到。他们是环形装置方面的专家,而毕晓普则认为,在一台相似装置上复制苏联结果的最快方式是,对普林斯顿的仿星器型号 C 进行改装。尽管仿星器型号 C 是跑道形状的,但如果移除其直线部分,并添加一个电磁铁,就会得到一台与苏联的 T-3 大小大致相同的托卡马克。

但普林斯顿并没有作出响应。普林斯顿等离子体物理实验室的研究人员在会议上坚持,苏联人的结果是错误的,而这又引发了激烈的争论。然而,他们还是失败了。经过常委会几天来的持续施压,实验室主任梅尔文·戈特利布终于屈服并同意,认为测试托卡马克装置的性能至关重要,并且型号C也应该为了这个目的而被牺牲掉。几周后,卡勒姆团队对T-3温度的确认进一步决定了型号C的命运。但是,原子能委员会常务委员会的预算有限,只能为两个计划开绿灯:改装的型号C和奥尔马克。

一旦决定作出,普林斯顿的研究人员就没有浪费任何时间。到九月份时,他们已经提出了一套设计方案。他们的计划是增加等离子体管的半径——由此减小环径比——并且把型号C跑道形状的直线部分缩小到20厘米。但是,他们从苏联人那里了解到,保持一个均匀对称的磁场至关重要。因此,他们再次改变了自己的设计,20厘米的直线部分被完全移除。这反倒为经过改造的装置提供了一个名字:对称托卡马克装置(Symmetric Tokamak),简称ST。当所有的新部件都准备就绪时,仿星器型号C于1969年12月20日最后一次关机。经过4个多月的时间,研究团队将它改装成了一台托卡马克。

与苏联的装置不同,对称托卡马克横七竖八地插满了测量装置。在普林斯顿实验室有一条不成文的规定:一切都要接受测量。在将所有这些仪器用在已经完工的对称托卡马克上之后,他们发现,苏联人的话都是真的。温度与约束时间都超过了美国的任何纪录,美国的核聚变科学家彻底地爱上了托卡马克。1971年,仅仅在对称托卡马克开始运行一年后,橡树岭的奥尔马克已经准备投入使用,紧接着就是德克萨斯州的湍流托卡马克。第二年,麻省理工学院的第一台装置阿尔卡托A(Alcator A)完工。而通用原子技术公司则在圣迭戈(San Diego)建造了一台不同寻常的托卡马克,截面形似肾脏,被称为双峰Ⅱ(Doublet Ⅱ)。接着,普林斯顿大学又建成了第二台,即绝热环形压缩机(Adiabatic Toroidal Compressor,ATC),专门用于测试加热等离子体的方法。在接下来的几年中,更多装置加入了它们的行列。

美国并不是唯一投入托卡马克大潮的国家。卡勒姆的研究人员本来正在建造一台新的仿星器,名叫克莱奥(CLEO)。就像发生在普林斯顿型号C身上的情况一样,它也被重建成了一台托卡马克。在20世纪70年代初期,法国也通过直接建设顶级性能的托卡马克加入了核聚变竞赛:枫特耐奥罗斯的托卡马克(Tokamak de Fontenay aux Roses, TFR)有着当时最强的环形磁场,可以生成40万安的等离子体电流。德国核聚变实验室建造了一个小一些的装置,称为震动器(Pulsator),地点在慕尼黑(Munich)附近的加尔兴(Garching)。意大利在弗拉斯卡蒂(Frascati)建造了一个小型的托卡马克。日本也带着自己第一台托卡马克加入进来,装置的名字叫JFT-2。而苏联人也不希望放弃他们的领先地位,建成了一系列新装置来对不同想法进行测试。

对于苏联以外的研究者来说,托卡马克的到来改变了这个领域。在整个20世纪60年代,博姆扩散曾让他们所有的努力白白浪费,它从等离子体中吸走能量和离子,使高温不可能达到。他们的工作已经变成了努力理解等离子体的行为,而不是一场建造动力核聚变反应堆的竞赛。但是,托卡马克似乎为他们开辟了一条通向更高温度和更长约束时间的前进道路。的确,他们真的还没有彻底理解它是如何运转的,或者它为什么比其他装置更好;但是,他们相信,随着自己对这种装置了解的加深,这一切终将会到来。最为重要的是,这场通向核聚变动力反应堆的竞赛已经重新开始了。

并非所有的事情都会一帆风顺。一旦研究人员开始把托卡马克推向极限,它自身在等离子体不稳定性方面的小毛病就开始显现。最严重的潜在问题被直接地称为"瓦解"(disruption)。在瓦解过程中,对约束等离子体起主要作用的等离子体电流会在极其短暂的几分之一秒内突然崩溃为零,导致等离子体和高温的消失。比这更严重的是,如此巨大电流(在大型托卡马克中高达数百万安)的突然消失会在真空容器中诱发出强大的涡旋电流,从而使它遭受巨大的机械张力——对于一台大装置来说相当于数百吨的压力。由于可能给他们宝贵的设备带来这种潜在的损害,研究人员们显然急切地想要避免这类事情的发生。实验表明,等离子体中的高压力、高电流和杂质都会增加发生瓦解的概率。他们很快就能画出一张图,指示出安全运行的边界。但这种界限存在一个问题,因为如果你想要得到核聚变所要求的条件,那就需要很大的压力和电流。想办法将这些边界朝后推,成了一个高度优先考虑的问题。

还存在另一种令人费解的不稳定性,它是在仪器齐全的普林斯顿的对称托卡马克上被发现的。使用 X 射线探测器,普林斯顿等离子体物理实验室的研究者们检测到一个来自等离子体的 X 信号,信号以有规律的形式重复地上升和下降,形成一种锯齿状图形。这种锯齿振荡是由于中心区域电子的快速加热和冷却造成的,在苏联的 T-4(T-3 的升级版)和普林斯顿的绝热环形压缩机上都看到过。锯齿振荡不稳定性很快就被作为一种标志,表明托卡马克装置达到了很好的工作条件,其中心区域是好的和热的。苏联研究者鲍里斯·卡多姆采夫(Boris Kadomtsev)提出的一种理论似乎能够解释这种振荡。由于它们相对比较温和,所以也被认为是 20 世纪 70 年代等离子体理论的成功故事。但是,随着装置逐渐变大,锯齿也随之增大,达到某一点后就会引发湍流,从而使约束遭到破坏。

但是,在 20 世纪 70 年代,盛行建造托卡马克的最重要结果也许是,它使研究人员得出了一些公式,在等离子体的性质和托卡马克的尺寸之间建立起了联系,被称为定标律(scaling laws)。即使你对等离子体的工作原理缺乏详细了解,定标率也能让你预测,什么样的托卡马克装置会给你带来最好的结果。这个定律很管用,因为存在许多形状和大小各异的托卡马克,物理学家能让它们在不同的环境条件下运行。例如,把许多台装置的结果(比如约束时间与主半径)标在图表上,将它们连成一条线;以这些结果为基础进行外推就可以预测,一台更大的托卡马克会产生怎样的约束。研究人员也画出了约束时间相对于等离子体半径、环形磁场、等离子体电流和电子密度等所形成的类似曲线。其中的一些结果令人吃惊:尽管等离子体理论预测,约束时间会随着电子密度的增加而缩短;但是,托卡马克装置的实际结果却显示,在存在更多电子的情况下,约束时间明显地出现了增长。总的来说,有一个明确的信息:如果你想更加接近等离子体产生聚变反应所需的温度和约束时间,那么等离子体的体积越大越好。是到了该让托卡马克变大的时候了。

第5章　托卡马克异军突起

1958年9月，毕业于法国著名的巴黎综合理工学院（École Polytechnique）的年轻研究生保罗·亨利·雷巴特（Paul Henri Rebut）来到法国原子能委员会（Commissariat d'Énergie Atomique, CEA），开始了他作为研究人员第一天的工作。他受聘加入原子能委员会新成立的聚变研究部，但是当他走进那里时，却发现实验室和办公室大都空空如也。他的新同事们全都在日内瓦参加第二届和平利用原子能大会，也就是英国、美国和苏联将秘密聚变项目公之于众的那次会议。在这次会议之前，欧洲已经开展过一些等离子体物理学研究。但是，除了英国的哈韦尔实验室之外，其中很少是以聚变能源为目的的。日内瓦会议改变了这一切。几个欧洲国家也开启了聚变研究项目，并且，就在雷巴特开始他新工作的那个月，欧洲聚变合作项目正式开始。

几年前，欧洲各国政府就开始讨论，如何在欧洲煤钢共同体（European Coal and Steel Community）成功的基础上进一步发展。该组织也就是欧洲经济共同体（European Economic Community, EEC）的前身，最后发展成为欧盟（European Union, EU）。当时，该共同体只有六个成员国：法国、德国、意大利、荷兰、比利时和卢森堡。其中一些国家想让共同体也涵盖除煤炭以外的其他能源，包括新的原子能。原子能由于高昂的开发成本，因此成为开展国际合作的首要选项。其他一些国家则只想开创一个统一的市场，让商品在成员国内自由流通。让一个共同体同时容纳两个彼此不同的目标被认为太难实现,因此,经过讨论,他们提出了一个折中方案。1958年1月1日,欧洲煤钢共同体又接纳了其他两个组织,即欧洲经济共同体和欧洲原子能共同体(European Atomic Energy Community, Euratom),后者是一个协调原子能研究的机构。

聚变并非一开始就符合欧洲原子能共同体的职权范围,因为聚变能的前景还有些遥远。于是,欧洲原子能共同体的管理者们询问不久前刚在日内瓦成立的欧洲核子研究组织,看它是否愿意负责聚变研究。核子研究组织为此专门成立了一个研究小组,以调查欧洲正在开展什么样的聚变研究,而核子研究组织又能在其中发挥什么样的作用。但是,核子研究组织理事会最后确定,聚变研究的最终目的是商用发电,这就超出了该组织章程所规定的研究范围。该章程严格规定,该组织只能从事基础科学方面的研究。因此,球又踢回到欧洲原子能共同体的场地上。

9月1日,在日内瓦会议开幕的时候,欧洲原子能共同体副主席、意大利物理学家和政治家恩里科·梅迪(Enrico Medi)在万国宫的大厅里找到了他的同胞,物理学家多纳托·帕伦博(Donato Palumbo),邀请他担任原子能共同体聚变项目的负责人。帕伦博出生在西西里岛,是一位很有天赋的科学家。从久负盛名的比萨高等师范学院(Scuola Normale Superiore in Pisa)毕业后,他回到西西里岛的帕勒莫大学(University of Palermo)任教,后来又在那儿成为教授。帕伦博的专业是理论等离子体物理,因此,他的科学素养很适合聚变项目。但是,他是一个安静而谦和的人,所以对于肉搏战式的欧洲政治博弈来说并不是一个最佳人选。帕伦博一开始回绝了,说自己从没想过去承担这样的工作。但梅迪一再坚持,帕伦博最终同意了。

原子能共同体的裂变部在聚变方面有所领先,并且到当时为止得到了较多的预算。在第一个五年的研究项目中,帕伦博只得到1 100万美元。裂变项目一开始就已经在欧洲各个国家创立了一系列联合研究中心,以便开展原子能共同体的研究工作。在资源如此有限的情况下,帕伦博知道,他不可能创立任何一个能与各个国家的聚变实验室相匹敌的研究机构;当时,这些实验室正在迅速成长。他也不喜欢官僚制度和等级,因此决定另辟蹊径。他着手游说各个国家聚变实验室签署一份所谓的“协作合同”(association contract),以开展原子能共同体内部各国集体同意的聚变研究。说服他们签字并不难,因为原子能共同体答应承担这些实验室25%的运行费用。1959年,法国原子能委员会第一个签署了该协议。随后几年里,欧洲原子能共同体的其他成员也全部加入。

帕伦博虽然不是一个官僚,但却是一位天生的外交家。各个实验室的委员会会议总是会优先处理科学上的问题,只在会议快要结束时再讨论行政事务。中央协调委员会被精心地命名为“联络小组”,因为法国骄傲的原子能委员会和德国的马克斯·普朗克学会都不喜欢任何听起来控制性很强的名字。低调的处事方式使他在逐步成长起来的聚变界广受欢迎,同样也给各个国家实验室吃了一颗定心丸,表示欧洲原子能共同体不会完全接管聚变研究。

在他任期的第一个十年中,帕伦博的聚变项目主要集中在理解约束和加热的等离子体物理上。各实验室建造了一系列的磁镜、箍缩和其他环形装置。他们采用中性粒子束和无线电波来做加热实验。年轻的雷巴特发现这是一个全新的领域,以至于原子能委员会没有人可以教他等离子体理论。于是,他将所有可能找到的文献全都找出来,开始自学,最终在对等离子体稳定性的理解上作出了重要贡献。但是,作为一位科班出身的工程师和物理学家,他很快就参与了一些小型聚变装置的设计、建造和运行。他建造的其中一种装置是所谓的硬核箍缩机,这是一台直线型设备,主要靠中心轴上的铜导体(而不是等离子体)来携带电流,产生箍缩。之后,他开始转向环状箍缩的研究,同样使用中心轴上的铜导体,并且确认,只有环状设备才能工作,因为磁镜会在它的端部损失太多的粒子。由于当时法国原子能委员会最大的聚变装置就是一个磁镜,位于巴黎郊区枫特耐奥罗斯实验室,这使他在法国聚变研究中有些被边缘化了。

总的来说,此时欧洲的科学家们正遭受着和他们美国同行一样的沮丧:他们的装置都受到博姆扩散的困扰,约束效果很差,而经费却在逐渐减少。然而,给该项目的前途带来疑虑的却是欧洲原子能共同体裂变分部的一场危机。从一开始,这个组织的目的就是研发出一个原型裂变堆,然后成员国可以由此开发自己的商用堆。受到青睐的是采用含有冷却剂的重水堆,被称为奥格尔(ORGEL)。但是,对成员国来说,各自研发自己反应堆的商业吸引力实在太大。于是,在1968年,这一计划宣告瓦解,导致欧洲原子能共同体所有部分的预算大幅度削减,给帕伦博剩下的钱只够支付原子能共同体在各协议实验室所聘专家的费用。在好几年中,该项目只能靠从荷兰政府得到的一小笔钱勉强维持。

正当该项目处于最低谷的时候,1968年,苏联在新西伯利亚召开的国际原子能机构大会上宣布了自己令人震惊的实验结果。帕伦博当时正在起草下一个五年内的项目提案,但他意识到,托卡马克的实验结果改变了一切。他重新构思,并带着一份新提案来到了1969年6月的联络小组会议上。他建议,该项目应该把重心放在托卡马克以及其他环形装置上;原子能共同体应该提供20%的额外经费,用于资助任何新装置的建造;应该成立一个小组,以研究是否可以由所有协议实验室合作建造一台大型装置。把如此大的精力放在托卡马克上,这引起了激烈的争议。但是,他们达成了一项协议,并把帕伦博的提案呈交给原子能共同体的理事会讨论通过。共同体仍然在为奥格尔的瓦解而伤痛,他们热切地批准了聚变计划,划拨的经费甚至比帕伦博要求的还稍多一些。各个实验室开始为新装置的建造制定规划。

当聚变研究的潮流转到托卡马克上以后,仍然把主要精力放在磁镜研发上的法国原子能委员会陷入了混乱。而雷巴特由于一直专注于环形装置的研究,因而成为风云一时的人物。到新西伯利亚会议召开的时候,他正在设计一台大型箍缩装置,但他立刻放弃了,转而开始了托卡马克的设计工作。当联络小组在1971年10月再次碰面的时候,五台新装置得到批准,并获得新增经费的支持。与此同时,他们专门成立了一个小组,研究建造一台跨国的大型托卡马克。这个装置被称作欧洲联合环(Joint European Torus,JET)——没有称它"托卡马克",是因为德国代表认为这个词俄语味太重。

在那次会议上得到批准的所有装置中,雷巴特的枫特耐奥罗斯托卡马克是最雄心勃勃的。它的设计尺寸与俄罗斯的T-3以及普林斯顿的对称托卡马克大体相同,但是其等离子体管道的半径为20厘米,比其他两个都要大,以便容纳更多的等离子体,并达到较低的纵横比。让枫特耐奥罗斯托卡马克显得突出的,是投入其控制的巨大电能。雷巴特设计了一个大飞轮,经过长时间运转可以加速到很高的速度,以此作为发射等离子体的能量储存装置。把飞轮连上发电机就能产生巨大的电流脉冲,进而通过托卡马克的电磁铁来驱动等离子体电流,把等离子体箍缩在自己的位置上。枫特耐奥罗斯托卡马克可以将400 000安的等离子体电流维持到半秒钟,创造了当时的世界纪录。

当枫特耐奥罗斯托卡马克还在建造的时候,欧洲联合环的设计小组已经决定了下一代托卡马克的走向。他们没有多少具体的实际建造经验可以借鉴,因为除苏联以外还很少有国家建造过托卡马克。对称托卡马克和奥尔马克分别于1970年和1971年开始运行,在欧洲只有英国的克莱奥,还是从半成品的仿星器改装而来的。而且他们也不能依赖理论,因为根本就没有托卡马克是如何工作的理论解释。唯一知道的是,托卡马克取得了比较好的实验结果,而且如果将它们建造得更大,它们的运行状况会更好。欧洲联合环研究小组知道,他们想要的是一个接近聚变堆工况、并且能产生大量聚变能的装置——这意味着等离子体可以进行自加热。

到这时为止,聚变设备还没有建成真正的反应堆,因为它们发生的聚变反应太少了。它们的主要目标是了解如何约束和加热等离子体。既然现在的装置能够发生越来越多的聚变反应,反应堆的设计者们就必须考虑,如何处理核反应所产生的大量能量以及粒子。把氘核和氚核聚合在一起会生成两种物质。第一种是高速中子,由于携带有80%聚变能,所以运动得非常快。由于中子呈电中性,因此它几乎不受托卡马克中磁场的影响,径直高速飞出,进入托卡马克的壁面或者附近的其他部件上,将自身的动能转化为内能。动力堆的设计思路是用中子来加热水,产生蒸汽,并用蒸汽驱动涡轮机,带动发电机发电。

聚变反应产生的第二种物质是携带20%聚变能的氦核,也叫作α粒子。α粒子是带电粒子,所以它同等离子体中的离子和电子一样,会绕着磁感线做螺旋轨迹运动。捕获这些α粒子可以为一些有用的目的服务:当它们在等离子体中高速运动时,就会撞上其他粒子,实现能量转化,达到加热效果。聚变堆的设计者们非常想利用这个效应。如果可以利用α粒子加热等离子体,那么就会使聚变反应持续发生,并且不再需要利用中性粒子束和无线电波之类的其他手段进行加热。

但上述做法的困难在于,新产生的α粒子比氢核重,而且速度也比较快,因此它们的螺旋轨迹会很宽。如果等离子体真空室太窄,那么螺旋中的α粒子运动不了太远就会撞上壁面。只有更强的磁场才能使α粒子的回旋半径变小,磁场的一部分是由等离子体电流产生的。因此,反应堆的设计者可以推导出一个能够进行 α 粒子自加热的公式:即对于给定尺寸的等离子体真空室,存在一个最小的等离子体电流,它所产生的磁场足够强,能够将 α 粒子约束在真空室内。

1973 年 5 月,欧洲联合环的研究人员向“联络小组”汇报了工作情况,并建议欧洲原子能共同体建造一台大半径为 6 米的托卡马克来容纳 α 粒子,它因此需要承载至少 300 万安的等离子体电流。相对于当时的托卡马克装置来说,这是一次巨大的跃进。法国的枫特耐奥罗斯托卡马克大半径为 2 米,可加载 40 万安的电流。物理学家们并不真正知道,当 300 万安的电流在其中流动时,等离子体的行为如何。但是,托卡马克在 20 世纪 70 年代太令人兴奋了,帕伦博立即对研究组的建议作出回应,开始组建团队来为这种反应堆的详细设计开展工作。能够领导这个项目的人显然是保罗·亨利·雷巴特,刚刚完成世界上功能最强大的托卡马克建造的就是他。

在英国,塞巴斯蒂安·皮斯的卡勒姆实验室正处在矛盾之中。在 20 世纪 60 年代,那里的研究者们一直围绕零功率热核装置开展工作,已经完成了一些很好的科学研究。但是,他们建造更大装置——零功率热核装置-2 和另一台称作 ICSE 的装置——的企图却遭到政府的阻挠。研究人员们不得不自安于这些小型装备。然而,在那个十年中,实验室的研究经费被再三地削减。皮斯意识到,如果他的实验室还想再次进入大装置运行之列,他们就必须同英国在欧洲的邻居们合作。但是有一个问题:当时英国并不是欧洲经济共同体或者欧洲原子能共同体的成员。尽管如此,皮斯还是说服帕伦博,允许他和他的同事们出席“联络小组”的会议,并参加欧洲联合环的讨论。

到 1973 年,帕伦博组建起一个团队来设计欧洲联合环时,英国已经加入欧洲经济共同体和欧洲原子能共同体，因此皮斯可以将卡勒姆拿出来作为设计团队的基地。因此，在 1973 年 9 月，仅仅在研究小组提出欧洲联合环建造计划几个月后，雷巴特便起航去英国开始工作。他真的是航行去的。雷巴特自己动手设计和制造了一艘游艇，但还没完工。他不愿意让它保持这种状态，于是干脆开着它穿过英吉利海峡去接受他的新工作。

欧洲联合环团队最初是在卡勒姆时期留下的一幢木屋里办公，那里在二战期间曾经是一个空军基地。摆在他们面前的是一项很吓人的任务，并且开展工作的时间只有短短两年。由于对托卡马克的理解还很肤浅，所以他们有两条路可走：一条保险而保守，就是对像枫特耐奥罗斯托卡马克那样的现有成功机型进行等比例放大；另一条则更具风险，试验一些未经测试的想法。有光彩照人的雷巴特负责，他们要选的永远是后一条路。但是，设计团队也受到另外一些因素的制约，比如，等离子体破裂以及其他的不稳定性，这些都会限制等离子体的密度以及穿过其中的电流。还有一些现实的考虑，比如磁场强度，而且另外还有成本问题。

带着这些需要考虑的问题，研究团队决定设计一台大半径为 8.5 米、等离子体真空室达两人高的托卡马克。等离子体真空室的容积是 100 米^3，与枫特耐奥罗斯托卡马克 1 米^3 的容积相比可谓空间巨大。流经欧洲联合环的等离子体电流是 380 万安，10 倍于枫特耐奥罗斯托卡马克中的电流。

早期的托卡马克主要是为研究等离子体而设计的，因此并没有使用最容易发生反应的聚变燃料组合，即氘－氚。欧洲联合环将与之不同，但这给该项目带来了一大堆问题。氚是一种放射性元素，化学性质与氢相同，很容易被吸收进体内，因此必须极其小心地防止泄漏，对它必须锱铢必较。进行氘－氚（D－T）反应同样也会产生许多高能中子。当这些粒子同反应堆结构部件上的原子碰撞时，就会从它们的原子核中撞出其他的质子或中子,从而使它们转变成潜在的放射性材料。这样,随着时间积累,托卡马克内部会因为中子轰击而变得具有放射性。它们所达到的放射水平当然无法与裂变堆中的情况相比,但对于进入堆内进行维修和改装的工程人员来说,这也是足够危险的。欧洲联合环必须如此设计,以便使真空室内的工作可以利用遥控的机械手从外部完成操作,尽管这台装置在当时还只是处于初期阶段。

有关设计的一切都大而费力,但有一项创新却脱颖而出。雷巴特决定对等离子体真空室采用 D 形截面,而不是传统的圆形截面。这样做的部分原因是出于成本考虑。用于约束的磁场会对产生环向磁场的线圈施加一些作用力,这些线圈是沿着等离子体真空室竖直绕的。这种磁场力会将线圈推向托卡马克的中心柱,而且越靠近中心受力越强。欧洲联合环需要在结构上进行关键性的加固,用以支撑环向场线圈,使之足以抵抗这种作用力,但这部分费用会非常高昂。雷巴特思考,为什么不让这些磁场力来确定线圈的形状呢?如果让它们自己寻找平衡点,那么线圈将会被挤压在中心柱上,成为 D 形,这样线圈上承受的压力就会大大降低。因此,雷巴特设计了一个具有 D 形环向场线圈的托卡马克,线圈内部的等离子体真空室也是 D 形的。等离子体真空室截面的高比它的宽多出 60%。总的来说,现在的托卡马克看起来不大像一个面包圈,而更像是一个带核的苹果。

但更重要的是,雷巴特认为 D 形托卡马克的性能会更好。1972 年,苏联研究聚变的领导人列夫·阿尔齐莫维奇和他的同事维塔利·沙弗拉诺夫(Vitalii Shafranov)计算发现,当靠近等离子体真空室内壁,即中心螺线管时,等离子体电流的性能最好。因此,当等离子体真空室的截面不是圆形,而是被挤向中心柱时,从这种最有利的工作条件中可以得到更大的等离子体电流。苏联人也正在验证这个想法,但当时还没有证据证明其可行。雷巴特确认,约束等离子体的关键在于高等离子体电流和D形截面。他相信,D形真空室能使它远远超过欧洲联合环说明书里所规定的300万安的电流。他猜测,仅凭苏联人的理论预测还不足以说服"联络小组",因此,加进成本和工程方面的问题更加有助于增强他的说服力。他的担心完全正确。1975年9月,当欧洲联合环团队汇报他们的设计时,招致了一场激烈的争论,涉及的问题包括建议的反应堆尺寸、D形等离子体真空室、成本,如此等等。帕伦博承认,他更倾向于采用实验测试过的圆形等离子体真空室;但是,他相信雷巴特和他的团队,因此支持他们的设计。

雷巴特的说服力如此之大,以致欧洲原子能共同体委员会最终同意,基本上按照设计报告中的描述推进欧洲联合环计划。作为监督欧洲经济共同体和欧洲原子能共同体的关键组织,欧盟部长理事会也批准了该计划。建造欧洲联合环预计将花费1.35亿欧洲货币单位(欧元的前身),其中80%将来自欧洲原子能共同体的金库,剩下的则由各成员国政府承担。留待理事会敲定的一切,就是将欧洲联合环建在哪里。尽管选址也有技术上的要求,但这主要还是一个政治上的博弈。欧洲联合环的56强设计团队在卡勒姆等候最终决定。他们中的大部分人会直接获得参与欧洲联合环建造的新工作,因此没有什么理由回到各自的国家去。

承接如此高规格的国际工程项目被欧洲各国视为一项嘉奖,很快就有6个地方在竞争这一荣誉:卡勒姆;法国原子能委员会在卡达拉舍的一个实验室;德国提出了位于加尔兴的聚变实验室和另一个地方备选;比利时提出了一个地点;意大利则提出了受欧洲原子能共同体资助的伊斯普拉(Ispra)裂变实验室。1975年12月,欧洲原子能共同体部长理事会就选址问题开展了6个小时的辩论,最后无果而终。于是,政治家们请求欧洲委员会(欧洲原子能共同体的执行部门)推荐一个地方。委员会倾向于在伊斯普拉,但3月份在英国再次召开部长理事会上,法国和德国否决了这一建议。

部长理事会在1976年又召开了几次会议,仍然没有达成一个解决争议的方案。雷巴特与他在卡勒姆的团队都快绝望了。他们中的一些人开始接受其他地方的工作,另外一些人干脆打道回府,继续参与欧洲联合环之前的工作。欧洲议会要求,这个问题必须得到解决。政治家们则开始说,这个项目正濒临死亡。部长理事会商量,是不是应该放弃靠"全体同意"来作决定的常规,而直接采取"少数服从多数"的做法,但是在这一点上他们也没能作出决断。到这个时候为止,他们努力完成的一切就是把备选地址缩小到两个:卡勒姆和德国加尔兴。在卡勒姆,那些心灰意冷的科学家们给理事会写去了请愿书,他们的家人也开始给理事会写请愿书。但是,到了1977年的夏天,好戏开始了。雷巴特和他在卡勒姆的东家皮斯决定,是时候解散欧洲联合环团队了。

10月13日,团队正处于准备解散状态时,命运之神降临了。一架由马洛卡(Mallorca)飞往法兰克福(Frankfurt)的汉莎公司航班遭到解放巴勒斯坦人民阵线(Popular Front for the Liberation of Palestine)恐怖分子的劫持。他们要求支付1 500万美元的赎金,并且释放同盟恐怖组织红军支队(Red Army Faction)的11名成员,他们当时被关押在德国监狱。随后几天,劫机者强迫飞机横跨地中海和中东,从一个机场飞到另一个机场,最终于10月17日降落在索马里(Somalia)的摩加迪沙(Mogadishu),并在那里把早已被他们射杀的飞行员的尸体抛出机舱。他们把满足他们要求的最后期限设定在当天晚上。德国的谈判专家向恐怖分子保证,红军支队的囚犯正在从德国飞往这里。但是,到当地时间凌晨两点,德国特种部队边防九旅(GSG9)的一个小分队对飞机发动了突袭。在随后的解救行动中,四名恐怖分子中三人被击毙,一人重伤。除去少数人轻微受伤外,全体乘客安全获救。

那么这同欧洲联合环有什么关系呢?在1972年慕尼黑奥林匹克运动会期间,德国警察在营救被巴勒斯坦恐怖分子绑架的以色列运动员时遭受彻底失败[1]。在这一事件刺激下,德国特种部队边防九旅被送到世界上最出名的两个反恐组织——以色列总参侦察营(Israel's Sayeret Matkal)以及英国特别空勤队(Britain's Special Air Service)——训练。摩加迪沙是边防九旅的第一次行动,英国特别空勤队派遣了两名成员作为顾问随行,并给他们提供了眩晕手雷,用以来迷惑劫机者。

整个劫机事件引发了巨大的恐慌,尤其是在德国。因此,10月18日,当成功解救的消息传回德国时,全国上下沉浸在解脱与狂喜之中。尤其是当载有获救乘客和边防九旅队员的飞机返回德国时,他们被当作英雄受到热烈欢迎。在热烈的气氛中,英国首相詹姆斯·卡拉汉(James Callaghan)在同一天到达波恩(Bonn),参加一个预定的峰会。德国总理赫尔穆特·施密特(Helmut Schmidt)用一句话对他表示欢迎:"非常感谢你所做的一切。"当时,英国和德国在欧洲经济共同体的很多问题上存在分歧,但是在那次峰会的欢乐气氛中,其中的许多问题都被搁置一旁,包括欧洲联合环的选址问题。一周之后,部长理事会匆匆忙忙地召开了一次会议。最终,欧洲联合环的建造准备就绪,雷巴特和他的团队不必再去任何别的地方了。

早在人们还未广泛认识到气候变暖会威胁到我们的未来时,一个环保行动在美国成长起来,让人们关注到燃烧化石燃料所造成的大气

---

① 译者注:1972年9月5日,巴勒斯坦恐怖分子持枪袭击了慕尼黑奥运会的运动员村,当场杀害两名以色列运动员,劫持9名人质。而德国警方既不知道恐怖分子的数目,也不知道他们的情况。结果,在狙击中少算了两名恐怖分子,形成了与恐怖分子对打的局面。尽管5名恐怖分子最终被全歼,但9名人质却无一获救,另有1名德国警察殉职。

污染问题。公众的压力导致了 1970 年《净化空气法案》(*Clean Air Act*)的通过,同时也导致了环境保护局(Environmental Protection Agency)的创立。同时,美国的电力设施也存在很大问题,不能满足日益飞涨的电力需求,导致了经常且严重的大面积停电和分区限电。作为应对,尼克松政府把寻求对环境破坏较小的可替代能源作为国家的一项头等大事。原子能委员会寄希望于已研发多时的裂变增殖快堆。委员会认为,增殖堆产生的废热比电力部门当时正在建设的轻水裂变堆小,并且有更高的燃烧效率。但是,呼声日益高涨的环保主义者们并不买账。在他们看来,增殖堆和轻水堆存在同样的安全问题,而且钚燃料具有剧毒和高放射性,甚至还存在扩散风险。

政府在寻找可替代能源,公众在质疑核裂变能,这些使聚变科学家们突然发现了自己存在的价值。聚变被认为是一种“清洁的”核能源,并且从海水中发电的想法听起来几乎就跟魔法一样神奇。现在,普林斯顿和其他实验室的研究者们接受报纸的采访,得到国会议员们的青睐;而新托卡马克的实验结果则意味着,他们确实有话要说。罗伯特·赫希(Robert Hirsch)被任命为原子能委员会的聚变负责人,他非常适合这一角色。赫希当时才 30 多岁,他虽然不是一位等离子体物理学家,但却是一位充满激情的聚变能倡导者;他知道如何玩转华盛顿:他游刃有余地周旋于参议院委员会、工业界游说者以及白宫职员们中间。1968 年,他一直在同电视发明者菲洛·法恩斯沃思(Philo T. Farnsworth)一起研究采用静电约束的聚变装置,并向原子能委员会申请经费。出乎意料的是,阿玛萨·毕晓普却雇用了他。他在毕晓普及其继任者罗伊·古尔德(Roy Gould)手下工作,但对聚变项目散漫而学院化的行为方式感到沮丧。在他的理解中,聚变研究应该是一个轰轰烈烈的项目,就像将阿波罗送上月球的项目一样。

1971 年,赫希的机会来了。原子能委员会的领导人由核物理学家格伦·西博格(Glenn Seaborg)变成了经济学家詹姆斯·施莱辛格(James Schlesinger),施莱辛格同时兼任行政管理和预算办公室(Office of Management and Budget)的副主任。当时有人批评原子能委员会只不过是核工业的拉拉队长,施莱辛格要对此进行反击,他要向其他类型的能源分兵出击。他的开局举措之一,就是把聚变分部提升为一个独立的部,而原来它只是原子能委员会研究部的一个下属机构。作为来自加州理工学院(California Institute of Technology)的学者,古尔德在这个聚变分部领导的位置上坚守了大约6个月,然后就辞职了。赫希同施莱辛格一样热衷于计划和高效管理,他是1972年8月成立的聚变部领导人的最佳继任者。

那时候,聚变部还只是一个很小的职能部门:只有5位技术人员和5名秘书。它的作用和职能自1950年以来基本上没什么改变。聚变的研究方向和时间表主要由各个实验室负责人确定。原子能委员会的聚变负责人只是在相互竞争的各实验室之间充当裁判,也是他们在政府中的支持者。赫希有着截然不同的想法。首先,他想在部门领导层内安置更多的专家,使战略性决策在那里就可以敲定。在一年之内,他把技术人员扩编了三倍。而到1975年中的时候,聚变部已经号称有50名聚变专家和25名支撑人员。他设立了三个助理主任的岗位,分别负责约束系统、研究方向、发展核技术。现在,各实验室的负责人不得不向各位助理主任汇报工作,而不是直接向赫希本人汇报。

除此之外,赫希还想让研究项目变得更简洁、更专注,而这意味着要暂时关闭一些对推进动力反应堆研究进度帮助不大的设备。在1972年底之前,他中止了利弗摩尔实验室的两个项目:一台是形状怪异的磁镜装置,名叫阿斯特朗(Astron);另一台是在等离子体中心处加有金属环的环向场箍缩装置,由此得名列维特朗(Levitron)。第二年的4月份,他又关闭了橡树岭实验室一个名为IMP的磁镜装置。这些项目的终结在所有的聚变实验室中引起了轩然大波,因为由华盛顿的官员而不是实验室的负责人来决定一个项目的命运,这还是第一次。

赫希知道,要想让政治家们认真对待聚变,那就需要一个时间表,一个由通向动力堆的标志性里程碑所组成的序列。他把各个实验室的负责人和其他一些科学家、工程师召集到一起,设立了一个专家组,专门来谋划一个这样的计划。他们设定的第一个里程碑是验证科学上的可行性,也就是展示聚变反应能够产生与加热等离子体而投入的同样多的能量——也就是所谓的能量收支平衡状态。第二个里程碑是一个示范反应堆,能够在较长时间内产生出大量额外的能量。之后,就要建造一个商用的原型反应堆,这可能需要同工业界合作研发。专家组提出,实现第一个目标的时间在1980—1982年,而示范堆也许可以在2000年左右建造完成。对于这样一个时间表,各个聚变实验室都存在着不安。他们并不确定,8~10年的时间是不是足够用来验证科学上的可行性。但是,在赫希的敦促下,这份计划变成了聚变部的官方政策。

与此同时国际上发生了一些事情,使赫希的计划变得更加迫切。1973年10月6日,埃及和叙利亚针对以色列发动了一场突然袭击。这场袭击开始于犹太人的赎罪日(Yom Kippur)当天,进攻迅速向戈兰高地(Golan Heights)和西奈半岛(Sinai Peninsula)推进,尽管一周后以色列的军队就将阿拉伯军队击退。中东地区的这场冲突并没有持续很久。10月9日,苏联开始从空中和海上援助埃及和叙利亚。几天后,美国开始从空中向以色列运送援助物资,一方面是因为苏联已经有所行动,另一方面也因为担心以色列会诉诸核武器。这场所谓的赎罪日战争(Yom Kippur War)仅仅持续了两周多一点时间,但它在世界范围内所造成的反响却要持久得多。

石油输出国组织(Organisation of Petroleum Exporting Countries,

OPEC)的阿拉伯成员国对美国在冲突中支援以色列感到愤怒。10 月 17 日,正当战争如火如荼地进行时,他们颁布禁令,禁止向为以色列提供援助的国家输出石油。后果非常严重:1974 年初,原油价格飙升 4 倍,美国被迫固定价格,并采取定量配给。石油短缺和零售价格上涨的预期极大地刺激了美国人的神经。突然之间,20 世纪 60 年代的那些高油耗汽车变成了肆意的浪费,美国和日本的汽车制造商争相生产更多的节能型汽车投放市场。作为回应,理查德·尼克松总统启动了能源独立工程,这是一项节能和开发可替代能源的国家承诺。这意味着要向聚变研究投入更多的钱。1973 年,磁约束聚变所获得的联邦预算为 3 970 万美元;次年,预算又猛增到 5 740 万美元;到 1975 年,该预算已经翻了两番多,达到 1.182 亿美元。并且,经费的增加还在持续:到 70 年代末,磁约束聚变研究每年都能获得 3.5 亿美元的资金支持。

根据对 1973 年这场政治事件影响的解读,赫希敏锐地推进着他的计划,但是他要作一个重要的调整:他要把验证科学可行性的实验改为使用氘-氚燃料。几个聚变实验室此前都曾预计,他们会采用氘等离子体,这样他们就不用处理放射性氚、放射性等离子体真空室或者由 α 粒子自加热带来的复杂问题。他们想要完成一个干净利落的实验,使氘等离子体进入一种状态,以致只要换上氘-氚燃料就可以实现所要求的能量输出——也就是达到所谓的“能量收支平衡”状态。对于赫希来说,这还不够。他怀疑各聚变实验室的那些科学家太安于开展等离子体实验,但他却要他们集中到实质性的问题上来,切实解决建造一个真实聚变反应堆所要面对的工程问题。而且他知道,一束燃烧氘-氚的真实等离子体是公关中的王牌。白宫、国会和公众永远不会理解“能量收支平衡”的意义,但是,如果一个反应堆真的能发出电来——用人造太阳来点亮一个灯泡,这就可以上晚间新闻,登上所有报纸的头版头条了。

并不是所有聚变科学家都反对迅速转向氘-氚反应堆的研究。橡树岭实验室的科学家们就不害怕放射性。该实验室是在第二次世界大战期间为开展曼哈顿计划而成立的,最早开展了铀和钚的可裂变同位素的分离,以用于核武器的制造。从那时开始,它的研究范围已经拓展到许多技术领域,其中一些就涉及放射性材料的处理。橡树岭实验室的奥尔马克运行状况良好,那里的研究人员把氘-氚反应堆看成是接下来很自然的一步。事实上,他们所承诺的比赫希要求的还要多:他们建议建造的装置不仅可以实现能量收支平衡,而且可以达到“点火”状态,其中来自聚变反应中的 α 粒子的能量如此强劲,足以维持反应堆的运行,而无须借助外部热源——一束自行维持的等离子体。实现点火必须要有用超导体制成的强磁体,橡树岭实验室在该领域也已经拥有了相应的专业技术。

从 1973 年到 1974 年的冬天,大量的政府预算资金流入新能源领域。有鉴于此,赫希想加速他的聚变研究计划。他提议,应该直接建造氘-氚反应堆,并于 1976 年开建,1979 年完工,而不是在 1980 年前单独用氘完成可行性验证实验,接着在 1987 年之前建成氘-氚反应堆。这样的时间表需要大幅度增加经费,因为氘-氚反应堆需要 1 亿美元,比可行性的科学验证实验的花费要多出一倍。

没有一个聚变实验室愿意这一加速计划。普林斯顿还不想介入氘-氚燃烧实验,新计划将使他们一直希望建造的下一个氘可行性实验的装置泡汤。橡树岭实验室尽管对氘-氚反应堆充满热情,但也认为这个时间表太紧。洛斯·阿拉莫斯实验室和利弗莫尔实验室正打算建造新的箍缩和磁镜装置,担心一台大型的 D 形氘-氚托卡马克会花光全部聚变预算,使他们被完全榨干。

要想转向更大托卡马克的研究,关键是要解决等离子体的加热问题——如何将反应堆中的温度提升到聚变所需要的水平。早期的托卡马克仅仅依靠欧姆加热,也就是通过等离子体对自身电流的电阻进行加热。仅仅使用欧姆加热，这些装置可以被加热到上千万摄氏度。但是，产生聚变需要10倍于以上这样的温度。理论预测表明，等离子体的温度越高，欧姆加热的效率就越低，因此亟需一种新的加热方式。美国的研究人员寄希望于一些中性粒子束。橡树岭实验室和伯克利国家实验室（Berkeley National Laboratory）当时正在研究这些中性粒子束，想将它们作为向磁镜装置注入燃料的方式。但是托卡马克的研究者们意识到，它们也可以充当等离子体的加热系统。

中性束系统从一束氢、氘或氚离子开始，利用电场将它们加速到很高的速度。如果这些离子被直接射入托卡马克，它们将会发生偏转，因为磁场会对运动的带电粒子施加一个很强的作用力。因此，离子束首先必须穿过一层稀薄的气体，在那里，离子可以捕获一些电子，变成中性粒子，接着便在不受干扰的情况下通过磁场。一旦进入托卡马克的等离子体中，这些中性粒子就会与等离子体中的离子发生碰撞，从而被再次电离。但是，由于这些粒子在碰撞时的速度非常大，所以会把等离子体中的离子高速击飞，从而起到加热等离子体的效果。

1973年，一场比赛开始了，看谁能率先演示托卡马克中的中性束加热。运行克莱奥托卡马克的卡勒姆团队采用经过改装的橡树岭实验室中性束系统，第一个实现了束注入。但是，他们的测量结果并没有显示出任何比欧姆加热更显著的温度提升。下一个上场的是普林斯顿的绝热环形压缩机，它采用伯克利的注入设备，好不容易才得到了小幅的温度提升。橡树岭实验室在比赛中遭到失败，但奥尔马克却得到了最好的加热结果。在最初的这些尝试中，中性束的功率都很低，一般为80千瓦，而温度提升也很少，仅比欧姆加热提高了15%。但是一年之内，绝热环形压缩机的实验有了更好的表现，将等离子体中的离子温度从200万摄氏度提升到了300万摄氏度。这些迹象表明,中性束加热方法将能够让托卡马克达到反应堆级别的温度。这一点将在马上就要建成的一台装置上得到实际检验,这就是始建于 1972 年的普林斯顿大环(Princeton Large Torus, PLT)。作为第一台设计承载电流超过百万安的托卡马克,普林斯顿大环将搭载一台 2 兆瓦的束加热系统,能将离子温度提升到 5 000 万摄氏度以上。

明智的做法应该是,在着手建造更庞大和更复杂的反应堆之前,应该先等一等,看看普林斯顿大环的表现如何。但是,赫希显然不想等。1973 年 12 月,他把所有的实验室领导和其他主要的聚变科学家们召集到一起,商讨建造氘-氚反应堆的计划。普林斯顿的研究人员对橡树岭实验室关于建造可以点火的反应堆的提议表示强烈质疑。这样一台装置需要实现现有等离子体温度的巨大跃升。按照他们的独立计算,其花费将是现有 1 亿美元预算资金的 4 倍。接着出现的是时间表的问题。赫希询问橡树岭实验室的负责人赫尔曼·波斯特马,他的设计是否可以在 1976 年开始建造,这是赫希想要的日期。反应堆的复杂设计以及超导磁体都需要一些时间才能搞定,所以波斯特马回答说不知道。赫希很恼火。

午饭后,普林斯顿实验室的负责人哈罗德·菲尔斯提出一个惊人的建议。他概略描述了一台他和同事们三年前就提议过的装置。他们当时的推想是,既然把等离子体温度提高到反应级别非常困难,何不建造一台只能达到相对较低温度的托卡马克,并且仅仅装入一束氚等离子体。然后,他们将通过一个大功率的中性束注入系统将氘射入离子体。尽管在等离子体的中心位置可能没有反应发生,但是,在氘离子束撞击氚等离子体的地方,碰撞产生的能量足以引发一定数量的聚变反应。菲尔斯将这种配备称为“湿木燃烧器”:湿木头原本自身不能燃烧,但是,如果你用喷灯来喷,那它就能燃烧。

这样的反应堆是不可能用于商用发电厂的,因为它只能达到很小的能量增益(输出的能量/输入的能量)。反应堆的设计者们一直认为:中性束注入系统只能用于将等离子体加热到聚变反应所需要的温度;然后,来自 α 粒子的热量将会维持反应的进行。从来没有人想过,把中性束作为反应堆的组成部分。但是,菲尔斯认为,这将是通向能量收支平衡的一条既快捷而又相对便宜的途径。

赫希给了这两家实验室6个月的时间,让他们提出更为详细的方案。当两个方案在1974年7月揭晓时,赫希却难以抉择。一边是一台大胆并且在技术上具有创新的装置,具有一举直达点火状态的潜力,尽管它出自一个刚刚加入聚变比赛的实验室。另一边是一个相对保守的选择。普林斯顿的"湿木燃烧器"同该实验室正在建造的普林斯顿大环并无不同。要演示聚变反应堆的可行性并没有走太远的路,而普林斯顿则有25年建造这些装置的经验;如果赫希想要的仅仅只是对可行性的检验,那么这台设备更有可能为他实现这一目的。他很清楚,欧洲实验室正在联合设计一个大型反应堆,苏联也有一些宏大的计划。所以,他耽误不起——像所有的时候一样,他的赌注是美国的声望。因此,他选择了一个安全稳妥的方式,同意由普林斯顿开始托卡马克聚变测试堆(Tokamak Fusion Test Reactor,TFTR)的工作,估计预算总额为2.28亿美元。

与大西洋彼岸的欧洲联合环设计团队一样,托卡马克聚变测试堆的设计者们也没有太多的信息可供参考。与雷巴特那种大胆的设计不同,普林斯顿团队的选择尽量简单化。他们不使用D形等离子体,而坚持已经通过测试的圆形截面设计。尽可能使自己的设备简洁,这正是普林斯顿实验室的标志性特点——设备越简单就越能快速地完成建造,实验结果也就越容易得到解释。

1975年,普林斯顿大环开始运行,并用中性束加热获得了一些印象良好的结果,将离子温度提升到了6 000万摄氏度。理论物理学家们已经预测,中性束对等离子体冲击会引发各种不稳定性,但这在实验中并没有真正出现。总体上来说,普林斯顿的研究人员对实验结果十分满意,但有一件事还是引发了一些担忧:使用中性束的热量越多,约束时间就变得越短。尽管这给托卡马克聚变测试堆的未来蒙上了一小片乌云,不过,在赶着完成设计、开始建造的过程中,基本上没有时间来考虑这个问题。

1977 年 10 月,新装置破土动工,预计 1982 年夏天开始投入运行。大部分工作都外包给承包商,比较关键的一个部分则由其他政府实验室建造,其余工作由普林斯顿的员工在内部完成。与其他任何同样规模的科学工程一样,建造过程中会存在大量令人头疼的问题。新的实验楼必须修建一层混凝土防护层,以防止氘-氚反应产生的强中子流对研究人员造成伤害。带有常规巨型飞轮的电源供应系统被证明不可靠,不得不重新建造,这几乎使相关承包商破产。他们还第一次采购计算机来帮助分析反应堆的实验结果,但作为一项新技术,他们需要花费几年时间才能使它们正常工作。随着 1982 年的夏去秋来,用于监测反应堆的诊断系统还远未完工。托卡马克聚变测试堆项目的主任唐·格罗夫(Don Grove)已下定决心,要在年底之前得到第一束等离子体,而这就意味着要赶在圣诞节前。12 月 12 日,焦急的普林斯顿员工从承包商手里拿回了诊断系统的装配工作,并争分夺秒地进行安装。

到 12 月 23 日为止,他们已经安装了一套最起码的诊断系统。由于穿过隧道将这些仪器连接到附近控制室的线缆还没被安装完毕,他们不得不在反应堆大楼里搭建了一个临时控制室。无数的设备需要连接、检查、再检查和测试。普林斯顿的研究人员以前还从未建造过如此巨大和复杂的装置,每件事情对他们来说都是全新和陌生的。天黑了,但研究团队继续工作到深夜。格罗夫下令,不管是否干完,凌晨 2 点必须准时收工。时钟已转过午夜,进入了圣诞前夜的凌晨。他们离目标很近,但仍未到达。没有人承认自己知道发生了什么,但是控制室墙上的时钟神奇地停在了凌晨1:55。既然还没到官方规定的2:00,那么团队就可以继续干活。

大约一个小时后,他们开始第一次放电。装置内部一道闪光划过,成功了。格罗夫仪式性地将一盘计算机磁带呈递给菲尔斯,里面包含有第一炉等离子体电流的测量数据。而菲尔斯则递回了一箱香槟。这个庞大的装置按期完工,每个人都回家过圣诞节了。直到次年3月,托卡马克聚变测试堆都不会产生第二束等离子体,因为团队不得不把当初为赶工期而暂时搁置的部件全部安装完成。

尽管欧洲联合环团队原本在他们装置的设计上一度领先,但选址问题上的耽搁却使他们退居次席。托卡马克聚变测试堆的破土动工仪式在1977年10月举行,离摩加迪沙劫机事件的结束只有几天。欧洲联合环直到1979年才开始动工,因此,卡勒姆团队比他们的美国对手落后了两年。但幸亏有雷巴特钢铁般的决心,他们不久就挽回了颓势。然而,这位法国人并没有被任命为欧洲联合环的主任。欧洲原子能共同体跳过了他,把这份工作交给了汉斯-奥托·维斯特(Hans-Otto Wüster),一位德国核物理学家。在欧洲超级质子同步加速器(Super Proton Synchrotron)建造期间①,维斯特正好担任欧洲核子研究组织的副总干事长,并因此成名。维斯特尽管不是一位等离子体物理学家,但他具有随和的性格,能够同样容易地与建筑工人和理论物理学家进行交谈,这一点与直率的雷巴特截然不同。但在这种魅力之下,他是一名机智的政治家。对于欧洲联合环的正常运作来说,这一点被证明非常有用。雷巴特却被这一决定彻底搞懵,开始考虑辞职。但是,技术干事的工作让他仍然可以监督这个装置的建造,将自己通过艰苦奋斗所完成的设计付诸实施。而

① 译者注:该加速器于1976年投入使用。

在建造过程中,维斯特也给予了他充分的自由。

帕伦博也为把欧洲联合环拉回正轨付出了努力。尽管欧洲联合环经费的80%来自欧洲原子能共同体——10%来自英国,剩下的10%由各成员国均摊——但他仍然坚持,欧洲联合环要在欧盟法律框架内作为一个"联合事业"加以合法组建。换句话说,就是使欧洲联合环成为一个自治的机构,拥有自己的物理学家、理论专家以及工程技术人员,不受欧洲原子能共同体和国家实验室的干预。即使在欧洲联合环所在的卡勒姆,它仍然要和国家实验室保持分离——有自己的大楼和员工。卡勒姆的研究人员担心,欧洲联合环会吸干他们实验室的全部活力,并倾向于把欧洲联合环的研究人员看成是一伙高高在上、不与别人往来的家伙。还存在一个比导致冷淡关系更严重的问题:薪水。欧洲联合环的实施形成了一种借调体制,其中,来自欧洲原子能共同体其他联合实验室的研究人员会来到欧洲联合环,在这里工作一段时间。在逗留期间,他们像所有为国际组织工作的人员一样,享受优厚的工资待遇。但是,从卡勒姆实验室借调过来的研究人员却只能继续拿当地的正常工资,数额还不到那些来自海外的同事的一半。这种不对等在欧洲联合环的英国本地员工中引起了极大的愤慨,最终迫使他们把这件事上诉到法院。

与托卡马克聚变测试堆建设中的情况一样,欧洲联合环在建造过程中也需要克服大量的障碍。但是,雷巴特实行铁腕管理,极少允许对设计进行修改。1983年6月25日,大约在托卡马克聚变测试堆产生出第一束等离子体的整整六个月后,欧洲联合环也进行了第一次启动。"第一束光,少量的电流,"操作员在日志本上记录道。电流确实很小,只有17 000安。但是,两个大型托卡马克之间的竞赛由此开始。雷巴特同普林斯顿的对手们打赌说,虽然欧洲联合环起跑得晚一些,但是肯定会第一个得到百万安级的电流。谁输了谁就要在胜利方的实验室请对方吃饭,而且要带上葡萄酒。10月份,欧洲联合环如期跨过了第一个里程碑。于是,两支团队在卡勒姆聚餐,喝着加州的葡萄酒。

然而,这场两支队伍的比赛并没有持续多久。1985年4月,一个被称为JT-60的日本选手加入了比赛。早在1958年,日本就已经注意到日内瓦会议上披露的聚变结果,但却不打算全力以赴地开展装置建造项目。他们把等离子体物理实验的规模控制得很小,并且仅限于大学实验室。到20世纪60年代末,当由苏联激发的托卡马克热潮兴起时,日本才决定冒险一试,建造了他们的第一台托卡马克JFT-2。它与橡树岭实验室的奥尔马克大小相当,建成于1972年。从那里,他们直接跃升进入了巨型托卡马克的行列,并于1975年开始了JT-60的设计工作。

同卡勒姆和普林斯顿不同的是,在那珂(Naka)新成立的聚变研究机构里,研究人员们并不亲自监督装置的建造。他们制定好详细的计划,然后就把工程项目交给日本工程界的一些巨头,包括日立(Hitachi)和东芝(Toshiba),由他们全权处理。尽管这种建造聚变反应堆的方式更加昂贵,但却可以让研究人员们免于承受复杂工程项目由于组织管理所带来的紧张和压力。在那珂,不会出现为赶进度而无控制地用一个半成品装置来进行演示的匆忙。相反,负责建造的公司会以一种有序的方式完成工作,通过测试保证它可以正常使用,之后才会交付给研究人员。JT-60的大小同欧洲联合环大致相同,并且同样有一个D形等离子体截面。由于在日本的政治敏锐性,它并没有按照使用放射性的氚来进行装备,因此,它所能得到的最好结果就是能实现能量收支平衡。但是,尽管如此,它在很多方面都超过了西方对手们所取得的结果。

继1968年T-3成功之后,苏联继续创新,建造了一连串的装置,从T-4一直到T-12。其中,T-7是第一台使用超导磁体的装置。当冷却到非常低的温度时，超导体对其中通过的电流将没有阻碍作用，因此它们使强得多的磁体和长得多的脉冲成为可能。这使得研究者们可以在一个近乎稳定的状态下探究等离子体的行为，而不是在一个很短的脉冲中开展工作。T-10 的尺寸与普林斯顿的普林斯顿大环相差无几。其他的一些研究中心也参与了工作，如建造了一系列托卡马克的列宁格勒伊奥夫研究所（Ioffe Institute in Leningrad）。

到了 70 年代中期，美国、欧洲和日本开始建造大型托卡马克，俄罗斯也开始了 T-15 的建造。尽管 T-15 没有当时另外三个“巨无霸”那么大，也没有按照计划使用氚来进行装备，但它是四者之中唯一一个使用超导磁体的装置。原来的打算是在 T-15 之后建造一个专门的点火装置 T-20，它比托卡马克聚变测试堆、欧洲联合环或者 JT-60 都要大。但是，研究人员们的雄心壮志被周围低落的形势所消磨。20 世纪 80 年代，苏联已经开始走下坡路了。T-15 团队难以获得经费和物资支持，而且情况一年不如一年。在 1988 年完工的时候，这台装置看上去已经过时了。甚至，研究所也无力购买用来冷却超导磁体的液氦。1991 年随着苏联解体，俄罗斯没有资源来开展积极的聚变项目，T-15 最终被封存起来。

早在 1983 年，普林斯顿的研究者们就开始适应他们的新装置。与早期的托卡马克相比，这家伙个头巨大，从而使当时变成了一个激动人心的年代。他们每天都要使装置运行两轮。上午 8 点，研究者们聚在一起召开一次计划会议，第一轮放电于上午 9 点开始。通常每天要列出的放电次数都有 36 次之多。下午 5 点将召开另一次会议，放电会一直持续到深夜。但他们在午夜必须停止，以便让技术人员和消防队员回家——出于安全原因，消防队员必须时刻在场。如果团队工作到太晚，他们就会派出其中的一员，买来满满一车的比萨饼或者“长条三明治”,后者是费城(Philadelphia)人对潜艇三明治的称呼。

托卡马克聚变测试堆上插满了各种诊断仪器,由此产生的巨量数据要求有一种全新的工作方式。此前的小型装置一直由人数较少的研究小组运行,他们会完成实验的计划与实施,分析结果,然后再做进一步的实验。在托卡马克聚变测试堆上采用这样的工作方式会浪费太多的机时。因此,研究人员被分成不同的小组,各小组都具有一个目标范围。这样,在任何时候,都会有小组在准备实验,同时也有其他小组在进行实验和收集数据,还有一些小组在分析早前实验中得到的数据。刚开始,这一切都相对地非正式。不久就出现了这样的需求,要求每个小组不能再自顾自地囤积数据,而要让它们向所有的研究人员开放。由于对机时的争抢变得异常激烈,他们不得不建立起一套申请程序。申请者需要先写一份5~10页的建议书,经过实验室其他研究人员的评议方可获得同意。普林斯顿已经进入到“大科学”领域,而那里的研究者们则需要一些时间去适应。

一开始,研究者们都在取得非常令人鼓舞的结果。即使在中性束加热系统还未安装的情况下,托卡马克聚变测试堆仅凭欧姆加热方法就达到了数千万摄氏度的高温,同时也获得了值得敬佩的约束时间。当欧洲联合环在1983年6月开始运转时,用欧姆加热法也得到了同样好的大步跨越。定标律被证明是正确的,装置越大,约束时间越好。但是,后来,当在这两种装置上装载加热系统后,工作状态就出现了变化。托卡马克聚变测试堆最初只用中性束进行加热,而欧洲联合环则有两套加热系统,即中性束和一种以电磁波为基础的技术,被称为离子回旋共振加热(Ion Cyclotron Resonant Heating, ICRH)。在一束托卡马克等离子体中,离子和电子都沿磁感线做螺旋运动,这些螺旋运动具有一个特征频率。如果向等离子体束中发射频率相同的电磁波,电磁波就会与螺旋运动中的粒子发生共振,将电磁波中的能量注入粒子之中,加快它们的运动速度,从而提高等离子体的温度。因此,欧洲联合环的真空室内壁上装有电磁波天线,通过离子回旋来加热等离子体。

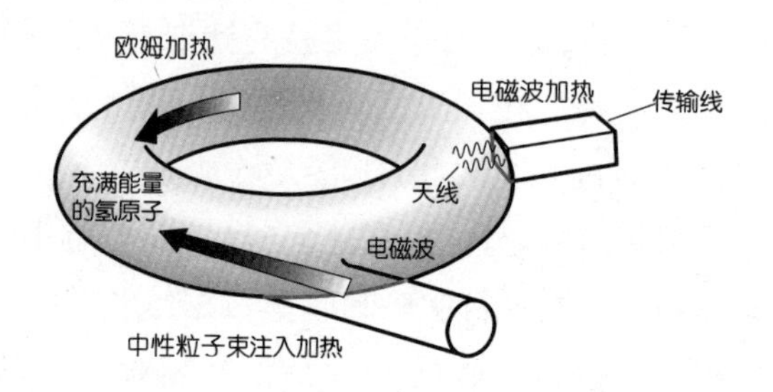

托卡马克需要辅助手段来将等离子体加热到聚变温度,通常使用的方法包括欧姆加热(摩擦)、电磁波以及中性粒子束。

但是,不管采用什么加热方式,结果都是一样的:尽管加热确实能像预期的那样达到更高的温度,但它却会使等离子体中产生出各种不稳定性,从而导致约束时间缩短。失之桑榆,得之东隅。因此,两者相抵之后,从总的效果上来讲,等离子体的整体性质并未得到多少改进。预测显示,随着加热的增强,如果等离子体继续表现出同样的行为,两种装置上都无法达到平衡状态。由普林斯顿大环这样的装置所提供的中性束加热警示到来得太迟:普林斯顿和卡勒姆所坚持使用的设计似乎都无法达到它们的目标。

1982 年 2 月,德国马克斯·普朗克等离子体物理研究所位于慕尼黑附近加尔兴的物理学家弗里茨·瓦格纳(Fritz Wagner)正在轴对称偏滤器实验(Axially Symmetric Divertor Experiment, ASDEX)托卡马克上进行实验。轴对称偏滤器实验是一台中等尺寸的托卡马克,而弗里茨相对来说还是研究等离子体物理的一位新手。他正在研究的是中性束注入对等离子体性质的影响——这还是在托卡马克聚变测试堆和欧洲联合环投入使用之前。他在实验开始时仅仅使用欧姆加热,然后再开启中性束,并测量会发生什么。在他所有的实验中,中性束的到达都会产生一个温度上的跃升,并且会不可避免地造成密度的降低,因为由中性束所引发的不稳定性会导致粒子的逃逸。但是,他注意到一种奇怪的现象:如果他在一开始稍微提高粒子的密度,并使束能量保持在某个水平以上,当中性束快速切入时,粒子密度会突然升高,而不是降低;并且,该密度会不断上升,最后达到这样一种状态:等离子体主体部分的温度和密度都保持在高位,最终只是在其边缘才出现急速地下降。瓦格纳以不同的起始密度展开了更多的实验,发现并不存在中间状态:高水平的束能量是必需的,而密度究竟是上升还是下降,这完全取决于起始密度是高于还是低于一个临界值。

瓦格纳大惑不解,在那个周末对自己的结果进行了反复检查,以确定自己不曾对什么产生误解。一开始,他在加尔兴实验室的同事们也对这一结果表示怀疑。无论是在理论预测里还是在其他实验室的实验中,还从来没有看到过这样的效应。但是,瓦格纳却能够按照他们的要求可靠地演示该效应,他们因此不得不认真对待此事。如果这样的效应在其他托卡马克上同样可行,那将会令人吃惊地重要,因为密度跃升(不久就被称为"高态"或者"H-模")所产生的约束比低压力状态(被称为"低态"或者"L-模")所产生的要好上两倍。对范围更大的聚变科学家们来说,这件事还需要更多的说服性工作。几个月后,在巴尔的摩(Baltimore)一次聚变会议上的一个晚间小组会上,他被不相信此点的听会者们拷问了几个小时。在其他一些托卡马克也能演示出H-模之前,这件事还一直被认为是轴对称偏滤器实验上的一件奇闻逸事。

瓦格纳不得不再等待两年,直到另一台托卡马克——普林斯顿的极向偏滤实验(Poloidal Divertor Experiment, PDX)——证明他是对的。1986年,另一台装置——圣迭戈通用原子技术公司(General Atomics)的DIII-D——也重复了这一壮举。现在,所有的人都对H-模感兴趣。托卡马克聚变测试堆和欧洲联合环都在同由中性束注入所带来的低质量约束进行搏斗,它们现在也许能通过H-模得到拯救。但是,没有人知道它在这样的大装置上能否起作用。并且还存在另外一个问题:轴对称偏滤器实验、极向偏滤实验和DIII-D都具有一个在巨型托卡马克上所没有的东西——偏滤器;而看起来,只有在具有偏滤器的情况下,H-模才会起作用。

偏滤器是安装在等离子体真空室中的一种器件,用来降低侵入等离子体的污染数量。污染是聚变等离子体中的一个问题,因为它们会导致能量的流失,从而使高温状态难以达到。它们的作用是这样的:如果杂质是一个重原子,比如漫射的离子从真空室内壁上撞击出的某种金属原子,那么,它一窜入等离子体马上就会在其他离子的撞击下离子化。但是,只有氘原子才能彻底离子化,因为它没有更多的外层电子;一个普通原子在离子化后只会失去部分外层电子,而将其他电子锁定在低能轨道上。产生问题的就是这些残余的电子。当金属离子与其他离子碰撞时,这些电子先会被撞到高能轨道上,然后再回落到低能轨道并发射出一个光子;这个光子不受磁场约束,会直接射穿等离子体,并带走等离子体的能量。

在早期的托卡马克中,研究人员们试图通过一种叫作"限制器"(Limiter)的装置来减少这一效应。共有两种类型的限制器,但常用的一种是一个扁平的金属环,就像一个大垫圈,安装在等离子体真空室内部,从效果上来说减小了所在位置的真空室直径。在运行过程中,等离子体电流必须"挤过"由限制器所形成的相对狭小的真空室。这有助于减小等离子体的直径,从而使它远离内壁;并且,它还能刮走最外层的等离子体,那里是大多数杂质潜伏的地方。作为有意让等离子体接触到固体表面的地方,限制器必须用耐热性能非常好的金属制作，比如钨和钼。但是，到了20世纪70年代中期，当外部加热开始被应用于托卡马克时，事实证明，更高的温度对限制器来说也难以耐受。它们开始变成一种污染源，而不再是防止污染的装置。所以，研究者们转而使用碳限制器，因为碳的耐热性非常强。即便碳最后会变成一种污染，它的危害也很小，因为它可能会被等离子体彻底离子化，而不会产生能量辐射。

等离子体真空室通常是钢制的，一些实验室尝试在其内表面上镀上一薄层碳，以此解决污染问题。这种镀层能起作用，但却难以持久。因此，一些实验室开始在真空室的内壁上贴上固体的碳瓦或者石墨瓦。20世纪80年代早期，苏联建造了第一台完全用碳衬底的托卡马克TM－G。而在它给出了令人鼓舞的结果后，其他实验室也跟风而上。到1988年为止，欧洲联合环、DIII－D和JT－60上都实现了这种瓦的半覆盖，向全覆盖的发展也只用了几年时间。

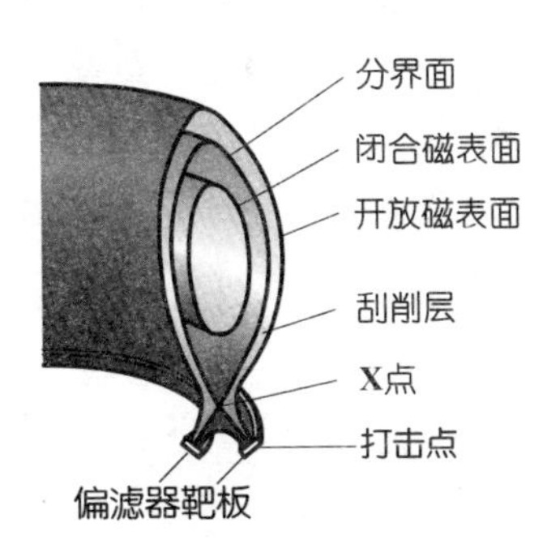

托卡马克真空室底部的偏滤器排出等离子体的热量和氦“废料”，并且帮助达到H－模。

然而，事实证明，限制器仍然是一个问题。研究者们又重新回到了偏滤器的想法，该想法最早是莱曼·斯皮策在1951年为他的仿星器提出的。偏滤器把外层等离子体同固体表面之间的接触点转移到一个分离的小室之内，使之远离等离子体主体。这样，任何被从固体表面上撞击出的原子都能在污染等离子体之前就被拂去。

在斯皮策的一些仿星器中,在两个直线部分之一的某一点上会出现一个较深的沟槽,而不是限制器的狭小圈口。沟槽沿极向环绕整个真空室(最短环形路径)。额外的磁体会被用来对最外层的磁感线——被称为刮削层——进行诱变,使之偏离出等离子体真空室,形成一个出入沟槽的环路。但是,在沟槽内部,磁感线将经过一个固体障碍物,使沿着那些磁感线运动的任何离子——不管是氘还是杂质——都会被偏转到沟槽之中,然后被障碍物阻断。与限制器不同,对最外层离子的阻断发生在等离子体主体之外,在等离子体主体处造成再污染的可能性较小。

偏滤器在仿星器中效果不佳。用来偏转刮削层的额外磁场会使那一点的磁场出现起伏,从而对约束产生破坏。但是,在 20 世纪 70 年代中期,人们尝试将它们用于托卡马克,最早是在日本,接着在苏联、英国、美国(极向偏滤实验)、德国(轴对称偏滤器实验)。不同的托卡马克中的偏滤器可以安置在不同的位置:由于等离子体沿着环形等离子体真空室做螺线运动(环向运动与极向运动的合成结果),偏滤器可以被安装为一个沿圆环面大圈的沟槽,形成环形。在这种情况下,环形的对称性不会受到破坏,但是刮削层每完成一次极向环路都只会通过偏滤器一次。并且,D 形等离子体真空室具有安置偏滤器的最佳位置:在 D 形的顶部或者底部的边角处。

H-模似乎只在拥有偏滤器的这些小型托卡马克中才起作用,但是没有人知道这是为什么。欧洲联合环和托卡马克聚变测试堆都拼命尝试达到 H-模,以改进各自的表现。但是,它们是在偏滤器的作用得到证明之前设计的,因此都没有这种配置。欧洲联合环至少具有一个 D 的形状,便于容纳偏滤器;但要真的安装一个则需要进行昂贵的整修。然而,欧洲联合环团队有一种直觉:也许导致 H-模的并不是偏滤器本身,而是把刮削层外围拉成回路的特异磁场布局。

在等离子体的主体部分，磁感线正常环转，形成闭合的同心磁面，就像是一只洋葱里的层面。刮削层的磁面被称为开放面，因为它们不是围绕等离子体的封闭环，而是会偏转进偏滤器中。在开放和闭合的磁面之间，存在一个标志着两者边界的面，被称为“分界面”。这个面看上去会形成一个接近偏滤器的交叉点（被称为X-点），那里的磁感线似乎相互交叉。

在H-模，等离子体的边缘是以密度和温度的急速下跌为标志的，几乎就像是有什么东西在防止等离子体逃逸出去。欧洲联合环的研究者们想要弄清楚，这个“输运屏障”是否在一定程度上与分界面（也就是从闭合磁面向开放磁面的过渡）有关。关于欧洲联合环的问题是，在没有偏滤器的情况下，它是否能重新产生出这种带有分界面和X-点的磁形状？并且如果能，那么是否可以产生出H-模？通过调整托卡马克周边某些关键磁体的强度，欧洲联合环的研究人员能够使等离子体竖直拉伸，最后形成想要的形状。X-点正好位于等离子体真空室内部，开放磁感线直接穿过内壁，而不是进入偏滤器。对H-模进行一次尝试就足够了。1986年，他们在这种偏滤器似的模式下对欧洲联合环进行了测试。当等离子体电流达到300万安、加热功率达到500万瓦时，等离子体进入H-模并持续了2秒钟，达到将近8 000万摄氏度的温度，并保持了高密度。研究人员们计算出，如果他们使用的是50∶50的氘氚混合体，那么就能产生1兆瓦的聚变功率。所以，H-模在大型托卡马克中是可能实现的。欧洲联合环现在需要的一切就是一个偏滤器。

然而，托卡马克聚变测试堆却遇到阻碍。由于其真空室具有圆形横截面，所以很难加装偏滤器，并且也几乎不可能把它的磁场微调成长而扁的形状，从而形成X-点和开放场线。所以，普林斯顿的研究人员想尽一切方法来一点一点地解决这个问题,尝试诱发出更长的约束时间,尽管存在由中性束加热所造成的破坏——但是最后,他们确实取得了一项突破,而这几乎是偶然得到的。

1986年,一位名叫吉姆·斯特罗恩(Jim Strachan)的毛手毛脚的实验物理学家正在托卡马克聚变测试堆上进行一些例行实验,试图产生出一束密度很低的热等离子体。问题是,这台托卡马克完全不给力。只要启用真空室内壁上铺贴的碳保护层(防止内壁上脱落下来的金属进入等离子体),就会碰上碳的不利方面:它喜欢吸附东西。在吸收水、氧和氢的同时,它还会吸收氢的同胞氘和氚。在真空室内壁吸收了所有这些东西后,当你开始加热等离子体时,热量会使被吸收的原子再次被释放出来,并污染等离子体。即便内壁只存在氘(与等离子体的成分相同),那也意味着实验人员无法控制等离子体的密度,因为他们不知道有多少物质会从碳中释放出来。

1986年初,一种新的碳限制器被安装到托卡马克聚变测试堆的真空室中。这并不是圆环面管内某一点的一个窄口径圆环,而是一种由碳瓦组成的“保险杠”(bumper),正好沿着圆环面真空室外侧内壁的中线铺设一圈。安装一结束,限制器周围就被充满氧气,研究人员要在托卡马克中充入热氘等离子体来驱除氧气。这种配置运行良好,但却会使碳瓦中吸满氘,严重扰乱斯特罗恩产生低密度等离子体的尝试。于是,斯特罗恩一次接一次地注入氦等离子体,以消除其中的氘。氦是一种无放射性的惰性气体,因此几乎不会被碳吸收。斯特罗恩做了几天这样的操作,试图尽可能让托卡马克达到洁净。然后,在6月12日,他用低密度热氘进行了一次放电——这是托卡马克聚变测试堆的第2 204次放电。密度停留在低水平,温度达到高水平,令人震惊的是约束时间——4.1秒,这是托卡马克聚变测试堆此前已达到时间的两倍。更重要的是,其中产生了很多中子——这是一种产生聚变反应的迹象。

斯特罗恩又试了一遍,发现自己能够按照需要产生这样的放电——他的同事们不久称之为"超级放电"。问题的关键似乎是在准备阶段用氦进行的清洁性放电,于是托卡马克聚变测试堆团队形成了一个惯例,在每次放电前都按照这种方式来对装置进行预备操作。每一次放电前,这样的预处理要花费2~6小时,但却很值得。在斯特罗恩最初的尝试中,等离子体电流都较小。但是,通过进一步的实验,研究人员们努力提高等离子体电流。直到最后,他们终于得到了十分接近聚变所需的那种等离子体,其温度超过了2亿摄氏度。最终,托卡马克聚变测试堆团队再次看到了通往氘-氚放电和α粒子加热的成功之路。

在三台巨型反应堆中,JT-60是唯一建有偏滤器的装置,但其位置却处于外侧内壁的中间。当那珂团队尝试产生H-模时,他们发现,自己怎么也无法得到与偏滤器所在位置相一致的磁场布局。日本研究人员运行这台反应堆仅仅四年,就作出了一个大胆的决定:对T-60进行一次彻底的整修,在其底部安装一个偏滤器,并用碳瓦覆盖全部内壁。重新启动的JT-60U于1991年再次开始运行,这次赌博获得了收益,因为它不久就实现了H-模运转,各项性能与欧洲联合环一样好。

到20世纪90年代,托卡马克聚变测试堆和欧洲联合环上的超级放电和H-模已经得到大幅度改进,甚至得到了非常棒的实验结果。托卡马克聚变测试堆的离子温度能达到4亿摄氏度。成功的一个标志是增益量,也就是产出的聚变能与投入的加热能之间的比率,用Q表示。所以,当达到能量收支平衡时,$Q=1$。1990年,在华盛顿的一次会议上,两个团队报告了各自的实验结果:在用氘-氚等离子体进行放电的情况下,托卡马克聚变测试堆达到了$Q=0.3$,欧洲联合环则达到

了 $Q=0.8$。两年后,欧洲联合环团队宣布,他们已经用氘-氚完成了 $Q=1.14$ 的放电——能量的产出大于投入——但是这个纪录不久就被 JT-60U 刷新,它达到了 $Q=1.2$。由于约束时间的退步问题,大型托卡马克取得这种成绩所用的时间比预期的要长。尽管如此,它们还是达到了预定目标。但是,就在普林斯顿和卡勒姆团队开始考虑使用氚并点燃等离子体的时候,发生了一件令人难以置信的事情:一对科学家组合宣布,他们在试管里完成了聚变。

1989 年 3 月 23 日,来自南安普敦大学(Southampton University)的杰出电化学家马丁·弗莱施曼(Martin Fleischmann)和犹他大学(University of Utah)的斯坦利·庞斯(Stanley Pons)一起出现在犹他大学的新闻发布会上,描述了他们在该校化学系地下室里完成的实验。他们取来一个玻璃小室(这比说试管好听一点),在其中充入重水(由氘和氧组成)。他们在水中插入了两个电极,一个是铂制的,另一个是钯制的,然后给它们通电。过了几个小时甚至几天,试管里什么也没有发生;但是,接着,它们开始发热。弗莱施曼和庞斯说,产生的热量太多了,用通过试管的电流热效应或者可能发生的化学反应都无法解释。庞斯说,他们最好的小室在输入 1 焦的电能后产生了 4.5 焦的热量:$Q=4.5$。他们相信,化学反应不会产生这么多的热量,所以这只能是核过程。换句话说,是氘核变成氦-3 和一个中子的聚变。

玻璃小室里所发生的只不过是一个普通的过程,被称为电解。在通电过程中,重水分子被分裂,氧离子向铂制的正电极移动,而氘离子则向钯制的负电极移动。但是,电极的选择至关重要,因为大家都知道钯对氢具有亲和力,因此对氘也会如此。它能够把大量的氢和氘吸入自己的晶格结构中。在小室通电后的几个小时里,钯电极会吸附越来越多的氘。庞斯相信,晶格中的氘离子最终会达到钯离子数的两倍。

接下来就是事情变得完全难以理解的地方。庞斯和弗莱施曼相信,挤压在钯晶格中的这些氘离子不知不觉地就克服了它们之间的斥力作用,并发生聚变。作为聚变的证据,弗莱施曼和庞斯说,他们检测到了来自小室的中子(这是这种聚变反应中预定会出现的)以及氦-3与氚(其他可能的聚变产物)。两位科学家对自己发现的用途持谨慎乐观的态度。"我们想表明的是,这一发现能够比较容易地转变成产生热和电的技术,"弗莱施曼在新闻发布会上如是说。犹他大学的发布会在世界上引起了轰动,报纸、电视和广播连续报道了这一新闻。只要一个玻璃小室,里面充满来自海水的氘,就能产生出热和电,而且要多少就有多少,这一想法点燃了人们的想象。世界将不用再依赖煤炭、石油、天然气和铀。

聚变科学家们的最初反应是极度的不相信——这件事完全无法解释。按照他们通常的理解,由于带有正电荷,氘离子极难发生聚变。那些电荷会造成氘离子之间的强烈排斥,迫使它们接近到足够发生聚变的距离需要耗费巨大的能量。在一种金属晶格中,克服这种排斥力的能量从何而来?但是,还有更多的事情需要聚变科学家们认真思考。与托卡马克那种近乎空洞的空间相比,离子在晶格内部的行为显得更加奇怪和难以预测。晶格会对离子产生有趣的作用,会影响它们所显示的质量以及它们同其他离子之间的相互作用方式。这是一种大多数等离子体物理学家所知甚少的环境。这会不会是某种从前被他们忽略的东西呢?那两位科学家备受尊重——弗莱施曼是世界最前沿的电化学家之一。而且,两人都对自己的结果深信不疑,以至于站在全世界的新闻媒体面前作出如此大胆的声明,而没有采取通常的程序,先在期刊上发表他们的成果,来接受其他专家的审核。

在新闻发布会之后几天,在犹他州另一个机构——杨百翰大学

(Brigham Young University),一个研究小组也做了相同的实验,但是得到的热量远少于弗莱施曼和庞斯的发现。与此同时,聚变研究人员们也发现自己被媒体盯上,让他们解释聚变究竟是什么,并且说明为什么需要用如此巨大的托卡马克来获得它。突然之间,这些装置被看成是一种奢侈的浪费。

像犹他实验这么简单的一种配置让科学家们很容易开展同样的实验,以便对它进行验证或者否定。在几天之内,全世界的研究人员在重水中通入电流,然后等着看相同的聚变迹象出现。几周后,传来了第一批结果。德克萨斯农工大学(Texas A&M University)的一个团队在他们的小室中检测到超乎寻常的热量,但他们还没有对中子进行测试。在随后的几个星期里,其他实验结果从世界各地传来,但是它们并没有让事情变得更清楚:有些人看到了中子,但却没有发现热量;另外一些人看到了热量,但却没有发现中子。佐治亚理工大学(Georgia Tech)的研究人员宣布他们已经发现了中子,但在三天后就撤回了自己的声明,因为他们发现,自己的中子探测器在受热后给出了虚假的读数。

4月12日,当庞斯出现在达拉斯(Dallas)的美国化学会大会上时,这一点并没有让人们停止把他当成英雄来欢迎。化学家们正在享受他们在阳光中的时刻。最近就出现过这样的先例,一对独立工作的研究人员作出了奇迹般的发现:三年前,当瑞典一家实验室的两位研究者宣布自己发现了高温超导现象时,物理学家们都惊呆了。这导致了一个现在已经变成传奇的会议环节。1987年3月,美国物理学会(American Physical Society)在纽约市(New York City)召开大会。上千名科学家挤进了一个匆匆安排的会议——现在被称为"物理学的伍德斯托克"(Woodstock of Physics)①,去听取有关这

---

① 译者注:这种说法出典于每年在纽约州伍德斯托克镇举办的伍德斯托克摇滚音乐节(Woodstock Rock Festival)。

些神奇材料的全部最新实验结果。对聚集在达拉斯来听取冷聚变的7 000名化学家来说,这回该轮到他们来创造历史了。

在该会议开始的致辞中,化学学会主席克莱顿·卡利斯(Clayton Callis)提到聚变对于社会来说是多么大的恩泽,并对为获得它而度过艰难岁月的物理学家们表示了慰问。"现在的情况表明,化学家已经替我们解围了,"他说,面对着狂热的掌声。普林斯顿聚变实验室主任哈罗德·菲尔斯在为常规聚变辩护。他认为,那对犹他组合的小室里所发生的并不是聚变。一些关键的测量还没有进行,因此聚变的证据根本还不存在。但是化学家们并不想听这些解释,在他的报告中,菲尔斯展示了一张幻灯片,上面是他实验室巨型的托卡马克聚变测试堆——有一幢房子那么大,上面插满了诊断仪器,伸出无数的管子和线缆。随后庞斯走上讲台,投放出他自己装置的一张幻灯片:一个啤酒瓶大小的玻璃小室,固定在塑料清洗皿中一个生锈的铁架台上。"这是犹他托卡马克U-1,"他说,人群顿时疯狂了。

尽管化学家们充满热情,人们开始就冷聚变提出难以回答的问题。一个问题是中子的缺乏。确实检测到过中子的那些实验室从未发现过大量的中子。弗莱施曼和庞斯声称,他的实验小室中所产生的热量与通过常规聚变所得到的同样多;果真如此的话,那么他们得到的中子就应该足以杀死实验者。实际上,研究人员所检测到的中子数量只有预期的一亿分之一。有人提出,这是一种新的聚变形式,只产生热量而不产生中子。更多的结果从其他实验室传来,但它们仍然相互矛盾。一个令人困扰的观察结果是产热过程的不稳定性:有时候,小室会运行几天而什么也不会产生,然后突然出现热量爆发,并在持续短时间后停止。

弗莱施曼和庞斯不愿透露自己实验的更多细节,这也无助于形势的改观。他们在3月份发布会后投给《自然》杂志的论文随着审稿人的问题一起返回到他们手里(这是一个正常的程序),但是,弗莱施曼将它撤回,说自己太忙,没有时间进行所要求的修改。在公开场合,他们对提问的回应经常显得闪烁其词,有时甚至完全难以听懂。在达拉斯的化学会议上,庞斯被问道,为什么他没有用普通的水做一个对比实验。尽管普通水与重水具有不同的原子核,但是,它们在化学性质上是相同的。因此,如果他们看到的结果是一个化学反应,那么,一个装有普通水的小室应该以完全相同的方式进行反应。对于任何一位有经验的化学家来说,这样一个对比实验是明显要做的。但是,庞斯说用普通水不好对比。问为什么不做时,庞斯表示,他们做过这个实验,并且看到了聚变。"我们没有地毯式地进行全部实验。"他说。

5 月 1 日,美国物理学会在巴尔的摩开会。它也排出了一个关于冷聚变的特别环节,但是这可不是什么伍德斯托克。到这个时候,面对这样的听众,情境已经大不相同。弗莱施曼和庞斯都没有参加巴尔的摩的会议,但是,从加州理工学院来了一个化学家和物理学家团队,由 17 位强手组成。他们描述了自己重复犹他实验的尝试。他们发现了许多可能出现过错误的地方,并且得出结论,他们无须借助聚变就能解释实验结果。"庞斯和弗莱施曼两位教授的不专业和错觉让我们吃尽苦头。"加州理工学院的物理学家史蒂文·库宁(Steven Koonin)说,"实验只是一个错误。"在该环节结束时,9 位主要报告人进行了表决,其中 8 人宣布自己认为冷聚变已经死亡,第 9 个人表示弃权。

与此同时,弗莱施曼和庞斯正在华盛顿,向国会展示他们的设备。而来自犹他大学的官员们则试图说服政治家们,让他们为犹他大学一个需要 1 亿美元的冷聚变研究中心提供高达 4 000 万美元的资金支持。国会否决了这一要求,但能源部却受命对冷聚变进行调查。能源部的报告于 7 月份公布,其中提到,关于犹他大学实验结果是新型核反应迹象的观点是值得怀疑的;无论如何,不管小室里发生的是什么,它都不会为我们提供一种有用的能源。因此,不可能出现联邦冷聚变研究项目。但是,报告中还说,还有足够多的问题需要能源部通过正常途径资助几项研究。

到现在为止,仅仅在诞生后的几个月内,冷聚变就失去了所有的朋友。美国的主流报纸很早就已经停止了报道。大部分实验室已经悄悄地放弃了自己的冷聚变研究,但还是有几个意志坚定的小组坚持下来。他们相信,不管小室里发生的是不是聚变,其中必定发生了某种有趣的事情,值得一探究竟。8月份,犹他州同意投入450万美元资金,建立冷聚变国家实验室(National Cold Fusion Institute)。但是,对于科学界的大多数人来说,冷聚变的传奇已经结束。现在许多人都认为它是一个"病态科学"的案例,其中,希望中的想法与对复杂结果的错误解读结合起来,使研究者们强烈地执着于某种已经被大多数人所否定的思想。弗莱施曼和庞斯于1991年离开美国,在法国建立了一家实验室,由丰田汽车公司提供资助。由于仍然没有能在一只瓶子里得到聚变反应,该实验室在1998年关闭。1991年6月,冷聚变国家实验室也因经费耗尽而关门。

尽管围绕冷聚变的兴奋旋风没有持续太久,但却把令人不爽的探照灯照到了常规热核聚变上。科学家们已经就此研究了40多年,已经在越来越复杂的装置上花费了数十亿美元,但却仍未获得额外的热量。但是,到20世纪90年代早期,许多人觉得,他们已经离目标很近了。大型托卡马克的实验已经表明,单独使用氘,他们就能够得到密度和温度足够高的等离子体;这样,如果其中存在氚,大量的聚变将会发生,由此产生的α粒子将开始对离子进行自加热。然而,普林斯顿和卡勒姆的研究者们却没有急于转到使用氘-氚的操作上。他们正从自己的装置上得到很多的知识,包括如何得到好的约束,如何创造稳定的长脉冲,以及如何控制不稳定性。转到氘-氚反应上会使每件事情都变得更加复杂:反应堆需要更多的防护措施来保护人们免受中子伤害;每一小点放射性氚都必须考虑在内;中子的轰击将使反应堆自身带上轻微的放射性(或者说是受到“活化”)。这样,真空室内部的任何后续修正都会变得更加复杂。

卡勒姆的研究人员也正受到来自欧洲联合环理事会的压力,要他们向氘-氚实验推进。反应堆工作良好,理事会需要看到一些能量。但是,雷巴特与他的团队却有另外一个推迟氘-氚实验的好理由:他们要对欧洲联合环内部进行重新修整,以便安装偏滤器。对于未来的动力反应堆来说,该装置现在被认为是至关重要的。除了它在H-模中的作用外,偏滤器还能滤除聚变废料(α粒子),防止其阻塞等离子体。在对未来反应堆的规划中,从偏滤器上获得的经验将起到很大的作用。这里有一个两难问题:先安装偏滤器会对氘-氚实验造成过长的延误,而先做氘-氚实验又会造成内部活化,以致内部修整只能通过遥控方式进行,而这则是一个缓慢而费力的过程。所以,他们提出了一个折中方案:将用90%的氘与10%的氚组成的等离子体进行几轮放电。这将会为等离子体的燃烧提供真实证据,但却会使中子的产生停留在较低水平,使真空室内壁不会受到太严重的活化。

要使反应堆为氘-氚运转做好准备,还有许多工作要做。防护系统必须检查,氚处理需要测试,欧洲联合环的16个中子源中有两个必须按照点燃氚而不是氘的要求重新设置。研究人员还必须弄清楚,用来点燃等离子体的最佳脉冲是什么。他们把等离子体电流设定在300万安,环形磁场设定在2.8特斯拉,中性束热功率设定在1.4兆瓦——用氘进行的实验表明,热中性束一旦射入,等离子体会迅速达到H-模,从氘-氘聚变中产生的中子也将持续增加。这是一个值得激动的时代:许多为欧洲联合环工作的人都已经为得到能够燃烧的等离子体花费了自己的毕生精力；现在，他们就要看到，这是否值得。新闻媒体嗅到了味道，知道有什么事情正在进行，并问：他们是否能出现在第一束燃烧等离子体的现场。雷巴特经过考虑作出决定，既然公众已经为它埋单，那么他们就有权利知道它的进展。然而，这是一个具有潜在风险的策略，因为它可能会遭到失败。以前，聚变研究人员者们曾经遭受过零功率热核装置的炙烤，不想让同样的事情再次发生。

1991年11月9日，在预定的日子里，几百个人涌进了环欧洲联合环的总控制室——其中有研究人员、官员和记者。让装置做好准备并不是一个很快的过程。首先，研究人员要用氘做几次放电，以测试是否能得到自己想要的等离子体性能。接着，他们用含有一丝氚（少于1%）的等离子体进行若干次放电，以测试诊断系统。然后，揭秘真相的时刻到了。挤在总控制室里的人们伸长脖子盯着屏幕，上面播放着反映真空室内部状况的图像。放电开始时，他们可以看到真空室内部轻薄透明的等离子体形态；而当控制人员启动中性束（其中包括那些用来点火的氚）时，由于中子湮没了相机镜头，画面全部变白。总控制室里爆发出掌声。他们已经在受控状态下首次获得了在数量上具有重要意义的聚变能量。

能量的峰值仅仅维持了2秒钟，最大值达到1.7兆瓦，能量增益达到 $Q=0.15$。当然，如果使用的是50∶50的氘-氚混合，那么这个值应该能达到 $Q=0.5$。欧洲联合环在全世界的报纸头条和新闻快报中受到称赞。尽管卡勒姆的研究人员只进行了两次氘-氚放电，但他们已经跨入了点燃等离子体的时代，他们已经在普林斯顿之前做到了这一点。但是，在他们能够再次做到这一点之前，还需要一些时间，因为欧洲联合环不久就要停机安装偏滤器，人们关注的焦点转移到了大西洋对岸。

欧洲联合环的成功让普林斯顿的一些人咬牙切齿,因为那里的研究人员原本觉得自己能够率先实现这一目标。在进入氘-氚阶段之前,他们此时在能源部的新老板鲍勃·亨特(Bob Hunter)想得到对等离子体更好的理解。因此,他们要继续完善实施超级放电的技艺。他们用以自我安慰的想法是:10%的氚还不是“真正”的聚变,他们要得到完全燃烧的等离子体。

正如在卡勒姆一样,在做好准备之前还有大量的工作要做。这是一场全体动员,大队的物理学家和工程师在为准备托卡马克聚变测试堆而工作。他们两班轮换,并且在星期六都要上班。由于实验室靠近普林斯顿镇,而他们又将把放射性的氚带到现场,所以实验室主任哈罗德·菲尔斯在安抚当地人上面做了大量艰苦的工作。科学家们召开公开会议,解释他们的计划,回答提问。他们的氚处理装置接受一次又一次的检查。在一个阶段,一个多达50人的“老虎队”突然驾临实验室,待了一个星期,彻底视察了他们的全部工序。

这一天终于到来了。他们为如何宣传这一事件动了不少脑筋。来自《纽约时报》和其他媒体的记者们受到邀请,其中很多人在那里度过了大半周的时间。实验室自己雇用了一个摄制组来对整个过程进行拍摄,然后再制作一些短片供电视台使用。去那里的人实在太多,以至于不少人只能通过实验室大报告厅里的那些屏幕来进行观看。每个人都发了身份牌,用不同的颜色表明了不同等级的活动范围——只有那些带有令人垂涎的红色牌的人才被允许进入托卡马克聚变测试堆的总控制室。在每次预备性放电完成后,研究人员都会来到大报告厅,告诉听众正在发生的事情。团队正在部署自己中性粒子束的全部火力,全部能量接近4兆瓦。总控制室里有一个名叫“中性束通道”的区域,那里坐着12个人,每个人负责12个中性束源中一个束的调控,以获得最大的能量输出。托卡马克聚变测试堆团队没有用摄像头直接对真空室进行监控，而是在接近反应堆的中子防护层内部安放了一片名叫闪烁体的材料，摄像机的摄像头正好瞄准闪烁体。每当有中子击中闪烁体，就会产生一个小的闪光点。因此，闪光的数目就代表中子的产出速度。当预备性放电在屏幕上产生出几个光点时，观众们都在盯着看。当 50：50 的氘-氚放电时刻终于来临时，整个闪烁体变成了一个明亮的发光四边形，报告厅里充满了欢呼声。他们已经产生了 4.3 兆瓦的聚变功率。自从莱曼·斯皮策在普林斯顿梦想建造一个聚变堆，到后来启动 PPPL 的研究项目，已经过去了 40 多年。那一天，那里的研究人员真正感觉到，他们已经创造了历史。

与欧洲联合环不同，托卡马克聚变测试堆没有在两次放电后就关闭。相反，它开始了一个研究氘-氚聚变的扩展项目。菲尔斯决定向能量收支平衡迈进，并设定了一个短期的目标，也就是 10 兆瓦的聚变功率。对此，他的团队孜孜以求。第二年，他们离目标就很近了，聚变功率超过了 9 兆瓦。但是，装置的控制者们却变得越来越紧张，因为每件东西都在被推向极限：对真空室运转条件的维持已经达到最大的可能，他们在设计范围内使用的是最强的磁场和最高的等离子体电流，并且中性束也被开到最大。然后，在这样的条件下，他们进行了一次放电，结果导致了一次巨大的崩溃——就是在这一点上，约束突然消失，全部的能量都倾泻到了装置的结构中。反应堆大厅里装配有话筒，这样他们在总控制室里就能知道进展情况，而总控制室则位于另外一栋大楼里。团队听到了一个声音，听上去像是地狱之锤，接着是一声雷鸣般的回响，然后是绝对的寂静。整个反应堆大楼都被晃动了。幸好没有出现严重的损害，但是从那以后，他们更加小心了。他们调整了等离子体，使它不那么容易崩溃。那一年晚些时候，他们的聚变功率达到了 10.7 兆瓦。

在 4 年的实验期间，普林斯顿的研究人员学到了许多关于控制燃烧氘-氚等离子体的知识,创造了越来越多的纪录。他们最早演示了等离子体的 α 粒子自加热,创造了5.1亿摄氏度的高温纪录和6个大气压的离子密度纪录,另外还有许多其他的创新。托卡马克聚变测试堆所没能达到的就是能量收支平衡,能量增益只达到了 $Q=0.3$。托卡马克聚变测试堆根本没有大到那种程度,不可能具有那样的性能:更大的等离子体能使中心的离子与外界隔离,这样就有更多的时间参与反应;并且,托卡马克聚变测试堆真空室使用的是传统的圆形横截面,因此也不可能得到在D形反应堆中所能够得到的那种离子电流大小。

然而,在1997年4月,托卡马克聚变测试堆停机了。实验室的许多人都认为,应该能用反应堆做更多的事情。他们有作进一步升级的计划,但是,由于其庞大的员工队伍和处理氚的复杂设施,托卡马克聚变测试堆是一台运行费用高昂的装置。并且,能源部也没有钱来维持它运行。更让研究人员们感到不安的一个事实是,还没有对它进行替换的计划。正常情况下,在开始规划下一代装置方面,普林斯顿等离子体物理实验室还从来没有行动缓慢过。早在1983年,在托卡马克聚变测试堆刚刚开始运行时,研究人员们就已经在开展其继任者的设计了。利用这台新装置,研究人员将对通过 α 粒子加热,并一直达到点火状态的燃烧等离子体开展详细研究。但是,在这台紧凑点火托卡马克(Compact Ignition Tokamak, CIT)的设计过程中,设计者们又从托卡马克聚变测试堆的运行中学到了很多。因此,它在大小和费用方面都将越变越大。然后,能源部下令对设计进行了一次评估,评估结果对紧凑点火托卡马克直接达到点火的能力表示了怀疑。因此,设计在1990年作废。普林斯顿用另一个计划对此作出反应,即燃烧等离子体实验(Burning Plasma Experiment, BPX),试图弥补紧凑点火托卡马克的缺陷。但是,燃烧等离子体实验却变得比紧凑点火托卡马克更大更贵。而到这个时候，美国正在参与国际热核聚变实验堆的设计。这是一个聚变反应堆的国际计划，能做燃烧等离子体实验想做的每一件事情，并且还有更多的其他功能。因此，燃烧等离子体实验在1991年也被放弃。普林斯顿又以托卡马克物理学实验(Tokamak Physics Experiment, TPX)进行反击，这台装置规模较小，目的在于通过研究"稳态运行"(steady-state operation)之类的问题对国际热核聚变实验堆进行补充。

由于体积较小，这台托卡马克物理学实验装置与时代发展的步调更加一致。20世纪70年代末和80年代初是聚变研究的黄金时代，当时中东的石油禁运促使政府花费巨额经费来研究可能的替代能源。从那以后，为聚变提供的经费一直在稳步下降。到了20世纪90年代初期，能源部的聚变项目预算只有1977年峰值的一半左右。聚变科学家们在这些年中不得不平复自己的雄心，但是更坏的局面还在后头。1994年秋天，当共和党40多年以来首次赢得对国会参、众两院的控制后，出现了一场"共和党革命"。当他们四处撒网，寻找过多的政府开支来进行削减时，聚变的跟踪记录看起来非常不妙。50年以来，纳税人用在聚变上的经费已经超过了100亿，而所有那些昂贵的装置甚至连能量收支平衡都未达到。

在共和党的第一个预算(即1996年的预算)中，聚变项目大约3.5亿美元的年度预算被削减了1亿多美元。必须有东西要消失，这首先指向了托卡马克物理学实验装置，然后就是托卡马克聚变测试堆本身。普林斯顿的一些员工把托卡马克物理学实验装置的设计带到了韩国，帮助该国建造了一个缩小的版本，也就是韩国超导托卡马克高等研究装置(Korean Superconducting Tokamak Advanced Research, KSTAR)。这台装置在2008年产生了第一束等离子体。但是，1997年后，美国研究者就不再有大型装备来从事研究了。能源部将它对聚变项目的关注点从以聚变能为目的的研究，转到了对实现聚变所需的科学研究上。它目前主要的研究计划就是国际热核聚变实验堆,但是,即便如此,这个计划中的关系也被证明是难以处理的。

在托卡马克聚变测试堆停机的同一年,欧洲联合环的研究人员正在鼓动对氘-氚实验进行另一次攻坚,但却受到欧洲原子能共同体理事会的阻止。在两次使用10%的氚进行放电之后的六年里,他们已经为欧洲联合环装上了偏滤器,并且已经用它开展了只用氘等离子体的实验。从理事会的角度来看,欧洲联合环被证明是一种很有价值的研究工具,用它可以了解如何在偏滤器的布局中控制等离子体,而且还能够测试不同的策略和材料。他们的计划是为它装配一套更加先进的偏滤器,但是先做氘-氚实验会使这样的改进变得更加困难。如果欧洲联合环的真空室活化过于严重,理事会也害怕在结束其运转生命时昂贵的退役费用。由于雷巴特在1992年已经离开,前去领导国际热核聚变实验堆的设计团队。现在的负责人是德国等离子体物理学家马丁·凯尔哈克尔(Martin Keilhacker)。他支持研究人员们的观点,认为要真正看一看欧洲联合环在氘-氚放电时的表现,因为这能为国际热核聚变实验堆或者未来任何燃烧等离子体的装置提供无价的数据。并且,他强调,欧洲联合环的遥控系统不久就能完全投入运行。该系统的多关节臂能够对真空室内的部件进行拆卸、移除和更换,因此可以在无人进入的情况下实现对偏滤器的升级。

凯尔哈克尔赢得了理事会的支持。1997年9月,欧洲联合环的一次放电产生了16兆瓦的聚变功率,打破了托卡马克聚变测试堆创下的纪录——增益为$Q=0.67$。同1991年的放电相比,围绕这次突破的媒体喧嚣较小,不过它还是登上了报纸。没有进入任何报纸栏目的是用欧洲联合环进行的另一个实验,它对未来聚变能产生的重要性可能要大得多。达到最大功率的放电没能持续太久,这是因为,只有在等离子体密度不超过某个临界值时,H -模才能出现。中性粒子束将越来越多的粒子注入等离子体,具有高约束性的 H -模会将它们控制住。在这种情况下,等离子体的密度只会上升。一两秒钟后,H -模被打破,放电终止。对于一台动力反应堆来说,用一连串短脉冲来创造聚变是不理想的,能够以稳定不变的方式运行的方法才会更好。要想通过 H -模达到这一点,就要求有一种途径,通过泄漏出一些离子来保证等离子体密度不超过临界值。H -模下的等离子体存在一种特有的不稳定性,被称为"边缘局部模"(edge-localised modes, ELMs)。欧洲联合环的研究人员想利用它来达到这一目的。

边缘局部模是等离子体的射流,能使聚变燃料从等离子体边缘迸发出去,射向反应室的内壁。由于 H -模提供的约束非常好,等离子体的内压会增高,边缘局部模就是等离子体的"排气减压"方式。射流的大小各不相同,但是较大的射流对反应堆存在潜在的破坏性,因为喷射出的等离子体会撞击真空室的内壁。即使不发生这种情况,那些通过分离层迸出的等离子体也会被开放磁感线横扫到偏滤器中;如果碰到大的迸发,偏滤器就可能被大量热等离子体损坏。

欧洲联合环的峰值功率放电是在边缘局部模受到压制的情况下完成的,因此得到了最大的约束时间。但是,如果想让放电持续更长时间,那么就可以促进小规模的边缘局部模的发生,从而泄漏一些离子,以降低等离子体密度。欧洲联合环的研究人员对此进行了尝试,也就是所谓的"稳态边缘局部 H -模"(steady-state ELMs H-mode)。他们能产生出 4 兆瓦功率的脉冲,但仅仅维持了 5 秒。尽管这种做法在约束上作出了一些牺牲,得到了一个较低的峰值功率,但却为可能将应用于国际热核聚变实验堆上的稳态运行模式提供了一次可窥一斑的机会。

一些人也许会把大型托卡马克看成是失败的。它们并没有实现能量收支平衡的主要目标(只有 JT-60 可能是个例外,其等效增益达到 $Q=1.2$),它们达到各自功率峰值的时间也比原计划超出了将近十年。但换一种方式来看,它们引领了一个聚变科学获得巨大进步的时代。它们是托卡马克在全世界受到广泛采用后的几年中设计出来的——究竟是什么在使托卡马克正常运转,或者,大型托卡马克表现如何,对于这一切,它们的设计者们所知甚少。只是在它们运转起来后,操作者们才发现加热会破坏约束,它们的前景看来十分黯淡。但是,通过幸运与聪明才智的结合,他们研发出了能够克服这一问题的运行模式——超级放电与 H-模。托卡马克聚变测试堆和欧洲联合环虽然没有实现能量收支平衡,可是它们离此却已经足够接近,让人们知道这是可能实现的——假如使用了稍高一点的电流或者稍强一点的磁场,他们或许就已经做到了这一点。

真正得到大型托卡马克证明的一点是,使可控核聚变的能量产出超过其能量消耗,这在科学上是可行的。自从彼得·托曼、莱曼·斯皮策、奥列格·拉夫连季耶夫以及其他的同类人梦想建造一台聚变反应堆的时候开始,已经有成千上万的科学家投入了对这一目标的追寻。并且,这些装置所做的也超出了这一点:它们证明,α 粒子将加热等离子体,这一点对创造可行的动力反应堆至关重要;它们还演示了确保未来反应堆最终能长年安全稳定运转的运行模式,如欧洲联合环的边缘局部 H-模。

欧洲原子能共同体已经计划在 1999 年关闭欧洲联合环,以便腾出资源来建造国际热核聚变实验堆。但是,国际热核聚变实验堆并不能马上开始;实际上,在其设计上的合作正濒临崩溃。既然聚变的巨大希望都寄托在一种临界条件上,那么关闭世界第二大的托卡马克就显得很愚蠢。所以,欧洲联合环赢得了一次缓期执行。欧洲联合环的管理权被移交给英国原子能管理局,该装置也变成了一台开放的设施,来自欧洲各国的研究人员都可以前往使用,一旦这个巨人回归健康,主要测试将会被用在国际热核聚变实验堆上的各种技术。

第6章 激光聚变

世界上第一次产生过额外能量的持续核聚变发生在1952年11月1日早晨7时15分，地点是伊鲁吉拉伯岛(Elugelab)，位于南太平洋马绍尔群岛的埃尼威托克(Enewetak)环礁之中。近12 000人参与了这次试验，包括军人和文职人员，试验代号为艾维·麦克(Ivy Mike)。他们在环礁中的另一个岛上建成了一个低温工厂，用以生产核聚变所需要的液氘燃料。他们还修建了一条2.7千米长的堤道，用以连接周边4个岛屿。至于装置本身，他们用瓦楞状铁板搭建了一幢大铁房。房间很大，因为该装置(绰号"香肠")个头高6米，直径达2米。算上用来让液氘保持冷却的全部低温设备，这间房子重达74吨。

在该装置被引爆时，爆炸产生的能量相当于1 000万吨TNT，它是1945年投放在日本长崎的原子弹的450倍。蘑菇云升起到37千米的高空，扩散直径达160千米，放射性珊瑚碎片坠落到停泊在50千米外的船只上。一个小时后，蘑菇状烟云散尽，直升机飞临爆炸地点上空。环礁中所有岛上的全部植被都被剥离得一干二净，除了伊鲁吉拉伯岛，它上面已经什么都没有了。

在5 000英里以外的加利福尼亚，作为美国氢弹项目的背后推手，爱德华·泰勒不用等人打来电话就知道，艾维·麦克试验已经成功。预定试验时间的15分钟之前，他穿过加利福尼亚大学伯克利分校的校园，来到哈维兰德大楼(Haviland Hall)，在它地下室里的地震仪旁坐下。这种仪器将一个精细的光点投射到照相底片上,以精确记录地球的任何震动。泰勒坐在黑暗中注视着光点,正好就在预计应该开始的时刻,底片上的光点开始随着地壳的震动上下狂舞,这是对太平洋上遥远的爆炸的反应。十年来,他一直在努力,以确保美国能赶在敌人之前研制出世界上最具杀伤力的武器。现在,这场努力终于完结。泰勒给他在洛斯·阿拉莫斯实验室的同事们发去了一封电报,里面只有一句事先约定好的话:“是个男孩。”

1942年,美国物理学家第一次开始讨论建造核裂变武器(或者叫原子弹)的可能性,因为他们担心德国可能已经准备好要进行制造了。那时候,恩里科·费米偶然对泰勒提到,或许可以用原子弹引爆更有威力的聚变武器。泰勒对这一想法感到着迷。不久,两人都参加了曼哈顿计划。在洛斯·阿拉莫斯新建的项目总部,泰勒坚持认为,该计划也应该同时尝试研制聚变炸弹,或者叫“超弹”。他的同事们并没有被说服,原子弹仍然是重点。但是,泰勒常常无视分配给他的工作,以便能继续超弹的研究。具有讽刺意味的是,接手泰勒未完成工作的是克劳斯·富克斯,他后来被揭露是一位苏联间谍。

原子弹在广岛和长崎爆炸之后,泰勒全力主张直接投入对超弹的研制。他害怕苏联在核武器技术方面很快就会赶上美国,他想让自己的第二祖国在这方面能够保持领先。但是,很少有其他人感兴趣。这种武器的威力比原子弹要大上千倍。在见证了自己的发明在日本所造成的破坏之后,曼哈顿计划的许多参与者都对研制这种武器的想法感到惊惧。许多人认为,这种武器唯一可能的用途就是去杀害数目巨大的平民,因此它是一种种族灭绝武器。有些人干脆认为,这样的炸弹不可能成功。战争结束后,曼哈顿计划的大部分退役人员都回到了自己的大学。

然而,在1949年,苏联的第一颗原子弹爆炸成功,杜鲁门总统启动了尽快研制出超弹的紧急计划。问题是,泰勒的设计行不通。他假定,原子弹爆炸所产生的巨大热量应该足以触发附近氘-氚聚变燃料的聚变反应。他与自己在洛斯·阿拉莫斯的同事们尝试了不同的设计,试图让聚变燃料尽可能靠近爆炸的原子弹,比如用一层氘-氚燃料包裹着一个球形原子弹,或者反过来,用一个空心裂变弹包裹氘-氚燃料。但是,按照他们的实验和计算,这些都不足以触发聚变燃烧。

突破出现在1951年。斯坦尼斯瓦夫·乌拉姆建议进行一些调整,使得泰勒能够继续前行。一年以后,伊鲁吉拉伯环礁被从海水中炸飞。“香肠”以及随后出现的更小型的氢弹设计一直是一个军事秘密。但是,根据来自不同渠道的材料(包括解密档案以及前武器设计者们无意间泄露的东西),可以拼接出它的大致形貌——这就是人们所知道的泰勒-乌拉姆设计。泰勒-乌拉姆设计最关键的创新是:原子弹构成的“首级”应该同“次级”分离开来,首级是裂变和聚变装置的结合;并且,引爆次级的不是热量,而是首级产生的X射线。

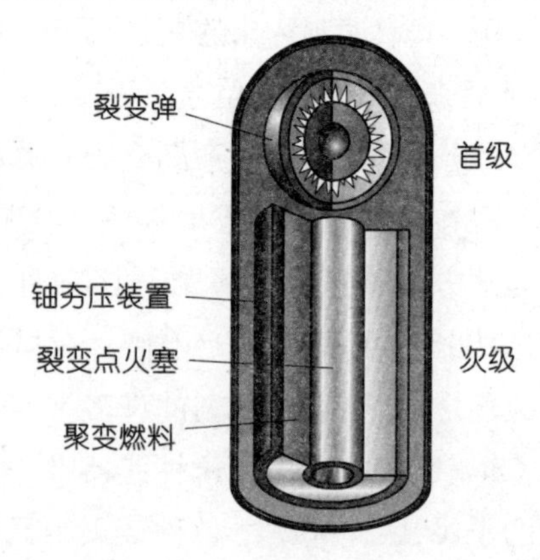

在泰勒-乌拉姆设计中,来自第一级裂变原子弹中的X射线被用来压缩第二级中的氢弹,触发聚变。

“香肠”之所以具有这样的形状,是因为它的一端有一个常规原子弹,而混合的次级位于另一端。引爆的多级过程必须以极快的速度完成,要赶在原子弹把一切都崩开之前。其过程大体如此:原子弹被引爆后,在百万分之一秒之内温度达到太阳核心温度的3倍,并以X射线的形式释放出大部分能量。整个装置的管状容器是一个辐射匣,被称为“黑腔”(hohlraum),是用铀这样的材料制成的,X射线无法穿透。它会短暂地捕获X射线,并沿着管腔将这些射线引向次级。黑腔内壁实际上并不反射X射线,而是吸收它们,因此变得更热,以致会再次发射出更多的X射线。

次级的形状是一个圆柱,具有多个层次。最外一层被称为“夯压层”(pusher-tamper),由另一种吸收X射线的材料制成,如铀-238或者铅。外层之内是一层聚变燃料。“香肠”中使用的是液态的氘和氚,因此需要体积庞大的全套低温设备。(如此笨拙的装置不可能用作武器,因此后来的氢弹中使用的是氘化锂。这种固体化合物中罕有聚变所需的氘,而锂在受到引爆过程产生的中子轰击时则会转化为反应所需的氚)次级最里面的部分称为“点火塞”(sparkplug),是用钚-239或者铀-235这样的可裂变材料制成的一个空心圆柱。

当来自初级的X射线轰击夯压层时,它外面各层会以很高的速度被向外炸飞,使其余部分朝着中心产生向内的反冲,形成所谓的辐射内爆。内爆中的夯压层压迫聚变燃料,使它的内部压力增大,进而对点火塞形成挤压。当点火塞是一个空心圆柱的时候,还达不到临界质量;但是一旦内爆将所有的钚和铀挤压进它的中心,那就会达到临界状态,引发第二次裂变爆炸。第二次爆炸向外推出,对已经受到高度压缩的聚变燃料作进一步的压缩和加热,从而使聚变燃烧开始。整个过程只需不到一秒的瞬间,引发的爆炸会将整个装置还原成原子。

尽管泰勒已经为使氢弹成为可能的突破作出了贡献,但他并没有被选中去领导艾维·麦克的研制,或许是因为他刺猬般的性格早已名声在外。感觉受到了洛斯·阿拉莫斯实验室冷漠地拒绝,泰勒于1952年跳槽到加州大学伯克利分校。在该校放射实验室(Radiation Laboratory)主任欧内斯特·劳伦斯(Ernest O. Lawrence)的帮助下,他在附近的利弗莫尔镇创建了一个新的武器设计实验室。实验室的意图是与洛斯·阿拉莫斯实验室展开竞争,同时也研究一些吸引泰勒的更加抽象的物理学概念。

从一开始,利弗莫尔实验室就专注于具有更大创新性的武器设计。也许因为如此,它最初的三次核试验都成了哑弹。但是,实验室却进一步设计了许多核弹头,在冷战期间被成千上万地制造。在对这些武器的研制中,泰勒和劳伦斯开创性地使用了计算机以及计算机模拟,以此对所设计核弹的性能进行预测。实验室常常拥有世界上最强大的计算机,那里的设计人员变成了模拟设计核爆炸的专家,他们把这种模拟设计称为“编码”(codes)。

1955年夏天,一位名叫约翰·纳科尔斯(John Nuckolls)的24岁物理学家离开纽约的哥伦比亚大学(Columbia University),进入到利弗莫尔实验室的核爆炸设计部。在那里,他开始介入泰勒-乌拉姆设计以及使用武器设计编码的机密。两年后,他的老板要求他试探一下这样一种不平常的情况:如果能在一座山里挖出一个直径300米的山洞——可能是通过核爆炸——那么,先在洞中充满蒸汽,然后再引爆一颗半兆吨级的氢弹将蒸汽驱出山洞,并用一台汽轮机发电,这样做在经济上是否划算?(泰勒对核弹和平使用的设计抱有极大的热情)纳科尔斯估计,这样发出的电力的价值会超过挖掘山洞、制造核弹以及运行设施的花费。但是,他不确定,在反复的爆炸之下,这个山洞能坚持多长时间。不管如何,他无法看到,与一个裂变电厂或者甚至一台磁约束聚变反应堆相比，这样一种设计究竟有什么样的优势？

但是，纳科尔斯却对这一想法颇感兴趣，并且继续加以研究。他想知道，如果降低爆炸的规模，使之能在一个较小的人造山洞里发生，情况又当如何？要做到这一点，就必须找到除原子弹以外的某种引爆装置。一颗最小规模的原子弹也需要达到一个临界质量才能引爆，哪怕少一点它都无法爆炸。1945年投放到广岛的原子弹“小男孩”含有64千克铀-235，只比它的临界质量高出了一点。因此，尽可能小的原子弹引爆装置仍然会产生规模可观的爆炸。如果能找到其他某种方法来触发聚变爆炸，那么就有可能创造出一种规模非常小的爆炸，可以通过某种可控的方式将它约束起来。聚变爆炸不存在临界质量，你想让它们多小它们就能多小。

但是，在缺乏来自裂变爆炸的X射线的情况下，怎样才能得到聚变所需的高温和高压呢？利弗莫尔实验室裂变武器设计部的负责人约翰·福斯特(John Foster)听说了纳科尔斯的研究，并邀请他参加自己所组建的一个小组的组会，这个小组专门研究的恰好就是这一问题。对于点燃封装在一个金属丸中的少量氘-氚燃料所要求的种种条件，小组成员雷·基德尔(Ray Kidder)已经进行了估计。这个小丸也叫夯压层，与泰勒-乌拉姆设计中的夯压层相同，但其形状是球形的，而不是圆柱形的。

纳科尔斯带走了从这个“非核初级研究组”(non-nuclear primary group)所学到的东西，并开始设计一种方案，用以引爆那个小小的球形氘-氚丸。他想象了许多用来引发爆炸的候选能量源，或者“触发器”，包括等离子体射流、超高速发弹枪以及带电粒子的脉冲束。利用武器设计者们的编码，他模拟了一种情况，其中某种触发器引发了一个薄夯压层的小丸，小丸中装有极小量——百万分之一克——的氘-氚聚变燃料。

这种方案中的触发器要用一次脉冲向小丸中打入600万焦(6兆焦)的能量,脉冲的持续时间仅仅只有100亿分之一秒(10纳秒)。内爆将挤压氘-氚燃料,使它的温度升高到300万摄氏度。纳科尔斯计算出,这将在燃料中引发一次聚变燃烧,产生50兆焦的能量,由此得到将近$Q=10$的增益。纳科尔斯意识到,压缩是让聚变发生的关键。一种可能的做法是仅仅用触发器加热小丸,而内爆将会附带地对燃料进行加热。纳科尔斯计算出,用压缩进行加热具有更高的能效,而最终得到的燃料密度将达到铅的几百倍,这样离子之间的碰撞将大幅度上升,以致引发聚变。

但是,纳科尔斯知道,这第一次尝试还不足以成为一种可用的能源。要想实现这一目标,至少需要获得$Q=100$的增益,因为触发器产生的能量脉冲很可能是一个效率极低的过程。你也许需要向触发器输入60兆焦的能量才能得到一个6兆焦的脉冲;并且,将聚变反应的能量转变成电能还会导致更多的损耗。$Q=10$的增益显然不足以获得利润。为了建成一座聚变电站,需要设计更好的燃料丸,或者"靶标",既能够在每次爆炸中释放更多的能量,又要能低成本地予以生产——一座商用电站对它有大量的需求。此外,对触发器也有苛刻的要求:它需要在仅仅几纳秒的时间里产生一系列高能脉冲;它需要从几米远的地方把能量聚焦在一个非常微小的点上——几毫米甚至更小,只有这样它才不会被爆炸所毁坏;它需要具有高能效和低维护成本,这样才不会有昂贵的运行费用;在电站30年的标准寿命中,它需要引发数十亿次爆炸来提供具有经济价值的电力产出。

纳科尔斯开始着手设计一个更加巧妙的方案,以便产生更高的增益。他的靶标最初只用很薄的金属壳来充当夯压层,它包裹在外面,并用一层铍作为烧蚀层;这种材料能吸收触发器辐射出的能量并朝外崩出,同时向内推动夯压层。这里存在一个由不稳定性所造成的问题:当夯压层在爆炸中向内移动时,夯压层截面或烧蚀层表面所受作用力的轻微不规则都会受到放大,最终导致夯压层破裂,使内部的压缩燃料向外逃逸。另一个问题来自夯压层本身。由于是金属,它比内部所装的氘-氚气体要重100倍左右。因此,触发器的能量就会消耗在夯压层上,而不是用于压缩燃料。

于是,纳科尔斯开始对另一种靶标进行模拟。靶标是直接用冷冻氘-氚燃料制成的空心球,完全没有夯压层和烧蚀层。在这里,触发器的辐射直接落在氘-氚球的表面;除了有一部分被崩飞外,小球本身充当了自己的烧蚀层。对于这种靶标,仅仅通过强脉冲使夯压层运动,然后再依靠它的动量来压缩燃料是不够的。在没有夯压层的情况下,他不得不从触发器中量身打造出一个延长的脉冲,以便让它保持推压。这个脉冲的功率一开始较小,但随后会随着靶标内爆压力的增加而提高。纳科尔斯还对内爆进行了处理,从而使压缩燃料的正中心变得最热,先触发那里的聚变燃烧,然后向外蔓延,将其余的氘-氚燃料全部烧尽。

利用这种聚变爆炸中所能产生的能量,纳科尔斯计算出,靶标必须非常便宜,每个不超过几美分。冷冻氘-氚球成本太高,因此他模拟了另外一种情况,试图用与滴管类似的方式创制出液态氘-氚滴。通过对触发器脉冲长度和形状的进一步微调,纳科尔斯能使压缩小滴的密度达到1 000克/厘米^3——约为铅密度的100倍,使它的中心温度达到几千万摄氏度。这是一项绝技,但仍然只停留在模拟阶段。

纳科尔斯的武器设计师同行们并不十分拿他的工作当真。他们把大量记录着他研究进展的内部备忘录称作“纳科尔斯的五分钱小说”(Nuckolls' Nickel Novels)。在武器实验室这个奇特的世界里,你的设计不会被认为有多少价值,除非它们变成了物质形式,被带到内华达(Nevada)或者南太平洋上的一座小岛上,并爆炸了。纳科尔斯无法测试他的这些设计,所以他的同行都把它们看成是科幻小说。

纳科尔斯这些方案中所缺少的关键部件是一个触发器,但是他正好蹚到了一件完美的东西上:激光。在过去几十年中,物理学家们一直在研究电磁辐射的受激发射,包括光和微波。受激辐射是在这种情况下发生的:原子核外的一个电子被激发到较高能级但却不马上跃迁回较低能级,而是短暂地留在那里;然后,如果出现某种特定波长的辐射,使那个电子在它的激发下跳回到低能级,那么它释放出的能量就会变成更多的辐射。但是,这种辐射已经不再是原来的辐射,而是对激励出它的电磁波的完美复制——同样的传播方向,同样的波长,完全相同的步调。研究者们意识到,如果能通过某种方式使大量原子中的电子处于升高的能级状态,那么,穿过它们的少量辐射很快就会引发更多的辐射,它们的波形和步调完全一致——这样的辐射被称为“相干”(coherent)辐射,非常有用。

1954 年,纽约哥伦比亚大学的查尔斯·汤斯(Charles Townes)与两位研究生一起,应用受激发射原理成功制成了微波放大器。他们用于激发的物质是氨气,并把自己的装置称为“maser”,即 microwave amplification by stimulated emission of radiation(基于受激辐射的微波放大)首写字母的组合。在苏联,莫斯科列别捷夫物理研究所的尼古拉·巴索夫(Nikolay Basov)和亚历山大·普罗霍罗夫(Alexander Prokhorov)也独立完成了同样的伟业。从那时起,用可见光产生同样效果的比赛开始了。在哥伦比亚大学,研究生戈登·古尔德(Gordon Gould)在 1957 年 11 月草草记下了关于光的受激发射的一些想法,包括一种开放式谐振器(open resonator)的关键思想——将受到能量激发的材料夹在两面反射镜之间,使光受到多次反射,激发出大量发射,并最终从一个小孔中逃逸出去,形成一束横截面积很小的相干光。古尔德具有伟大的先见之明,让一位公证人正式确认了自己想法的日期。同时,汤斯与贝尔电话实验室(Bell Telephone Laboratory)的阿瑟·肖洛(Arthur Schawlow)组建了研究团队。几个月后的1958年,他们为一个同类装置申请了专利,并发表了一篇描述他们想法的文章。巴索夫和普罗霍罗夫同样也接近了一种光学装置的发明,普罗霍罗夫在同一年独立发表了一篇文章,描述了开放式谐振器的概念。

古尔德在1959年的一次会议上报告了自己的想法,并且创造了"laser"(激光)这一名词,使用了与maser相同的格式,但突出了放大的是"光"(light)而不是"微波"(microwave)。他在四月份进行了专利申请,但却因为贝尔实验室的专利而被美国专利局驳回。这导致了一场长达28年的专利纠纷,并以古尔德获胜而告终。

但是,在1959年,几个竞争团队中没有一个幸运地制成过一台能够工作的装置。1960年5月16日,他们全都被西奥多·梅曼(Theodore Maiman)的获奖所击败。作为物理学家和电气工程师,梅曼的博士论文讨论的是受激氦原子的光学与微波测量。受汤斯和肖洛1958年论文的启发,他开始寻找一种适合的材料作为激光媒质。在马里布(Malibu)的休斯研究实验室(Hughs Research Laboratory)工作期间,梅曼选定了一种红宝石。他得到了一支红宝石棒,在它的两端装上反射镜,用小闪光灯将光输入其中,以创造必需的受激原子群。虽然由于闪光灯的寿命很短,红宝石仅仅产生了一些短脉冲,但是微弱的红色相干光束(波长为694纳米)却具有激光的全部特征。

梅曼在7月宣布了自己的突破,利弗莫尔的研究人员立即被吸引住了。现存光源的问题是:光束具有分散倾向,并且光的波长也分布在一个范围之内;所以,当你想把它聚焦到一点时,不同波长的光却会聚到不同的点上,光点因此变得边界模糊。激光光束像箭一样笔直,并且,由于它只含有一种波长,所以其中所有光的行为都相同,其能量也就能够被聚焦到一个很小的点上。

激光研究的发展变得丰富而迅速,全世界的科学家们都在尝试用新的激光材料和光输入方式产生不同波长的激光、演示极短的脉冲(这种脉冲将是聚变所需要的),并且更加重要的是,试图达到更高的能量。到1961年春天,事情已经变得十分清楚,总有一天,巨大的激光将会具备足够的能量,以触发辐射内爆。激光光束十分理想,因为激光器及其全部光学聚焦系统可以安置在爆炸范围以外的地方。

9月份,纳科尔斯向约翰·福斯特汇报了一种"热核发动机"(thermonuclear engine),福斯特现在已经成为利弗莫尔实验室的主任。他把它描述成"循环内燃发动机的聚变对等物",其中,聚变小丸"通过一系列微型的密封爆炸而燃烧"。纳科尔斯解释了激光如何会使这一切成为可能,并且在他备忘录的结束语中提出,"这种发动机的可能用途是发电……或者热核火箭。"无论纳科尔斯的计划具有多少优点,它来得都不是时候:不久发生的一些全球性事件表明,他不得不先把聚变发动机的梦想放到一边。

20世纪50年代,国际社会对迅速加剧的核武器竞赛以及来自核试验的放射性尘埃对大气的影响表现出越来越大的担心。1957年和1958年年初,美国和苏联开始呼吁暂停核试验。联合国召集了一个专家会议来调查,如果实施全面禁止核试验的条约,是否有可能检测到有国家作弊,或者暗中进行核爆炸。1958年8月,会议提出报告:只要在全球建立起一个由160个地震台构成的监测网,就能够确认各国遵守的情况。10月份,美国、苏联和英国——当时的三大核国家——开始在日内瓦就全面禁止核试验进行谈判,并同意暂时停止核试验一年。谈判在1959年继续进行,但是一个主要的胶着点是:在寻找秘密实验证据的过程中,各国对相互领土的核查究竟应该保持在什么样的程度上。国际关系日益紧张,到了这年年底,暂停试验的协议到期后并没有得到继续实施,尽管三个核国家谁也没有立即开始核试验。

1960年,法国在撒哈拉沙漠(Sahara Desert)进行了首次核试验,从而使局势变得更加复杂。5月份,又有一架美国U-2侦察机在苏联境内被击落,意味着谈判在那一年没有取得任何进展。1961年3月,约翰·肯尼迪(John F. Kennedy)政府决定重启谈判。但是,当美国和英国提出一份条约的草案时,苏联反对其中有关核查的条款。1961年9月1日,苏联重新开始了核试验,理由是愈加紧张的局势以及法国的核试验。但是,也许还应该存在另外一条放弃暂停协议的理由,因为就在两个月后的10月30日,苏联通过试验"沙皇炸弹"(Tsar Bomba)震惊了世界。到当时为止,这是威力最大的一颗核炸弹。

苏联军事战略家们的策略是,尽他们所能研制威力最大的氢弹,因为他们在洲际弹道导弹的研制上落后于美国。苏联的首轮打击能力依赖于远程轰炸机,它们既不够精确,也存在被炮火击落的弱点。所以,存在建造大型炸弹的理由。这样就可以让少数突破封锁的轰炸机造成尽可能大的冲击力,并且,假如它们偏离了目标城市中心数英里,该城市仍然会受到毁灭性的打击。

尽管具有这样的动机,但沙皇炸弹还不是一种实用的武器,而更多的只是向苏联的对手们显示力量。该装置高8米,直径2米,比在伊鲁吉拉伯岛爆炸的"香肠"要大,并且重达27吨。它实在太大,以至于苏联人不得不对TU-95V运输机进行特别改装,以便让它进行搭载。它采用泰勒-乌拉姆式的设计,用铀-238制成的夯压层包裹住聚变燃料,用聚变爆炸产生的中子去触发夯压层中的另一次裂变爆炸。从理论上来讲,这种设计可以创造出100兆吨(TNT当量)的爆炸。但是,作为减少放射性尘埃的尝试,试验用铅代替了铀-238,因此将爆炸威力降低到了50兆吨当量——但是,这仍然比第二次世界大战中使用过的全部常规炸弹加在一起的爆炸力要强10倍。

10月30日11:30左右,TU-95V将炸弹投放到了北冰洋上的新地(Novaya Zemlya)岛上。炸弹的降落通过降落伞得以减慢,以便给轰炸机及其护航机群留出时间撤离到四十五千米以外的安全距离。但是,冲击波还是使轰炸机的高度下降了1千米。火球可以从1 000千米以外看到,蘑菇云上升到7倍于珠穆朗玛峰的高度。55千米外的一个村庄被彻底摧毁;数百千米以外的城镇也遭受到严重损毁;远在1 000多千米外的芬兰和挪威的房屋窗户玻璃被震碎;爆炸产生的地震波在围绕地球3圈以后仍然能被地震仪测到。在当时所建造过的所有装置中,沙皇炸弹的威力最大。要想用常规炸药制造如此大的爆炸,所需要的TNT立方体的边长将会达到312米,大约有埃菲尔铁塔(Eiffel Tower)那么高。

在利弗莫尔,沙皇炸弹的爆炸就像在发出口令:"各就各位!"美国必须作出反应。经过几年的短暂暂停后,每个人都开始准备新的试验,纳科尔斯再也没有时间投入聚变发动机的研究。美国于1962年4月重启了核试验,随后是双方六个月的疯狂引爆。但是,核试验的复兴是短命的。谈判在第二年重新开始,美国、英国和苏联在8月5日签署了《有限禁止核试验条约》(*Limited Test Ban Treaty*),条约禁止大气、水下和太空中的核试验——于是试验转入了地下。在接下来几年中,纳科尔斯一直忙于核武器设计。但是,在利弗莫尔,并不是每个人都直接参与了这些努力。

与纳科尔斯在非核初级研究组一起工作过的雷·基德尔密切关注着激光的发展,最初关注的是休斯物理研究所的梅曼和其他人的工作,然后是其他地方的工作。休斯实验室的研究人员发明了一种能产生超短激光脉冲的技术，而随后美国光学公司(American Optical Company)的其他人则发现，你可以通过在玻璃中混入各种所谓的稀土金属(如钕)来产生激光。这比梅曼使用的红宝石要便宜很多，这也使得大型激光棒和激光盘的制造成为可能。

1961年晚期，基德尔进行了粗略计算，结果发现，利用一个具有10万焦且持续10纳秒的激光脉冲，可能就足以压缩并点燃少量的氘-氚燃料。次年4月，他到休斯研究所拜访了梅曼，与他讨论，在理论上是否有可能把激光的能量提高到几十万焦。在确定没有任何可知的障碍后，基德尔向福斯特汇报了他的计算结果。不久，他成为利弗莫尔实验室物理学部Q分部(Q Division)的领导，该分部专门研究电磁辐射与物质之间的相互作用。

基德尔和他的同事们开始沉浸在激光研究的世界里。按照真正的利弗莫尔风格，基德尔设计了新的模拟编码，最适合由激光触发的内爆。在1964年夏天，基德尔利用新的编码计算发现，要达到聚变点火状态，至少需要一个50万焦并持续4纳秒的激光脉冲。后来经过进一步的完善，估计值到1966年变成了300万焦和5纳秒。自基德尔在1962年的第一次计算以来，所需要的激光脉冲的能量已经增长了30倍，而持续时间却减少了一半。

20世纪60年代，科学家们花费了很长时间来研究激光及其光束如何与高能状态下的物质发生相互作用。这一时期研发出的关键技术包括产生超短脉冲激光的各种方法，具有“模锁”(mode locking)①和“Q-开关”(Q-switching)②之类的名称，另外还包括放大激光的方法。研究人员意识到，在用激光产生一个光束后，你可以

① 译者注：在激光器内不同振荡的纵模之间实现位相锁定，以获得规则的超短脉冲束的技术。

② 译者注：通过改变激光共振腔的Q值(输出激光功率与输入激发功率之比)，提高激光器输出功率和压缩激光脉冲宽度的技术。

让它继续通过更多产生激光的材料。既然物质中已经输入了能量,且其两端不带反射镜,因此光束在通过过程中就会聚集更多的光和能量。在理论上,一束激光可以通过几十个这样的激光放大器,从而将自身的能量提升到较高的水平。

基德尔团队测试了各种激光材料,以确定哪一种更适合聚变,并把范围缩小到两种材料上:气态碘和钕玻璃。最后,他们选择了钕玻璃,因为它比较容易加工。钕是一种理想的激光材料。它们可以用相对便宜的氙闪光灯来输入能量,并会在那一状态上停留100纳秒,具有充足的时间来形成或者放大激光脉冲。将钕掺入玻璃确实也会产生一些问题:玻璃的折射率,即偏折光线的能力会发生变化,从而降低光束的质量。所以,激光设计者们试图在自己的设计中尽可能少地使用玻璃。他们会用2.5厘米厚的钕玻璃片,通过其宽面将激光照入其中。比如,将16块这样的盘状玻璃排成一列,每块玻璃都与入射光束形成一个角度以防止反射,这样就制成了一个激光放大器。由于它们都具有一定的角度,所以这些玻璃片可以用闪光灯从边上进行能量输入。

到20世纪70年代,基德尔团队已经能够从钕晶体激光中提取一个能量为0.001焦的种子脉冲,然后将它通过一系列用1~2厘米厚的玻璃组合制成的放大器,产生出一个能量达到几千焦的脉冲——能量上增大了100万倍以上。

也是在20世纪60年代,事情已经变得很明显,利弗莫尔并不是“城里唯一的玩家”。它的姊妹实验室洛斯·阿拉莫斯实验室也在为聚变研究激光,包括使用二氧化碳和氟化氪之类的气体作为激光材料。那里的研究人员也在考虑把激光点燃聚变丸作为火箭推进系统的可能性。华盛顿特区海军研究实验室(Naval Research Laboratory,NRL)也启动了一个激光研究项目,以弄清它们在军事上可能会有些什么应用。1996 年,他们和激光领域的其他每个人都被一条新闻所震惊:法国研究人员用激光和钕玻璃放大器产生出了一个 500 焦的脉冲。当时美国的最佳水平还不到 10 焦。1967 年,海军研究实验室从法国实验室购进了 60 焦的棒状放大器并对它们开展研究,到 1971 年又购入了 500 焦的放大器。1967 年,海军研究实验室等离子体物理学的领导人阿兰·科尔布(Alan Kolb)在华盛顿听到了有关基德尔激光聚变研究的新闻简报。在确信海军研究实验室拥有比两个武器实验室更加先进的激光技术后,海军研究实验室的研究人员启动了自己的聚变研究项目。

然后,从苏联传来消息。微波受激发射的共同发明人尼古拉·巴索夫和一些同事曾用钕玻璃激光加热一些氘化锂样品,并测到了中子。尽管得到的中子数并不是很多,但这却是离子正在经受聚变的确切表现。巴索夫的报告并未指出靶标是用激光压缩的,只提到它在被加热。因此,利弗莫尔团队并不十分担心,在正在进行的这场激光聚变竞赛中,苏联人是否正处于领先地位。最让他们担心的是在实验室中传阅的一些档案:它们是一家商业公司的专利申请,申请的专利权是通过对燃料小丸的辐射内爆来实现激光聚变。美国专利局把专利申请送到利弗莫尔进行评审。如果他们的申请获得批准,那么,控制这项新技术的将是这家名叫 KMS 工业集团(KMS Industires)的公司,而不是把它看成是自己私有领地的那些政府实验室。

专利完成人是基恩·布吕克纳(Keith Brueckner),加利福尼亚大学圣迭戈分校(University of California, San Diego)的一位物理学教授。布吕克纳曾涉足的领域很多:他曾经担任过洛斯·阿拉莫斯实验室、国防部和原子能委员会的顾问;他还曾经研究过激光,并在 20 世纪 60 年代后期担任过原子能委员会的受控核聚变顾问,因为 10 年前他就在洛斯·阿拉莫斯研究过磁约束聚变。1968 年,原子能委员会曾邀请布吕克纳作为他们的代表出席在新西伯利亚召开的国际原子能机构大会。就是在这次会议上,列夫·阿尔齐莫维奇透露了T-3的实验结果,激起了一场托卡马克的竞赛。但是,布吕克纳去那儿并不是为了去了解托卡马克;派他去是为了让他了解其他国家在激光聚变方面正在做什么。他听到了苏联、法国和意大利研究人员的报告,并在之后的社交场合与他们混在一起。回国后,布吕克纳就自己在新西伯利亚所了解到的情况给原子能委员会写了一份报告。他已经对这一课题深感兴趣,并且与原子能委员会的不同官员进行过非正式的交谈,看看委员会是否会资助他开展一次更加深入的研究。他没有得到任何鼓励,这可能是因为原子能委员会已经支持了利弗莫尔和洛斯·阿拉莫斯在这一领域里的全部工作,尽管布吕克纳当时并不知情。

布吕克纳毫不气馁,转而向国防部提出申请,并获得了一份小的(保密)研究合同,以对聚变展开研究。他开始研究这样的想法:将来自一些强激光的光束聚焦到一只氘-氚混合物的小球上,将它加热到足以发生聚变的程度。通常情况下,等离子体受到加热后会迅速膨胀,但是由于自身惯性,膨胀的发生需要一定的时间。与相同的方案一样,他所依靠的是惯性时间能足够长,使等离子体达到聚变温度。所以,加热必须非常快,这就要求使用一个超短的强激光脉冲。由于对惯性的这种依赖,激光聚变常常被称为惯性约束聚变。

在不了解纳科尔斯模拟详情的情况下,布吕克纳仅仅只对触发聚变所需的这类脉冲进行了粗略计算。因此,在加州大学圣迭戈分校其他一些理论物理学家的帮助下,他编出了模拟编码,考虑了激光束所储存的能量、等离子体的热传导与热膨胀、冲击波以及聚变发生时会产生的任何效应。1969年,编码完成,他们开始进行一些模拟。让他们吃惊的是,编码预期,他们会产生数目巨大的中子,比他们根据其他人的工作所作出的预估高出几百倍以上。

他们详细分析了模拟的输出结果,并明白究竟发生了什么:激光脉冲并非仅仅只对等离子体进行加热,它同时还压缩小丸并对它加热。几乎是出于偶然,他们已经形成了使用放射内爆来触发聚变的想法。布吕克纳的计算表明,利用内爆有可能从小丸中获得多得多的能量;并且,他们还能利用仅仅几千焦的激光脉冲达到点火,比当时最高水平的激光所能产生的能量高不了多少。

正是在这个时间前后,KMS 工业集团的领导人基夫·吉普·西格尔(Keeve 'Kip' M. Siegel)开始介入。除所有的政府顾问工作外,布吕克纳前几年还在为 KMS 工业集团提供咨询;在他从国防部得到的聚变研究经费不足的情况下,西格尔的公司为他提供了追加资金。布吕克纳把自己的模拟结果告诉了西格尔,这位工业家显示出极大的热情,决定 KMS 工业集团应该参与此事。

吉普·西格尔是美国科学企业界的精英。作为科班出身的物理学家,他在密歇根大学安娜堡分校(University of Michigan at Ann Arbor)担任过电子工程教授。他在那里的主要工作涉及利用雷达来辨认飞机和导弹。他为自己在雷达和电子光学领域所作的一些发明申请了专利,并于 1960 年成立了一家名叫"光电导摄像管"(Conductron)的公司,开始对它们进行市场推广。在六年时间里,他把公司变成该地区最大的企业之一,最后用 400 万美元将它卖给了麦克唐纳·道格拉斯(McDonnell-Douglas)公司。之后不久,他组建了 KMS 工业集团,通过购买其他小型高科技公司将它建设成为一个全国性的企业集团。

1969 年春天,布吕克纳同西格尔前往华盛顿,拜访了原子能委员会研究部的领导人保罗·麦克丹尼尔(Paul McDanniel)。由于这个项目中的一部分工作曾得到 KMS 工业集团的支持,他们问麦克丹尼尔,是否可以把将要告诉他的消息作为专利所有人的秘密。麦克丹尼尔回答说,如果是这样,他们就应该先离开这里,并在同原子能委员会的任何人交谈之前先申请专利。因此,他们回到了加利福尼亚。布吕克纳写出了他所得到的结果,并在当年夏天提出了他的第一项专利申请。

那个夏天的晚些时候,布吕克纳在佛罗里达(Florida)的西棕榈海滩(West Palm Beach)参加了一个会议。原子能委员会安全部门的负责人造访了他,告诉他,他在激光聚变方面正在进行的研究涉及保密的武器设计工作,他被禁止开展任何进一步的实验和模拟,禁止与任何人谈论自己的工作,甚至禁止进行任何书面计算。布吕克纳不久了解到,作为常规,国家专利局已经把他的申请书送到了利弗莫尔、洛斯·阿拉莫斯和原子能委员会。申请书的内容引发了震动,因此,原子能委员会才强行对他未来的任何工作进行取缔。

原子能委员会的反应只是让西格尔进一步确信,他们触及了重要的事情。他让自己的律师与原子能委员会谈判,最终达成一个折中方案,只让布吕克纳一人独自继续开展激光聚变方面的研究工作。从那年秋天一直到1970年春天,布吕克纳继续自己的理论研究工作,起草了更多的专利申请,总数最终达到了24项。他对原子能委员会的严苛限制感到愤怒,提出了尽可能多和尽可能广的专利诉求。同时,西格尔的律师们则继续对原子能委员会进行游说。最后,在那年春天,KMS工业集团被允许继续开展激光聚变方面的工作。然而,研究仍然属于保密范围,必须处于政府管控之下;KMS工业集团不会得到政府的任何资助,得不到原子能委员会的研究结果,并且不能雇用该委员会的前雇员。

西格尔认为,这项工作可以凭借KMS工业集团自己的资源以及其他工业伙伴的帮助加以开展。布吕克纳和他在圣迭戈的同事们继续开展理论研究工作,而西格尔则开始制订计划,并于1971年春天宣布，他们将在安娜堡成立一个实验室，并通过出售 KMS 工业集团的一些分部来筹集资金。为了吸引布吕克纳，西格尔向他许诺，他将从该项工作所获的任何收益中分得较大份额。于是，布吕克纳从加州大学圣迭戈分校辞职，来到了密歇根州。

激光聚变的比赛开始愈演愈烈。有证据表明，巴索夫同他在列别捷夫物理研究所的同事们已经发现了聚变靶标内爆的重要性，与此同时，美国的一些大学团队也加入进来。这是摩西 · 卢宾（Moshe Lubin）脑力劳动的产物，此人是一位以色列研究人员，于 20 世纪 60 年代初来到美国，在康奈尔大学（Cornell University）学习空气动力学工程。1964 年，他加入了纽约州罗切斯特大学（Rochester University, New York State）力学与空间科学系。卢宾对迅速发展的激光科学感到痴迷，尤其是通过聚焦激光来获得高密度能量的可能性及其可能对物质产生的作用。他所在的力学与空间科学系是一块沃土，因为那里已经有人对等离子体物理感兴趣，大学里还有一个光学研究所。罗切斯特大学还是伊斯特曼-柯达（Eastman-Kodak）照相机公司的老家，可以为他们提供硬件，以用于激光研发以及激光与物质之间相互作用的研究。

到 1970 年，卢宾和他的同事们相信，激光能够将等离子体加热到足以点燃聚变的程度。秋天，罗切斯特大学建立了激光能量学实验室（Laboratory for Laser Energetics, LLE），由卢宾出任主任。卢宾在 1971 年发表在《科学美国人》（*Scientific American*）的一篇文章中提出了自己的宣言，对用钕玻璃激光加热聚变靶标进行了描述。他预言，用一个小于 1 兆焦的激光脉冲就可以实现能量收支平衡，甚至描述了通过一厚层液态锂内壁来吸收中子的反应堆真空室。那一年，激光能量学实验室开始了德尔塔（Delta）激光器的研制工作。它可以产生一束由四支分离光束组成的 1 000 焦的激光，是为开展聚变实验而设计的。

利弗莫尔的研究人员知道,他们必须对所有这些竞争作出反应,但原子能委员会和实验室官僚机构的缓慢动作阻碍了他们的行动。纳科尔斯现在有更多时间离开武器设计工作,再次参与聚变靶标的设计。同他合作的是泰勒年轻的徒弟洛厄尔·伍德(Lowell Wood),他们对实验室和原子能委员会进行了艰难的游说,要求加速激光聚变的研发,以1万焦激光作为努力方向。来自苏联的报告表明,那里的研究人员已经用集束激光完成了内爆,而罗切斯特大学和新近建立的KMS聚变实验室的团队已经开始建造相同的激光器。尽管利弗莫尔的研究人员已经展开过大量的模拟,并就各类激光系统的性质开展了研究,但是他们还没有向聚变靶标发射过一次脉冲。

纳科尔斯和伍德倾向于建造钕玻璃激光器,以产生波长为百万分之一米(1微米)的红外激光。在洛斯·阿拉莫斯,有人正努力推进二氧化碳气体激光器的研制和建造,其波长为10微米。虽然这些激光器比钕玻璃具有更高的能效,但人们相信,激光波长越短越容易受到靶标的吸收,在脉冲触发期间受等离子体爆炸影响的可能性也越小。包括基德尔和泰勒在内的一些人认为,眼下对于高能激光的了解还十分不足,所以应该放慢研究进度。但是,实验室管理层看到,激光在武器物理学和其他军事与工业应用中具有更加广泛的用途,所以,他们支持该项目的进行。1973年初,该项目获得原子能委员会的支持,激光器的建造开始了。

与此同时,原子能委员会也允许武器设计实验室对正在开展的激光聚变工作进行部分解密。纳科尔斯强烈要求,对他关于直接用激光触发裸露的氘-氚液滴的方案进行解密。他强调,由于没有用到黑腔,所以这样并不会泄露任何有关武器设计的秘密;加工精密聚变靶标的细节也不会被泄露,因为其中所需要的一切只不过是一根滴管。原子能委员会对此予以默许,这就为1972年在蒙特利尔(Montreal)举行的国际量子电子学(International Quantum Electronics)会议铺平了道路。在会上,纳科尔斯、伍德、泰勒和来自利弗莫尔的其他人员报告了许多此前受到保密的材料。巴索夫带领苏联科学家代表团参会,其他小组也讨论了他们的工作。会议使激光聚变得以向更加广泛的科学界听众开放,与1958年日内瓦会议对磁约束聚变研究者所起的作用相同。同年9月,纳科尔斯在《自然》杂志上发表了一篇现在也十分著名的文章,透露了直接触发裸露液滴设计的更多细节以及其他一些解密信息。对全世界的许多科学家来说,这是他们读到的第一篇有关激光聚变的详细介绍。

利弗莫尔为它迅速扩大的激光项目招来了新人,包括来自海军研究实验室的约翰·埃米特(John Emmett)。此人是钕玻璃激光的专家,将成为该项目的负责人。首先,在1972年,他们建造了100焦的赛科罗普斯(Cyclops)[①]激光器,以便在高倍激光放大方面获得更多经验。他们不得不克服诸多困难,包括闪光灯的爆炸以及落在放大器玻璃盘表面上的灰尘——高能激光束会对灰尘加热,这反过来又会对玻璃盘表面造成损坏。接着,在1974年,又诞生了20焦的杰纳斯(Janus)[②]。它的能量虽然低于赛科罗普斯,但却具有短得多的脉冲宽度(0.1纳秒),能与靶标的内爆时间相匹配。不久,他们又为它加上了另一个激光束,使总能量达到了40焦。大概就在这个时候,项目得到的经费迅速增加,部分原因是“赎罪日战争”以及随后

① 译者注:Cyclops的意思是独眼巨人,指的是希腊神话中居住在西西里岛上的三位风暴之神——雷神(Brontes)、电神(Sterops)和霹雳神(Arges),它们都是独眼巨人,只有额头正中有一只眼睛。

② 译者注:Janus是罗马神话中的门、门道、走廊与终结之神,长着两张方向相反的脸,一张看向过去,一张看向未来。

的中东石油禁运。第一次石油危机之后,经费源源不断地流入能量研究项目。尽管激光聚变从未被贴上能源项目的标签,更多的资金却通过防卫预算流入其中。

尽管政府实验室掌握着更多的资金与资源,他们却没能第一个观察到用激光内爆靶标所得到的中子。这项大奖落到了KMS聚变实验室的头上。布吕克纳已经度过了令其抓狂的三年,从零开始建起了自己的实验室。他雇用了80名科学家和技术人员,按照自己的特殊设计从通用电气公司(General Electric)订制了激光器,改建了西格尔在安娜堡为他提供的实验楼,完成了激光器的安装。他的团队提出了一个聪明的靶标制备方案。他们用玻璃制成外壁极薄的微型小气球,为了向其中充入氘-氚燃料,他们把微型气球浸没在两者的混合气体中,让气体处于50个大气压以上的高压状态,并将它加热到500摄氏度的高温。玻璃在高温状态下具备了可穿透性,氘-氚气体可以扩散到其中。然后,他们对这些气球进行冷却,燃料就被封入其中。如果需要,还可以将这些小丸的温度降到极低,使气体受到浓缩,在玻璃丸内部形成一薄层氘-氚冰。与此同时,西格尔一直不知疲倦地为研究筹集经费。他对聚变充满了狂热。他谈到小得能够塞入一座车库的聚变反应堆,就可以为一个小社区提供所需的全部电能。为了炫耀KMS聚变实验室的高超技艺,他在华盛顿的游说者们还散发出一些小药瓶,每个瓶子里都装有1 000万个微型气球。他从英国的博马石油公司(Burmah Oil)筹集到800万美元,又通过抛售KMS工业集团的更多分部筹集到了另外2 000万美元。但是,事实证明,在西格尔的牛皮变成真实结果之前,很难再说服其他投资者加入其中。

1974年,他们开始用通用电气公司新制造的激光器轰击他们的玻璃靶标,得到了一些结果。由于他们仅有一台激光器,布吕克纳的团队使用了两面特别设计的椭圆球面反射镜,以便使光能够均匀分布在靶标球上。激光脉冲以100焦的能量在0.3纳秒内发射,将氘-氚燃料的密度压缩到其正常密度的10倍,变成了固体状态;并且,让团队高兴的是,其中产生了大量中子,单发结果常常达到700万个。对于他频繁发布的进展报告,新闻界和科学家们早已感到厌倦,怀疑已经在蔓延。中子的实验结果正好可以平息这些批评。

尽管KMS聚变实验室的结果准确无误地表明产生了聚变,但距离产生有用数量的能量还有相当的距离:每个靶标必须产生1 000万个中子,才能刚好与激光脉冲达到能量收支平衡。但是,这对激光聚变原理却是一次重要的证明,因为到这个时候为止,这样的操作在美国还只在计算机模拟中存在过。那一年,原子能委员会再次对保密进行了稍许的松动,以至于研究人员能够公开谈论空心靶标以及纳科尔斯的裸滴模型。结果,布吕克纳参加了10月份在新墨西哥州阿尔伯克基举行的美国物理学会会议,被获准描述了他的实验,并受到同行们的赞扬。让来自利弗莫尔的研究者泄气的是,这位商界暴发户在被一些人称为"中子赛马"的比赛中似乎保持领先。更加让他们受伤的是,1975年年初,原子能委员会被解散,能源研究开发署(Energy Research and Development Administration,ERDA)接管了其研究部门。到3月份,能源研究开发署就给予KMS聚变实验室一份价值35万美元的合同来开展研究,替利弗莫尔的研究人员验证他们的计算机模拟。

尽管出现了这些尴尬,利弗莫尔团队还是取得了一些进展。他们的杰纳斯激光器正开始产生结果,它使用了两束激光,能从两个方向瞄准靶标。同时,罗切斯特的激光能量学实验室已经建成,眼下正在运行它的新激光器。这个激光器被称为德尔塔,共有四个光束,能产生能量为1 000焦的脉冲。现在,在两所实验室以及KMS聚变实验室,他们经营多年的模拟和预言正在接受实验这一严酷现实的检验——并且他们正不断得到一些令人不快的惊异结果。首先是等离子体的不稳定性:当激光光束击中微型气球靶标上的物质时,从其表面击飞的物质会形成等离子体云,它与光束之间以无法预测的方式发生相互作用。等离子体会使入射光束发生散射,使得一些激光能量无法被用到内爆靶标上。激光光束还会加热等离子体中的电子,而超热的电子又会穿透微型气球,在内爆开始前加热燃料——高温燃料比低温燃料更难压缩。

泰勒已经预料到可能会出现这样的问题。20 世纪 60 年代末,他在利弗莫尔听取了一位激光聚变研究人员的报告,其中描述了光束如何在靶标周围形成一层等离子体。随着解释的展开,泰勒脸上的愁云越来越浓。泰勒曾亲身参与过磁约束聚变的早期研究,知道等离子体有多诡异。“等一下,等一下! 你是在说激光聚变涉及真正的等离子体物理学吗?”泰勒问道。“是的,先生,确实如此。”报告人回答道。“好吧,”泰勒说,带着一种失望的神情,“那这将是行不通的。”

在遇到这种真正的等离子体物理学问题时,这些研究团队的研究人员得出结论,认为他们需要更强的光束,以克服等离子体的能量耗散效应。更强的光束意味着更大的新激光器。他们正在使用的激光器——德尔塔、杰纳斯等,都已经是大装置了,它们的主激光器、多级放大器、调控光束的光学系统以及靶标室,每一部分都得占用一个大房间。下一代激光器将需要专用实验楼,要花费几千万美元。在罗切斯特,卢宾想用具有 24 个光束的钕玻璃激光器欧米伽(Omega)代替德尔塔,但经费将是一个问题。此时的激光能量学实验室一直得到所在大学、工业界资助商以及纽约州的经费支持,但是欧米伽需要得到联邦政府的资助。

与它的前身能源委员会不同,能源研究开发署具有开放的眼光,希望开展项目研究的不仅有国家实验室,而且也有工业界和大学。罗切斯特把这看成是一次登门入室的机会,并从政府经费上分得了一块蛋糕。国会原子能联合委员会第一次召开了一个特别会议,专门讨论惯性约束聚变以及如何为它划分能源研究开发署1976财政年的预算。通过在华盛顿的运作,罗切斯特大学为卢宾赢得了一个在委员会面前答辩的机会,好让他为争取欧米伽的经费进行宣传。但是,将会有许多人来参与经费竞争。利弗莫尔已经开始了一台新型钕玻璃强激光器的研制工作,也就是具有20个光束的希娃(Shiva)[①]。其他国家实验室肯定也要提出要求,KMS聚变实验室也将如此。

1975年3月13日下午2:00,参议员约瑟夫·蒙托亚(Joseph Montoya)宣布特别会议开始。他一开始就提醒委员会,说总统的1976年预算申请要求为聚变研究提供2.12亿美元,其中1.44亿用于磁约束聚变,0.68亿用于惯性约束聚变。他还指出,从20世纪50年代该项目开始以来,美国政府在聚变研究上总共已经花费了大约10亿美元。他继续提到:

> 我们知道,仅仅在发现裂变过程的3年后,费米就在第一座反应堆的研究上取得了关键性进展。我们赞赏把美国人送上月球又带回家的工程奇才,但是我们也承认自然母亲一直很不愿意透露和平利用热核聚变的秘密。这就是为什么联合委员会和国会一直愿意支持聚变研究的两种不同途径。
>
> 在我看来,继续的支持必须以小心且稳扎稳打的研究项目为依托。到现在为止的经验已经表明,对于受控核聚变不存在快速的解决方法。

在听取了这些劝诫之词后,特别会议开始听取恩斯特·格雷夫

---

① 译者注:这个名字取自印度神话中的毁灭之神,中文通常称之为湿婆。

斯(Ernst Graves)的报告。他是能源研究开发署军事应用分部的领导人,负责对惯性约束聚变的资助工作。格雷夫斯指出,到目前为止,有六个实验室已经实现了燃料丸的内爆,其中一些还检测到中子。这六个实验室包括利弗莫尔、洛斯·阿拉莫斯、罗切斯特的激光能量学实验室以及KMS聚变实验室,另外还有法国和苏联的一些实验室。然后,他列出了通过合理水平的资助,该项目应该能够达到的一系列里程碑。其中包括:在1977—1978年,实现"有重要价值的热核燃烧"——换句话说,就是一次有几个百分比的氘-氚燃料实现聚变的内爆;在1979—1981年,实现"科学的能量收支平衡"——输出能量等于激光脉冲的能量;1981—1983年,实现"净能量增益"。他预期,如果这些里程碑能成功达到,那么,到20世纪80年代中期,一个"测试系统"应该能够开始运行;到20世纪90年代中期,就应该会出现一个"示范性商业电厂"。但是,他说,通向那里的关键是激光的能量。"整个项目前进的步伐取决于激光研发与建造的速度,而这又取决于人的独创性以及资助的水平。"格雷夫斯告诉委员会。

接着发言的是洛斯·阿拉莫斯和利弗莫尔实验室的主任,前者描述了他们的二氧化碳气体激光器,后者则讨论了希娃。桑迪亚实验室(Sandia Laboratory)主任报告了他们用电子束取代激光束触发聚变的工作。他的实验室正规划建造一台新加速器,以验证电子束聚变的可行性。然后轮到了摩西·卢宾。他强调了激光能量学实验室到当时为止已经取得的成果:在内爆实验中达到了30倍固体的密度、检测到了中子,以及研制出了世界上唯一一台能够产生能量大于1 000焦并且时间短于1纳秒的脉冲激光器。而这一切的取得都没有依赖于联邦资助。

为了进一步达到能量收支平衡,激光能量学实验室要建一台能发射10 000焦脉冲的激光器。卢宾估计这需要6年和4 000万美元的花费:来自工业界资助商的2 400万美元用于新设施的运行;来自纽约州的600万美元用于实验室建造;并且,他建议,来自能源研究开发署的1 000万美元用于激光器本身。与来自两个国家实验室的报告以及他们仍处于半保密状态的研究不同,卢宾描绘了一幅开放性研究设施的图景,来自全国的研究者都可以前来使用。他把罗切斯特在激光聚变上的地位同普林斯顿在磁约束聚变上的地位相比,指出,"具有探究气氛和雄厚研究支撑能力的一流大学应该被合乎逻辑地选定为一个大型开放研究设施的所在地";在激光聚变的早期基础性研究阶段,这样做是完全适合的。卢宾冒了一个极大的风险:这个领域的主导者是那些庞大而具有影响力的武器实验室,并且受到的支持来自能源研究开发署军事应用分部;而他却在高谈阔论,认为它最主要的研究设施之一应该被安置在一所开放、学术氛围浓厚的大学之中。

最后一位发言者是吉普·西格尔。西格尔已经被逼到了死胡同。到这个时候为止,他已经为KMS聚变实验室花费了2 000万美元,狠心拆散了母公司KMS工业集团近42个分部来支付安娜堡这座实验室的高昂费用,那里在当时已经成为激光聚变领域中的世界领先机构之一。但是,与他们在利弗莫尔和罗切斯特的对手们一样,布吕克纳和KMS聚变实验室团队已经发现,压缩聚变靶标比他们预想的要复杂得多,而克服由激光-等离子体相互作用引起的不稳定性则需要更大和更加昂贵的激光器。布吕克纳不知道西格尔如何支付得起,所以,在1974年秋天,他就离开了KMS聚变实验室,回到了加州大学圣迭戈分校。西格尔现在既没有关键科学家,也没有钱来与政府资助的聚变实验室相抗衡。他真的需要露几手,而他正是这样做的,尽管大多数人并没有记住他那天下午的证词。

作为一位天然的自我推销者,他一开场就说,自己并不是到这里来谈论激光聚变项目的,全体参会人员一下子都被震住了。“我今天要谈的是这样一种可能,也就是在1979—1980年建成一座试点火工厂,利用激光聚变反应生产氢气或者甲烷。我们展望在1985年向管网输送甲烷,开始补充那时将会存在的天然气不足。”他说。西格尔告诉委员会,像所有竞争者一样,KMS聚变实验室早已假定,用来自一座聚变反应堆的全部高能中子要做的一件事,就是将它们用于发电。他说,当德克萨斯天然气传输公司(Texas Gas Transmission Corporation)的老板找到他,并问他“你能用聚变做点什么来生产天然气吗?”时,他们已经越过了这一“精神障碍”。德克萨斯天然气传输公司正面临着天然气储量下降的难题,因此正尝试寻找一种替代能源,以便从它已经安装的所有管线中受益。据西格尔说,KMS聚变实验室已经做了一些实验,并且已经发现了一种利用中子生产氢气的途径。这些氢气可以用来制造甲烷,其成本只有煤炭气化类天然气合成方法的一半。

西格尔没有提供自己技术的细节,但是,假如将聚变中子的应用目标指向一种化学过程而不是发电,那么,你可能就无需如此高水平的能量增益来使该过程变得可行。这或许就能解释西格尔极具进取心的时间表,就是要在四到五年内建成一座示范性工厂。他要求能源研究开发署为工厂建设提供6 000万美元的资助或者贷款,作为对KMS工业集团1 500万以及德克萨斯天然气传输公司4 000万美元投入的补充。在证词接近结束时,西格尔突然在一句话中间停住了。听众鸦雀无声地等着他继续,但他只嘟囔了一声“中风”就倒了下去。特别会议暂时中止,救护车把西格尔送到了乔治·华盛顿大学(George Washington University)附属医院。他死于次日凌晨5点,他在私有部门实现聚变发电以及用中子生产天然气的梦想也伴随着他一同死去。KMS 聚变实验室继续在该领域开展工作,但它在激光聚变方面已不再是一位大玩家了。相反,罗切斯特赢得了自己所寻求的资助。一年以后,1976 年 4 月,欧米伽激光大楼开工建设的奠基仪式正式举行。

那年春天还发生了另外一个事件,随着时间的推移,它也将对激光聚变的研究产生深远影响:另一个禁止核武器试验的国际条约。各国已经被限制只能进行地下核试验,但是,当年 3 月生效的《核试验当量禁止条约》(*Threshold Test Ban Treaty*)要求停止任何大于 15 万吨当量的试验。实际上,这就是不允许再设计任何达到兆吨当量级的核武器,甚至也不允许去检验达到这样等级的已有核武器是否有效。

进行核爆炸的理由之一是测试爆炸对卫星、弹头以及其他军事器件的影响。五角大楼预期,政治家们最终会就全面禁止核武器试验达成一致,因此在当时把数以百万计的美元倾倒向能够模拟核爆炸辐射的大型设施——包括质子加速器、核反应堆以及电磁脉冲激发器。这些设施的问题在于,它们每个只能模拟一种辐射,诸如 X 射线、γ 射线或者中子等。他们所需要的是某种能够一举产生全部辐射的设施,就像是一次真正的核爆炸——某种类似于微型核武器的东西。

15 年前,利弗莫尔的设计者们曾经嘲弄纳科尔斯关于激光聚变的想法。现在,他们开始对它表示出兴趣。激光聚变的微小爆炸确实像是一颗微型氢弹,会产生一颗全尺寸炸弹所能产生的所有辐射。为了在合理的真实条件下测试军事器件的抗辐射性能,他们所必须做的一切就是在聚变设施的聚变室内放一个小舱,并把要测试的军事器件安放在其舱壁上。爆炸甚至无须达到高能量增益,所需要的全部产物只不过是大量中子以及高能辐射。此外,微型爆炸能被用来对原子弹爆炸的“武器物理学”进行实时研究,并为验证设计者所使用的计算机模拟提供真实数据。在1974年的最后几个月里,原子能委员会发动了对激光聚变前景的第一次研究。研究所得出的结论在1975年3月被移交给能源研究开发署,其中建议对激光聚变技术进行“大力发展”,并且国家研究项目应该从国家实验室扩展到工业界和大学。但是,该研究同时也得出结论,认为在激光聚变能够成为一项可靠的能源之前,还有许多困难需要克服。专家组指出,更加有可能的是,至少从短期来看,激光聚变在核武器模拟中会被证明十分有用。从这时起,激光聚变研究就被永远地画上了一个问号:它究竟是一个能量项目,还是一个武器项目?

利弗莫尔的希娃激光器在1977年完成组装,并在投入使用的第一年中就被慢慢提升到1万焦的满能量负荷。尽管激光器取得了成功,但是把激光能量输入一个微型聚变靶标并没有表现得像计算机模拟所预示的那样简单。第二年,罗切斯特大学开始将刚刚投入使用的欧米伽的六线束激光用于一种验证设计的组合装置,他们称之为泽塔(Zeta)。那里的研究者不久也遇到了同样的问题。除了在早期低能量实验中遇到的激光-等离子体相互作用外,另一个问题也突然出现:一旦内爆开始,小丸内部的燃料就不想待在里面,而是会习惯性地冲破燃蚀层,沿着难以预测的方向喷射而出。

这种现象被称为瑞利-泰勒(Rayleigh-Taylor, RT)不稳定性,可以通过想象一个装有一层水和一层油的碟子来加以理解。这是一种不稳定的状态,因为水是密度较高的液体,在重力作用下会自然地停留在底部,但是油却挡住了它的去路。两层液体也可以保持原来的位置,但是,只要水层中的任何地方出现一点波纹或者短暂的不规则,油的"指头"就会向上戳穿它,水中也存在相同的下钻运动,两层液体会很快交换位置。在一个内爆中的小丸里,较密的燃蚀层相当于水,而氘-氚燃料相当于油,所施加的力是内爆触发器。研究人员所想要的是,让这样头重脚轻的排列保持住,直到燃料压缩完毕。但是,这就要求不能有任何的不规则性——无论是在燃蚀层中,还是在触发器所施加压力中,否则,不规则性将给燃料一个爆发出来的机会。

使燃蚀层绝对光滑和对称只是一个更好地进行加工的问题,而要使触发器绝对均衡则要复杂得多。随着激光设施越变越大,它们发出的光束也就越来越多。希娃号称能发出 20 个光束,而罗切斯特的欧米伽则会有 24 束。这就意味着,它们能从多个方向将光束打到靶标上,以达到一个总体均衡的覆盖。但是,这还不足以防止瑞利-泰勒不稳定性的出现。如果你想象自己看着一束向你直射而来的激光的末端,由于各种光学效应,光束在横截面上不可能具有均匀的密度;当光束被聚焦到靶标表面而成为一个微小的光斑时,这样的不均匀性就会引发瑞利-泰勒不稳定性。

利弗莫尔对瑞利-泰勒不稳定性的回答是使用黑腔,也就是像微小的锡罐头盒那样的辐射箱,仿照的是氢弹上使用的那种大得多的黑腔,因为这样你就完全没有必要将激光束打到靶标上。在聚变实验中,黑腔只有铅笔头上的橡皮那么大,用金之类的重金属制成。黑腔两端留有小孔,球形聚变小丸被固定在黑腔中央。在一次激光照射中,光束从两端的洞口沿一定角度射入,使它们不碰到小丸,而是打到黑腔的内壁上。激光将黑腔里的金加热到很高的温度,以致发射出 X 射线;正是这一过程会将小丸的燃蚀层崩出,引起燃料内爆。这里的基本想法是,由激光到 X 射线的转换能抹平激光光束中的任何不均匀。但是,这种被称为间接触发的技术确实具有缺点。首先,圆柱形的黑腔并不对称,所以在选择小丸的安置点时要特别小心,以便使靶标能够均匀地受到X射线的照射。它的效率也很低:激光的许多能量在由光转变成X射线的过程中会被耗散掉。并且,间接触发也无法解决热电子问题以及等离子体与入射激光束之间的相互干扰,只不过现在捣乱的是从黑腔上崩出的等离子体。尽管存在这些问题,利弗莫尔的研究人员还是对黑腔开展了几年的研究,对它们进行了解,相信自己能够让它正常工作。

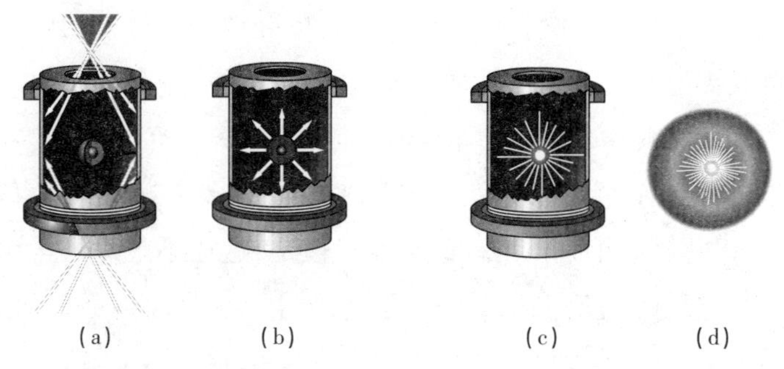

(a) (b) (c) (d)

(a) 激光束迅速加热黑腔内壁。

(b) 来自黑腔的X射线造成了一种火箭式的崩飞,压缩小丸中的燃料部分。

(c) 在内爆的最终阶段,燃料核的密度达到铅的20倍,在温度达到100 000 000开的时候被点燃。

(d) 热核燃烧迅速蔓延压缩燃料,所得到的能量超出输入能量的许多倍。

国家点火装置所用的间接触发:192束激光如何触发聚变反应。

相反,罗切斯特的研究人员大部分具有光学和激光方面的背景,而不是武器设计背景,因此,他们的倾向是尝试解决激光光束的不均匀性问题。直接将激光光束打到靶标上——被称为直接触发——更加简单并且能效更高,因为光束中的大部分能量都进入到内爆之中。结果,美国的激光聚变界分裂成了两派,直接触发派以罗切斯特和海军研究实验室为首,而利弗莫尔则成了间接触发的捍卫者。

为了克服激光-等离子体相互作用以及热电子等问题,研究人员开始意识到,他们所需要的是波长更短的新激光。法国的实验已经表明,具有较短波长的激光光束能被靶标更好地吸收,也能减少电子对燃料的提前加热。罗切斯特开始齐心协力,以发现其他类型的激光;但是,没有一种是能够产生高能量、短脉冲和短波长的全能结合体。

然而,在1979到1980年间,罗切斯特的研究人员得到了一个次优结果:一种把钕玻璃激光的红外光波长变短的方法。他们使用了一种叫作磷酸二氢钾(或者称为KDP)的晶体,它具有一种非常有用的性质:如果一束光射入其中,磷酸二氢钾的结构将与光束中的光子发生相互作用,使两个光子合并,产生一个能量加倍并因此波长减半的光子。这种现象仅仅在一些晶体中发生,需要高强度的光,所以直到1961年才被观察到,正好就在发现激光之后。这样,罗切斯特激光聚变实验室的研究人员就能实现一种转换,把来自他们钕激光器的1.054微米的光转变成0.527微米的可见绿光。但问题是,这样仅仅能把43%的光束能量转变成较短的波长。不过,罗切斯特的理论物理学家想出了一个更加精巧的方案。在第一次转变后,他们让新的绿色光束和未转换的红外光束再次穿过第二级磷酸二氢钾晶体;在这里,不同光子相互结合成新光子,其能量为最初光子的3倍,因此波长变为原来的三分之一,即0.351微米,落到了紫外区域。研究人员发现,假如以特殊方式精心调整晶体和偏振的方向,他们就能将原光束中80%的能量转化为紫外光。

这让人看到了新的可能性,激动人心。激光能量学实验室的实验人员开始研究,用紫外光充当触发器效果如何。但是,不久他们的首脑就要另谋高就了:激光能量学实验室的领导和幕后推手摩西·卢宾辞职,去了工业界工作。激光能量学实验室主要的资助公司俄亥俄标准石油(Standard Oil of Ohio)为他提供了研究副总裁的职位,这份充满诱惑性的工作实在令人难以拒绝。杰伊·伊斯门

(Jay Eastman)成为激光能量学实验室的新主任,他曾经是领导欧米伽激光器建造的主任工程师。但是,1982年底,他也辞职去开办了一家制造条形码扫描仪的公司。就在发现了一种显示出如此诱人前景的技术时,实验室的管理层却陷入了动荡。

从他们利用紫外光所做的实验结果来看,罗切斯特开展的激光聚变实验不会有任何出路,除非他们为新欧米伽激光器的24束激光再加上一层磷酸二氢钾晶体转换系统。1977年,能源部从短命的能源研究开发署那里接管了激光聚变的管理权。回到能源部去承认,说他们崭新的欧米伽激光器并没有达到预期的功能,而需要加装一个昂贵的波长转换装置,这实在是一件令人难以启齿的事情。经过大量谈判,能源部最后同意用三年时间来进行阶段性改装,但却坚持,实验室必须采取一些严厉的节约措施。随着对24束激光器改装的开始,实验室管理层不得不裁减实验室20%的员工——对于短小精悍的激光能量学实验室团队来说,这实在是一个十分令人不快的过程;一些人认为,实验室已经不可能恢复元气了。

从整体上来看,激光聚变也走到了艰难关头。在石油危机的刺激下,它在20世纪70年代拼命扩张,在那个十年中美国政府投在该领域的资金达到了10亿美元。但到了20世纪80年代初,情况已经大不相同:不仅石油很便宜,并且那些成功实现了靶标内爆的实验室也没有显示,在近期有实现能量收支平衡的任何可能。1975年,格雷夫斯将军曾向国会预言,将在1980年前后实现这一目标。现在看来,这是一种毫无希望的乐观。1981年,政府为激光聚变研究提出的预算请求第一次出现下降。

1983年初,罗伯特·麦克罗里(Robert McCrory)被任命为激光能量学实验室的主任。作为洛斯·阿拉莫斯的前工作人员,他在1976年欧米伽激光器建造开始时就加入了激光能量学实验室。在他上任之后几个月,将第一组六线束激光转变为紫外光的工作宣告完成。到1985年秋天,24线束激光的转换也全部完成。现在,研究人员必须利用新的短波长光源再次从头开始研究内爆的作用效果。尽管紫外光束有助于减少激光-等离子体相互作用,并且能将更多的能量集中到靶标上,但团队仍然要努力解决瑞利-泰勒不稳定性问题——如何使内爆平稳对称地展开。与复杂的间接触发相比,用激光直接照射靶标必然是更好的系统;他们所必须做的只不过是要改善他们的激光束,使激光束更加均匀。

罗切斯特团队最终意识到,部分问题是,激光束太过完美了。由于激光光波完全同步并且全部都具有同一波长,光学系统中的任何缺陷都会直接随着光束传播到最终目标上。他们要做的全部工作,就是把它稍微弄粗糙一点——光束性质上的一点点模糊或许有助于抚平整体的不完善性。他们达到这一目标的一条途径,是在线束末端加上一个光学元件,被称为“分布位相板”(distributed phase plate)。它把一个光束切分成1 500个子束,同时让每个子束的时间出现一个随机的延迟。子束最终被聚焦到靶标上,但并不是成为1 500个细微的光点,而是全部被叠加到同一个光斑上。由于现在这些子束之间都存在轻微的不同步,整个光斑上反倒会出现一种平衡的照射,从而掩盖存在的缺陷。他们开发的另一种技术被称为“光谱色散平滑”(smoothing by spectral dispersion),它也能对光束的波长产生同样的作用——通过将它弄粗糙来掩盖它的不均匀性。

利用紫外光和新的光束平滑技术,激光能量学实验室到1988年就能够把靶标的密度压缩到液态氘-氚燃料的100~200倍,这是原子能委员为在1986年为他们设定的目标。在他们的头脑中,在证明直接触发的激光聚变是可靠能源这方面,他们已经走上了一条顺风顺水的道路。

在20世纪70年代晚期的利弗莫尔,希娃仍在苦苦挣扎。由于激光-等离子体相互作用、热电子以及瑞利-泰勒不稳定性等问题,它的表现与研究人员利用编码模拟进行的预计大不相同。利弗莫尔的研究人员手里所具有的是非常好的诊断设备,能够弄清内爆期间所发生的事情。他们测试、调整自己的模型,然后作出修改。他们调节将光束聚焦进黑腔的方式,增加黑腔的尺度,改变脉冲的形状。最后,他们达到了把靶标压缩到液态氘-氚密度100倍的正常目标,但是产生的中子数量却比预期的少许多,而且他们距离能量收支平衡还相差甚远。

按照由来已久的传统,他们解决问题的方式是另外再建造一台更加强大的激光器。打算建造的诺娃(Nova)[①]激光器将会产生20个光束,整体能量高达20万焦(比希娃的10 000焦有大幅度提升),大约要花费2亿美元。约翰·纳科尔斯确信,这次能达到点火目标。

1979年,能源部召集了另外一个专家小组,对它的惯性约束聚变项目进行评估。小组领导人是利弗莫尔的前主任约翰·福斯特。除了其他议题之外,小组还必须考虑是否同意诺娃的建造。但是,他以前实验室的研究人员已经评估了他们的设计。与在罗切斯特的同行一样,他们已经找到了证据,表明较短的波长会减少激光-等离子体的相互作用。当听说罗切斯特用磷酸二氢钾晶体将波长转换为紫外光的发明时,他们意识到,在诺娃的建造中不加上这样的转换器简直就是蛮干。但是,增加它们又会使诺娃原本已经很高的造价再次飙升。福斯特的专家委员会不予配合,它建议能源部让利弗莫尔保持原有的成本估算,而该实验室则应该通过把光束数目从20个减到10个来为额外的频率转换器埋单。他们的目标将不是点火,而只是对点火所需光束能量的预计进行优化。

① 译者注:Nova的本意是"新星"。

大约就在这个时候,惯性聚变最令人吃惊、然而也是最神秘的部分出现了。能源部着手用核炸弹来测试惯性约束的可行性。从1978年开始,来自利弗莫尔和洛斯·阿拉莫斯实验室的两个团队在内华达测试点进行了一系列小型地下核试验,利弗莫尔的系列试验取名为“哈里特系列”(Halite series)①,而洛斯·阿拉莫斯的则被称为“森图里恩”(Centurion)②。试验的目的是把爆炸作为X射线源,以测试不同尺寸的氘-氚燃料丸,看看达到能量收支平衡需要多大的触发能量。哈里特-森图里恩项目持续了10年,其结果一直受到保密。但是泄露出来的信息表明,达到能量收支平衡需要20兆焦的X射线。由于在将入射激光脉冲转换为射向靶标X射线时,辐射黑腔的能效仅仅为20%左右,这就意味着需要100兆焦的激光——这远远超出了当时的技术水平,到今天仍然如此。尽管所需能量的数量惊人,但这些结果至少还是给了研究人员自信,即通过激光聚变实现点火是可能的。

诺娃于1985年建造完成。正如研究人员们所希望的,使用紫外光而不是红外光的结果会大幅增加到达靶标的能量,并且大大降低热电子对燃料的提前加热。经过几年的运行后,利弗莫尔的研究人员已经能够完成十分漂亮的对称性内爆,将液态氘-氚的密度提高到100倍。但是,与纳科尔斯为诺娃所计划的20万焦的水平相比,他们集中到靶标上的能量还相差甚远。将光束数目从20个减到10个,将这一数字打了一个对折,而波长转换器的加配——其能效为50%——又使它打了一个对折,变成了5万焦。然而,研究人员甚至连达到这个水平的能力都还没有,因为他们必须保持能量适中,以免损坏激光的光学系统。因此,诺娃的能量被一再降低到不超过3

① 译者注:Halite的本意是“盐岩”。
② 译者注:Centurion本意指罗马军队里指挥100名士兵的“百夫长”。

万焦的水平。

有眼光的读者也许已经注意到利弗莫尔模式运行的一种套路:计算机模型对未来的成果作出大胆的预测,新的激光器得到建造;它要么表现不佳,要么证明等离子体物理学比预期的更加复杂,或者二者兼有;另一架更大的激光器得到建造,如此等等。一如既往,利弗莫尔开始为它的下一台大机器进行规划。但是,这次存在比正常情况数目更多的复杂性。首先,与哈里特-森图里恩试验所指示的结果相比,在光束能量这方面,他们的计算机模型要乐观很多。利弗莫尔的模型预测,有几兆焦的能量就足够了,而核试验所指示的却是100兆焦。即便利弗莫尔是对的,对钕玻璃技术来说,从诺娃的3万焦直接达到1兆焦以上真的是一个巨大的跳跃。许多激光专家认为,这不可能一蹴而就。这一大幅跳跃的部分动机是,对于一直在努力争取更高内爆能量的武器科学家们来说,激光聚变正变得越来越重要。但是,大也意味着贵。下一代机器所需要的资金数目——接近10亿美元——正在使该项目在华盛顿的政客们面前变得非常惹眼。

利弗莫尔为自己所建议的下一代激光装置是实验室微聚变设施(Laboratory Microfusion Facility,LMF),其触发的激光将达到10兆焦,并且将产生100~1 000兆焦的能量输出——增益为10~100。这个时候,罗切斯特也在开展游说,要对它的欧米伽激光器进行一次规模小得多的升级,以便进一步演示直接触发聚变的可行性。为了有助于决定下一步该做什么,国家科学院(National Academy of Sciences)受命组建了一个专家组,负责对1989年和1990年的激光聚变项目进行评估。在加州理工学院的史蒂文·库宁的领导下,专家组同时听取了支持者和技术怀疑者的证词,并作出结论,认为实验室微聚变设施是一次太大的技术跨越,并且在当时的实施成本也太高。相反,专家组推荐了一个中间性步骤,认为利弗莫尔应该建造一台升级版诺娃,其激光的能量可以达到几兆焦,但是成本却比实验室微聚变设施低一半。专家组认为,这样一台设施或许有可能实现点火,并且甚至得到5~10焦的小量增益(比实验室微聚变设施的10~100有所降低)——尽管除了利弗莫尔自己乐观的计算机预计外,事实上还没有证据表明,利用这样的激光束能够实现点火。然而,专家组确实在回避作出结论:它承认,还没有确凿的证据表明,直接或间接触发靶标技术最终会被证明更加成功;有鉴于此,它也建议,罗切斯特应该得到资助,以便将欧米伽从24束升级到60束,将其能量由1万焦上推到3万焦,而其花费则能降低到6 000万美元左右。

1992年7月,利弗莫尔带着它的诺娃升级申请回来了。激光器将有18个线束,一半线束位于现在的诺娃装置中,另一半线束建在诺娃旁边的建筑物中。每个线束中的光将被切分成16个子束,并被导入一个经过升级的诺娃靶标室。新激光器包含了许多技术创新,以便达到既改进性能又省钱的目的。例如,其中的主放大器,激光将几次穿过其中,经过反射镜来回反射,最终达到放大峰值。最终的束能量将会达到1~2兆焦,而这台设施的成本却会控制在4亿美元左右。但是,外部世界所发生的一些政治事件不久就引发了对这些计划的重新考量。

自利弗莫尔开始计划这种最新一代的激光器以来,东欧集团就开始解体,柏林墙已经被推倒,苏联也分裂成俄罗斯和一小群新近独立的国家。在20世纪90年代初,俄罗斯经济接近崩溃。在厌倦了几十年的核武器竞赛之后,冷战中的对手们急于就裁军展开对话。对话日程上的首选项目之一就是对核试验的全面禁止,禁止在陆地、海洋、大气和太空的核爆炸试验。对这样一个条约的最早讨论开始于1991年。第二年,美国开始自动终止试验,并从此一直遵守。没有能力试验武器就不可能设计和建造新的武器,或者甚至不可能检验现有武器是否仍然能正常工作。两个主要的武器设计实验室——洛斯·阿拉莫斯和利弗莫尔,突然开始显得像是昂贵的奢侈品。国会议员甚至特别问到,是否还有任何必要保留利弗莫尔。

国家实验室力争为自己找到新的角色,以便转向到环境研究和绿色能源技术上。但是,当国会在1994年通过一项法案,导致核武器存储管理项目(Stockpile Stewardship Program)的立项时,他们却得到了最大的提升。这是一个科学项目,目的是了解老化的核武器会发生什么变化,了解这中间的物理学和化学问题,以便能采取措施,确保它们处于安全、可靠的状态。这包括对组件或者在必要时对全部炸弹进行翻新和再加工。该项目也要求“维持支撑现在和未来国家核威慑力量的科学和工程机构”。这就意味着,国家需要让经过训练的武器设计者们在国家实验室继续工作。这样,如果未来出现威胁时,他们就能够设计新武器,并且从理论上来说,能在未经爆炸测试的情况下对它们进行制造。第一流的科学家们不会只是坐在实验室里,盯着逐渐老化的核武器库存,他们需要做一些严肃的科学实验来让自己保持忙碌。因此,实验室主任们开始四处搜寻,希望发现能够作为项目组成部分加以建造的新型重头装置。

政府每年为核武器存储管理项目投入大约45亿美元,这比它在1992年之前花在核试验上的钱要少很多,但仍然是相当大的一个数目。国家实验室的两位主任召开了一系列会议,以决定谁将得到多少。最后的决定是,桑迪亚将建设微系统与工程科学应用(Microsystems and Engineering Sciences Applications, MESA)综合区,用于核武器上耐辐射电子元件的设计、加工和测试。洛斯·阿拉莫斯得到了“双轴X射线照相水压测试设施”(Dual-Axis Radiographic Hydrotest Facility, DARHF),用于以常规炸药压缩钚单元,就像核炸弹内爆中将会发生的那样。该设施还用强脉冲X射线束来为这些试验性内爆拍照。会议决定,让利弗莫尔建造一座激光聚变设施。武器科学家们可以用它研究微型热核爆炸,并用所得到的数据验证核武器的计算机模型。升级版欧米伽无法达到武器科学家们的要求,因此利弗莫尔起草了一份新的计划:被称为国家点火装置(National Ignition Facility,NIF),它的主要目标之一毫不掩饰地出现在了其名字之中。

由于背后有核武器存储管理项目撑腰,国家点火装置似乎具有难以阻挡的冲力。但是,大约10亿美元的巨大成本及其充满争议的双重作用——聚变能研究以及核武器存储管理——立即招致了批评。激光聚变领域里的科学家们——包括来自罗切斯特和海军研究实验室的直接触发支持者强调,这是一次太大的技术跃进,并且是用来演示聚变能量的错误机型。国家点火装置的设计是为了产生具有1.8兆焦的激光脉冲——这是诺娃能量的60倍。激光专家们担心,由于有如此巨大的能量通过如此超短的脉冲进行输送,该装备的光学系统将会频繁地遭受损坏,因此激光器的运行将会昂贵到令人却步的程度。他们怀疑,如此大的装置能否产生足够平滑的光束,使靶标产生均匀内爆。他们把直接触发看成是一个死胡同,因为,对于一座投入运营的电厂来说,使用金这样的重金属制成的黑腔——每次照射都会对它造成损伤——会太过昂贵。并且,他们认为,作为聚变能电厂的一种触发装置,钕玻璃也不会使成本降低,因为它在将电能转化为束能量方面能效太低,而且也不能进行快速点火操作,而这恰恰是一座可行的商用电厂所必需的。于是他们发问,在一台不会推动聚变能量技术向前发展的激光器上,为什么要进行如此巨大的投资?

核武器存储管理领域的许多人也不喜欢它。国家点火装置已经迅速变成该项目中的庞然大物,并受到其他国家实验室科学家们的攻击,因为它占用了太多的项目经费,但对于可靠储存核武器的科学却很少有真正的影响。人们广泛怀疑,国家点火装置的真正作用究竟是偷偷允许对新型核武器的设计,还只是一种让武器设计者们处于忙碌之中的昂贵玩具,好让他们为将来的需要时刻准备着。

尽管存在批评,能源部仍然在推进国家点火装置,要求利弗莫尔进行概念性设计。尽管这种设计并不像工程设计那么详细,但对国家点火装置来说,它的内容仍然多达 27 大本,共计 7 000 页。但是,下一阶段的工程设计却在 1994 年 5 月被迫中止,因为能源部部长哈黑兹尔·奥利里(Hazel O’Leary)收到一份长达 5 页的备忘录,备忘录来自一个名叫三谷公民反放射性环境(Tri-Valley Citizens Against a Radioactive Environment,Tri-Valley CAREs)[①]的组织。其中强调,国家点火装置在新武器设计方面的任何应用都会危及当时正在进行的《核不扩散条约》(*Nuclear Non-Proliferation Treaty*)修订谈判。奥利里在那年晚些时候让工程设计继续进行,但是她意识到,在进入建造阶段之前最好对国家点火装置作出扎实的科学论证。因此,她要求国家科学院建立一个惯性约束聚变顾问委员会,来对国家点火装置的设计进行仔细审查,对它在建造准备方面的充分性进行评估。加州理工学院的史蒂文·库宁被推选为这项工作的领导,之前他还曾领导过对 1989—1990 年度激光聚变项目的评估。

设在华盛顿特区的宣传组织自然资源保护理事会(Natural Resource Defense Council,NRDC)也是国家点火装置的强烈反对者,它指控能源部对该委员会的成员具有偏向性。按照该组织的说法,委员会的几位成员正在接受利弗莫尔的顾问费,一些委员则正在等待对能源部合同的竞标结果,几乎所有委员都与能源部具有个人或者机构上的联系,并且大部分人之前都表达过支持国家点火装置的立场。委员会的报告将在 1997 年 3 月初发布,每个人都预期它会同意

---

① 译者注:“三谷”是美国洛杉矶湾区东部的阿马多尔山谷(Amador Valley)、利弗莫尔谷(Livermore Valley)和圣拉蒙山谷(San Ramon Valley)所形成的一个三角形地区,包括普利三顿(Pleasanton)、利弗莫尔(Livermore)、都柏林(Dublin)、圣拉蒙(San Ramon)和丹维尔(Danville)等城市。

国家点火装置的建造。但是,自然资源保护理事会、三谷公民反放射性环境和另一个名叫西部各州法律基金(Western States Legal Foundation)的组织将这件事情告上了法庭。他们援引了 1972 年实施的《联邦顾问委员会法案》(*Federal Advisory Committee Act*)中的一个条款。其中规定,这样的委员会必须在公开情况下行使自己的职责。由于库宁已经召集过该委员会的一些闭门会议,违反了该法案,因此,自然资源保护理事会与其他两个团体有能力赢得一项禁止令,阻止能源部采纳该报告,或者再为它投入更多的资金。

在案件的审理过程中,自然资源保护理事会与其他 38 个环境组织在五月份试图寻求另一份禁令,阻止国家点火装置开工兴建。他们声称,能源部在规划该设施时没有遵守环境标准。但是,5 月 29 日,一个官方的奠基仪式还是如期举行,尽管副总统阿尔·戈尔(Al Gore)因为这场官司而没有到场。原定在 6 月 5 日开始的正式动工则受到中止。法庭辩论一直持续到 8 月,华盛顿特区法院的法官否决了自然资源保护理事会的环境禁令。能源部还没有获得库宁委员会的最终同意,但决定在没有它的情况下向前推进,国家点火装置的建设开始了。

这就是国家点火装置成为美国惯性约束聚变项目核心的过程。罗切斯特建造了升级版的欧米伽激光器,但是它所做的大部分工作都是在为国家点火装置作准备。在其他实验室——洛斯·阿拉莫斯、桑迪亚、海军研究实验室,约束聚变还在小规模地继续。但是,与国家点火装置相比,它们只不过是些杂耍。在建设开始时,能源部估计,国家点火装置的建造要花费 11 亿美元,另外还需要 10 亿美元用于运行,并且它最终将在 2002 年完工——事实证明,与利弗莫尔的计算机模拟一样,这个计划乐观过度。

一开始似乎一切都很正常,只出现了一次为期四天的中断,因为施工队在该地点发现了一具16 000年前的猛犸骨骼化石。高潮出现在1999年6月,国家点火装置的靶标室在这个月吊装到位。靶标室是一个直径10米的钢球,重130吨,需要用当时世界上最大的起重机来将它吊起。能源部部长比尔·理查森(Bill Richardson)出席了随后举行的一个仪式,他宣布,该计划是按预算和按期完工的。当国会上有人问及工程进展时,他也是这样回答的。然后,一切似乎一下子就出现了问题。

首先,在利弗莫尔长期领导该项目的物理学家迈克尔·坎贝尔(Michael Campbell)于8月份辞职,因为有人向利弗莫尔管理层告密,他并没有在普林斯顿大学完成博士学业,但却声称已经取得博士学位。然后,仅仅过了几天,又出现了新的情况,项目受到了大量技术问题的困扰,并且在进度上实际落后了一年,花费也超出预算2亿美元。更为糟糕的是,项目领导人向理查森隐瞒了此事,以至于他向国会传达了错误信息。许多员工为此受到解雇或者降级,利弗莫尔实验室主任以及负责实验室管理的加利福尼亚大学都受到经济处罚。政府展开了大量调查,以便弄清究竟出了什么问题。其中包括富有影响力的政府问责署(Government Accountability Office)所进行的一项,该机构是国会在调查方面的得力助手。国会的一个拨款委员会指示能源部为国家点火装置编制出一份新的进度表和成本估算,并在2000年6月1日前提交给国会,否则就准备终止该项目。由此,国家点火装置成为科学史上受到最严密监控的一个项目;利弗莫尔实验室也失去了以往根据自认为合适的方式管理项目的自由,这种缺少监管的自由是其作为武器实验室地位的一个副产品。

国家点火装置的技术问题开始于数百英里外的桑迪亚国家实验室(Sandia National Laboratory),该实验室位于新墨西哥州。由于其在脉冲能量方面的专业水平,桑迪亚签约承建了200个巨型电容器。这些电荷储存器将被用来为闪光灯供电,进而对国家点火装置的激光放大器进行光输入。但是,在测试中间,电容器中的物质被蒸发,内部压力炸开了其金属护套,使它像弹片一样四处飞散。电容器必须重新设计,要用一厘米厚的钢材做外壳,并在底部留出一些减压阀门。那些为放大器制造掺钕玻璃的公司也遇到了麻烦,无法清除其中的杂质,因此导致了更多的延误。另外一个挥之不去的头疼问题是灰尘:假如光学系统的表面上存在任何一点灰尘,那么,当光束穿过时就可能把它们点燃,从而对表面造成损坏。但是,事实证明,要把一个足球场大小的大楼内的灰尘控制在较低水平,那完全是一场噩梦。大楼本身就表现出了问题,因为它是在激光系统设计完成前建成的,结果为维护所留下的空间就显得十分局促。

2001 年 7 月 1 日,能源部向国会进行了汇报,他们提交的"中期报告"中并没有详细提到成本或者进度。但是不久就清楚了,其成本估计高达 33 亿美元,完成时间则是 2008 年。政府问责署于 8 月份提交了自己的报告,结论是:国家点火装置的成本增加和进度延缓是劳伦斯-利弗莫尔的不良管理加上能源部监管不力所造成的。它对国家点火装置总成本的估计高达 40 亿美元。能源部长理查森说,自己不想向国会要更多的钱,而会从其他地方去寻找资助。其他国家实验室则害怕自己的设施会因为要为国家点火装置埋单而受到削减,因此建议通过减少该装置的线束数目来削减开支。但是,受伤的国家点火装置却不知怎样就存活了下来。在受到严格审查的情况下,它蹒跚前行,但接下来再也没有出现多少事故,一直到 2009 年终于宣告完成,比预定进度延迟了 7 年,费用则几乎达到原预估值的两倍。

国家点火装置或许引发了太多的事故,但是众多的反对者却没能阻止它的建造。由于有武器设计者们的支撑以及一定程度的机构惯性,它最终跑到了终点。现在,留给这台世界上最大的激光器的一切问题就是,要看它是否能实现点火。

第7章 一个大装置

在大多数科学活动中,人们建造装置以便能够进行实验。在聚变中,建造装置就是实验。你建造它来看它能否运转、运转情况如何。因为建造聚变装置需要花费很长时间,因此聚变科学家总是在谋划未来的一个、两个甚至更多个装置:他们在建造着一个的时候,总是在计划着更多个。所以在20世纪70年代后期,当欧洲联合环和托卡马克聚变测试堆刚刚开始建造时,很多研究人员就已经在开始思考,接下来出现的将是什么。

在那个十年的早期,通向聚变能源的路程已经被划分为三个阶段。第一阶段是验证科学上的可行性,换句话说,就是获得大于1的增益,正在普林斯顿、卡勒姆和那珂建造的大型托卡马克可望解决这一问题。第二阶段是验证技术上的可行性,即建造出一台能产生大量能量的装置,同时测试建造一座聚变电站所需要的某些技术,例如超导磁体、采集热量产生蒸汽的系统以及制造氚燃料的方法。最后一个阶段是验证商业上的可能性——建造一座原型反应堆。

所以,当这三台大装置依然还停留在纸上时,一些更具远见的规划者就已经在思考比它们更大的装置,也就是在它们之后出现的"工程反应堆"。苏联理论物理学家叶夫根尼·威利科夫(Evgeniy Velikhow)就是这类人之一。20世纪60年代,威利科夫是库尔恰托夫研究所聚变研究室一颗冉冉升起的明星。他同那里的同事、年轻的理论物理学家阿尔德·萨格底耶夫(Roald Sagdeev)和亚历山大·韦杰诺夫(Aleksandr Vedenov)结成团队,很快被同事们称为"神圣三位一体"。等离子体理论是一个太过狭小的领域,无法让他尽展天赋,因此他后来又自我拓展进入激光以及计算机和自动化领域。同时,他还是一位熟练的政治运作者——他知道如何操作苏联的资助体系和政治影响力。这颗明星升起得如此之快,以至于在1973年列夫·阿尔齐莫维奇去世后,年仅38岁的他就接管了苏联的聚变项目。1974年,他成为苏联科学院(Soviet Academy of Sciences)的正式院士,三年后被选为副院长。

在去世之前,阿尔齐莫维奇曾派威利科夫代表库尔恰托夫研究所去维也纳,参加了国际原子能机构的各种讨论。从1958年日内瓦会议开始,东西方的聚变科学家们保持了不间断的对话。国际原子能机构组织了定期的聚变会议,所有国家都可以派人参加。他们相互参观彼此的实验室,交流信息。但是,除了欧洲原子能共同体外,他们的关系并没有发展成任何正式的跨国合作。直到1971年,这种情况才开始得到改变。这一年,威利科夫同美国原子能委员会的阿马萨·毕晓普以及国际原子能机构主席西格瓦德·埃克隆(Sigvard Eklund)共同组建了国际聚变研究委员会(International Fusion Research Council,IFRC),以指导国际原子能机构协调全世界聚变研究的努力。尽管国际聚变研究委员会只不过是由一群顾问组成,但威利科夫希望它发挥出自己的影响力,能够将聚变研究推向更加紧密的合作。他已经预测到,一座工程反应堆可能非常巨大,以至于会超出单个国家聚变研究项目的能力。

威利科夫并不是唯一一位沿着这些思路考虑问题的人。在所有的聚变项目中,研究者都开始认识到,一旦破解了让等离子体燃烧的难题,他们就必须马上学会如何处理中子、采集热量和制造氚。大卫·罗斯(David Rose)就是这些人中的一员。他是一名工程师,当麻省理工学院在1958年设立核工程系时,他受聘于该校。在20

世纪60年代末,他对一系列问题展开了详细研究,包括聚变反应堆中的能量是如何在不同类型的粒子——电子、氘离子、氚离子以及α粒子——之间进行交换的,如何将燃料注入等离子体中,以及如何移除氦废料,等等。他的计算表明,一座聚变反应堆在经济上是可行的,但是它需要造得很大。1969年,他与人合作在卡勒姆组织了一次会议,这是第一个考虑聚变反应堆工程问题的会议,它激发了更多工程师的参与。

随着20世纪70年代的发展,托卡马克装置已经变得更大,性能也更好,对解决工程问题的需求也变得更加迫切。1977年,罗斯邀请来自不同国家的高级工程师参加了一个会议,以讨论他们如何能更好地共同开展工作。这群人不知道如何开展国际合作,但最后认为,这可能应该由国际原子能机构来组织。情况表明,国际原子能机构已经在朝这个方向努力。国际原子能机构主席埃克隆向国际聚变研究委员会征求建议,想知道如何让国际原子能机构在聚变研究中扮演更加主动的角色,威利科夫迅速拿出了一个他已经做好的计划:通过国际合作设计一座反应堆,目的是试验商业反应堆所需要的技术。

这个项目名叫国际托卡马克反应堆(International Tokamak Reactor,INTOR),于1979年正式启动。四个参与方——欧洲原子能共同体、日本、苏联和美国——各推选了一名研究人员,他们每年将在维也纳举行几次研讨会,会议持续4~6周。回国以后,这些研究人员在下一次研讨会前将工作分派给自己的同事来做。这样,参与研究的人员网络将会变得十分广阔。

大多数聚变研究人员并不特别拿国际托卡马克反应堆当真;建造托卡马克聚变测试堆、欧洲联合环、T-15和JT-60并让它们运行,这些已经够他们忙的了。他们中少数人定期的维也纳之行仅仅只是附带的活动。但是,国际托卡马克反应堆研讨会确实逐步建立起了一个关于聚变反应堆如何工作的知识库,包含了来自所有聚变项目的实验结果。研讨会产生了许多报告,描述了他们正在全力研究的理论反应堆。每个报告在详细程度和成熟性上都有提高。但是,也许国际托卡马克反应堆的主要成就在于,它表明各种聚变研究项目之间非常不同的传统和方法可以在一起开展合作,并能解决问题。

但是,直到20世纪80年代中期,国际托卡马克反应堆显然没有什么进展。尽管它的工程反应堆设计受到研究人员们的高度赞扬,但是,这个建造一座巨型聚变反应堆的国际计划竟然没有得到任何政治支持。威利科夫向聚变发电快速推进的企图已经被终止,他对此感到沮丧。那时候,苏联已经根本无力自己建造一座工程反应堆:经济处在不好的状态,T-15反应堆的建造工作也全都停滞不前。威利科夫需要通过各种方式去赢得对国际托卡马克反应堆的政治支持,由于难以置信的好运,一个机会终于降临到他的面前,把他的请求直接带到了高层。这一机会以米哈伊尔·戈尔巴乔夫(Mikhail Gorbachev)的形式到来,他是威利科夫大学时代的老朋友,在1985年3月成为苏联共产党的总书记——苏联的实际领导人。

他们两人曾经同时在莫斯科国立大学求学,威利科夫学习物理,戈尔巴乔夫学习法律。戈尔巴乔夫在共产党内很活跃,他的地位在离开大学后迅速上升。20世纪80年代早期,苏联领导人列昂尼德·勃列日涅夫(Leonid Brezhnev)、尤里·安德罗波夫(Yuri Andropov)和康斯坦丁·契尔年科(Konstantin Chernenko)以相当快的速度相继去世,结果政治局作出决定,需要选择比较年轻的领导人。因此,在契尔年科去世仅3个小时后,政治局就选举最年轻的委员——54岁的戈尔巴乔夫,来承担最高领导人的工作。他立即打出改革的旗号,推行自己的开放和重组政策,试图打破旧制度的束缚。

在对外政策上,他向东西方之间紧张关系的缓和迈出了决定性的一步。在上任后不到一个月,他就从中欧撤回了 SS - 20 中程核导弹;在六个月之内提出建议,让苏联和美国都将自己的核武器削减一半。

作为该国聚变项目的领导人和老朋友,威利科夫受到戈尔巴乔夫的接见,并向他描述:一个按照国际托卡马克反应堆路线来建造聚变反应堆的国际项目如何会让苏联和美国的研究人员并肩工作,因此如何有助于缓解冷战的对抗。戈尔巴乔夫热切地采纳了这个建议。在 10 月份首次出访的法国之行中,他与法国总统弗朗索瓦·密特朗(Francois Mitterand)讨论了这个想法,并得到积极回应。戈尔巴乔夫的下一次出访突袭是在日内瓦会见美国总统罗纳德·里根(Ronlad Reagan),这是他们之间的首次高峰会谈。在这次 11 月会谈前的几个星期里,威利科夫非常迅速地与白宫进行接触,以便准备一些能让领导人达成一致的东西,尽管五角大楼对此强烈反对,因为他们担心这样会把有价值的软件和技术交到苏联手里。这次常常充满紧张和争论的峰会主要讨论了人权和"战略防御计划"(Strategic Defense Initiative)[①],也就是里根建议的核盾牌。东西方之间的关系并没有取得任何突破,但是两位领导人确实建立起了一种关系,使他们在未来处于有利地位。然而,相当温和的最后公报确实包含了两大超级大国的一个承诺——作为公报的十二个要点之一,两国将共同努力,同其他国家一起"为全人类的利益"建立起可行的聚变能利用方式。

两国负责聚变的政府机构在建立合作关系方面行动缓慢。直到 1986 年 10 月,当里根和戈尔巴乔夫在雷克雅未克(Reykjavik)举行峰会、并重提此事之后,官僚们才开始行动。美国和苏联会同欧

---

① 译者注:该计划也被称为"星球大战计划",其核心是以各种手段在外太空攻击敌方的洲际战略导弹和航天器,以防止敌对国家对美国及其盟国发动核打击。

洲原子能共同体与日本,共同组成了一个四方倡议委员会(Quadripartite Initiative Committee)来讨论这一想法。但是,会谈进行得很不顺利。欧洲原子能共同体已经遥遥领先,提出了欧洲联合环后继装置的计划,也就是下一代欧洲环(Next European Torus),而日本也有它自己的计划。所以,他们都没有感觉到有设计另一台反应堆的迫切需求。美国国防部官员依然担心敏感技术的转移,而苏联则要求,任何联合设计工作都要在一个中立国家完成。经过颇费周折的谈判,四个成员同意开展一两年的合作,先提出一个概念性设计——不涉及实际建造细节的粗略轮廓。欧洲谈判代表保罗·法塞拉(Paulo Fasella)给这个计划取了一个名字:国际热核聚变实验堆(International Thermonuclear Experiment Rector, ITER)。法塞拉是一个学养很高的人,在参与位于布鲁塞尔的欧盟官僚机构前,他在生物医学领域曾有过辉煌的职业生涯。他指出,在拉丁文中,iter是"道路"的意思。

概念设计工作的总部设在德国的加尔兴,项目的推进方式与国际托卡马克反应堆相同:每个伙伴国借调10名左右的研究人员参与项目,他们每年在加尔兴度过数月,然后回国后把工作委派给自己的同事。来自四个不同传统区域的研究人员的合作并不总是一帆风顺。一位美国研究人员对此作了这样的描述:欧洲人会为每个问题激烈地咆哮和怒吼,美国人不得不向日本人解释他们并不是这个意思,日本人会非常镇定和平静地解释自己的观点,美国人不得不向欧洲人解释他们确实是这个意思。科学上也存在一些分歧。日本人热衷于拥有一个能证明持续或者稳态运转的反应堆,而欧洲人则想达到尽可能高的增益。

尽管存在分歧,这个计划让人产生了与对国际托卡马克反应堆不同的感觉。因为这些科学家现在是在他们政治领袖的直接指导下工作的,这在一定程度上感觉更真实,好像这个反应堆真的将要得到建造一样。这种现实主义态度也反映在装置的设计上。在预测不确定的情况下,聚变反应堆的设计者们倾向于规模更大和能量更高的装置,希望更多的等离子体和更强的电磁场将掩盖任何的不足之处。于是,本来国际托卡马克反应堆已经预测,一个大直径为12.4 米、等离子体电流为 8 兆安的托卡马克将足以达到点火;但是,国际热核聚变实验堆的概念设计却呼吁将这两个数据调整为 16.3 米和 22 兆安。

经过两年的工作,国际热核聚变实验堆团队提出了一个他们或多或少都同意的概念设计。然后的问题是,接下来做什么。原计划是直接进入到工程设计的起草阶段——提出一套能付诸实施的准确计划。但是,自从把国际热核聚变实验堆作为缓解冷战紧张关系的途径这一梦想被提出以来,世界已经变了。铁幕崩溃了,甚至连苏联本身的存在也行将结束。国际热核聚变实验堆的政治目的消失了,对它也不存在经济上的需求:在 20 世纪 90 年代初期,能源不再是重要的政治议题。项目将借助自身的冲力向前推进,但是四个伙伴国却花了两年时间来决定如何前行。一个主要的棘手问题是将设计团队放到什么地方。苏联解体了,而新的俄罗斯联邦处于如此糟糕的经济状况之中,以至于除了科学上的智囊作用外,他们很难为项目作出实质性贡献。但是,其他三个伙伴国也不想把设计团队让给其他两家。他们达成了一项笨拙的妥协,决定把团队一分为三:在加尔兴的一部分将负责等离子体真空室及其内部的每一件东西;在那珂的另外一组将负责等离子真空室外边的所有东西——包括超导磁体、电力供应和实验楼;在圣迭戈的最后一组将负责总体整合、物理学和安全。

到 1992 年,工程设计项目的实施工作已经准备就绪。团队被给予六年时间来完成最终设计,现在缺少的只是项目的一位总体领导者。当时世界上几乎没有人正好具有工程、等离子体物理和大项目管理等方面的综合经验。但是,却存在一个理想的人选:保罗·亨利·雷巴特,他在近20年的时间里领导了欧洲联合环的设计和建造,并指导它完成了从H-模演示到1991年首次实现氘-氚燃烧的整个工作。这样,雷巴特就离开他心爱的欧洲联合环,搬到圣迭戈,接管了大型项目国际热核聚变实验堆的重任。

国际热核聚变实验堆的设计者们面临着一种两难的困境。这座反应堆是为了证明技术上的可行性,但是,通向聚变发电的三步走战略中的第一步——科学可行性的证明——还没有很好地实现。托卡马克聚变测试堆在1993年仅仅达到了0.3的增益,欧洲联合环在1997年将达到0.7。只有JT-60实现了超过1的增益,但这只是一个等效增益——在假定使用氚的情况下所可能出现的结果。结果,国际热核聚变实验堆背负了两个目标,验证科学可行性和测试动力反应堆所需的技术。问题是,仅仅通过设计一座反应堆并不容易完成这两个目标。

作为一座工程反应堆,你要有一束稳定和静态的等离子体,它能够在高增益的情况下长时间燃烧——模仿出一座工作反应堆的运转状态。这样的等离子体将是工程师用来测试一些事情的工具,比如反应堆真空室内壁的最佳铺设,这被称为第一道内壁;它不能污染等离子体,并且能够经受中子的长年轰击。工程师同样要用超导磁体,因为它们将降低动力反应堆的能量需求。他们还要测试包层模块——真空室内壁的组成部分,其中包含锂,锂在来自聚变反应的中子轰击下将转变成氚燃料。

但是,如果实现的增益还没有超过1,那么你理想上想要的就是一座不同的反应堆——它将更像是一套实验设备,而不是一台工业原型机。你想要的也不是一座位型固定的反应堆,因为你需要试验所有可能的排列以便获得最高的增益。你想要的不一定是静态等离子体,你想能够把它推到稳定工作的边缘,以便获得最好的性能。并且,你肯定也不想将问题复杂化,因为超导磁体和产生氚的包层将使结果更难解释。所以,国际热核聚变实验堆最后注定要成为某种妥协的东西。

当雷巴特到达圣迭戈来掌管这个项目时,他立刻积极行动,并马上着手按照欧洲联合环的样子对国际热核聚变实验堆进行重新设计。这并不完全令人吃惊,因为欧洲联合环是全世界最大的托卡马克,并且已经被证明非常成功。雷巴特的团队制定出了一个具有D形等离子体的设计,与欧洲联合环相似;偏滤器位于真空室底部周围,与当时正在为欧洲联合环装配的那个正好相同。唯一的基本不同是超导磁体。在雷巴特的领导下,原本已经很大的概念设计变得更大了,装置的大直径达到了将近22米。他增加了超导磁体的数量,以控制内部体积巨大的等离子体。整个磁体系统——20个环形磁体和9个极向磁体——总重达到25 000吨,大致与自由女神像相仿。

雷巴特不想让国际热核聚变实验堆用超导体。用传统的铜磁体实现高增益是可能的,但是各伙伴国所想要的是"与反应堆相关"的技术。雷巴特强调,超导体只会把一切都弄得更复杂。超导磁体比铜磁体难制造得多,而且它们必须被封装在一个叫作低温保持器的密封容器中,使它们保持在接近绝对零度(大约零下270摄氏度)的冷冻状态。由于国际热核聚变实验堆的聚变反应中将产生大量的热量,因此磁体还必须加上隔热盾,否则它们将会变热并停止运行。所以,真空室的内表面将会铺上可更换的钢板,钢板则用流过其中的水来加以冷却。

国际热核聚变实验堆的偏滤器是另一项关键技术,因为在正常运行中,它是唯一同等离子体发生直接接触的固体物质。它的作用是收集聚变废料(氦)并吸收热量,因此需要用高熔点的材料,以便能承受持续的粒子轰击。国际热核聚变实验堆的研究人员利用全世界许多带有偏滤器的托卡马克来寻找合适的材料。对于国际热核聚变实验堆的许多工程上的挑战，雷巴特考虑采用一些相当激进的解决方案，比如用高活性和可燃的液态锂作为反应堆一些部件的冷却剂；但是，作为冷却剂，它最重要的作用却是充当生产氚燃料的材料。

对于雷巴特来说，担任负责人的最初六个月是极度忙碌的时间。每个周末他都要飞过三分之一个地球到达下一个工作点，在那里工作一周，然后继续赶往下一个工作地点。尽管采用了这种流动的工作方式，他还是发现，与三个工作点之间保持顺畅交流是很困难的。它的运作方式与欧洲联合环大不相同，那时他的全部团队都在他周围。虽然雷巴特是个很有才华的工程师，但他不是一位天生的管理者；他发现任务很难委派，所以自己承担了许多设计工作。国际合作方不喜欢他的领导风格。在那珂和加尔兴，他们想要自己的研究人员在设计中发挥更大的作用。国际热核聚变实验堆是一个非常庞大的项目，因此不可能成为雷巴特的个人秀。而且在圣迭戈，他也没有帕伦博和维斯特为他去抵挡那些政客。国际热核聚变实验堆的伙伴国想采取一种协作性更强的工作方式，所以在担任了两年负责人后，雷巴特就被免职了。

要找到一位合适且合格的领导者一点也不比两年前容易，但是，伙伴国决定任命的这个人不仅仍然是欧洲人，而且还是个法国人。罗伯特·艾马(Robert Aymar)领导建设过法国的超环(Tore Supra)，即枫特耐奥罗斯的托卡马克的后继装置。但是，当他们询问艾马是否愿意领导国际热核聚变实验堆计划时，他拒绝了。

作为雷巴特的同代人，艾马的大部分职业生涯都用在了法国原子能委员的等离子体物理研究上。他在1958年日内瓦会议的启发下开始了聚变研究，因为它可能对社会产生巨大价值。到20世纪

70年代末,他开始负责法国的聚变项目,而当研究人员已经用枫特耐奥罗斯的托卡马克做了他们能做的一切时,他就开始了超环的建造。这座反应堆将是第一台应用超导磁体的大型托卡马克。凭借它们所产生的稳定的强磁场,超环将能够一次把它的超高温等离子体维持几分钟之久,而不是常规托卡马克的几秒钟。

艾马意识到,要想使这样一个充满雄心壮志的项目获得成功,他需要团队的全体成员都集中在一个地方,而不是分散在法国各地的大学和实验室。就像海峡对面正在开展的欧洲联合环项目一样,他需要一支只致力于这一个目标的团队,让他们心无旁骛。在1984—1985年间,随着超环在卡达拉舍的原子能委员会综合区初具规模,他说服300个家庭搬到了普罗旺斯省(Provence)。艾马和他的团队在1988年完成了超环,并通过这一过程在卡达拉舍建立起了一支聚变研究的强大军团。作为对这些成功的肯定,原子能委员会给了他一个职位,让他担任整个基础物理部的领导人。艾马对此驾轻就熟:领导着一支拥有3 000名科学家的员工队伍,他现在负责委员会在许多领域里的工作,范围超出了等离子物理,包括原子核和粒子物理。但是,随后,国际热核聚变实验堆开始召唤他。

1994年,当时聚变的顶级成就是托卡马克聚变测试堆的氘-氚运转,增益达0.3左右——很难成为对聚变令人信服的证明。在几年时间里,欧洲联合环将要进一步接近能量收支平衡。但是,在艾马眼里,在能够充分证明达到高增益之前,聚变研究还有很长的一段路要走。既然如此,雷巴特在圣迭戈设计的装置就是错误的一类。它太像是一座工程反应堆,不具备实现高增益物理目标所必需的那种灵活性。

尽管他早些时候已经拒绝,但国际热核聚变实验堆的支持者又一次联系了艾马,请求他重新考虑一下。艾马认真思考了这件事。虽然他很享受自己能在原子能委员会管理着基础物理探索的宽广领域,并且也关注到眼下的国际热核聚变实验堆设计;但是,他一生中的使命也许就是去指导聚变,让它沿着通向真正产生动力的道路再前进一小步。他接受了这个工作,但是,对此他并没有感到兴奋。刚一上任,他就开始参观国际热核聚变实验堆的三个工作点——那珂、加尔兴和圣迭戈。他的目标是在更换了领导人后稳定研究人员的军心,并让他们建立自信。

但是,情况不久就证明,在艾马所面对的难题中,把庞大的设计项目聚拢到一起还只是最小的问题。那年秋天,共和党控制了美国国会参众两院。国会选举后的两个月,也就是 1995 年 1 月,就在寒冷的华盛顿特区外的一个会议中心里,当时在能源部负责聚变项目的安妮·戴维斯(Anne Davies)告诉美国聚变实验室的主任们,要开始作最坏的打算。

那时候,能源部每年要在磁约束聚变上花费 3.5 亿美元。但是,一旦国际热核聚变实验堆和普林斯顿提议的托卡马克物理实验的建设开始,那就将需要更多的钱。单单是建造国际热核聚变实验堆就要花费比现有全部预算还要多的钱。美国的聚变领导者们不必等太久,那把斧头就落了下来。那年晚些时候,国会在编制 1996 年预算时仅分给磁约束聚变 2.44 亿美元。这仅能勉强维持美国国内聚变项目的运转,根本谈不上为在国外某个地方建造的一座昂贵的新反应堆埋单了。

安妮·戴维斯和她的能源部员工现在有一项艰难的任务,就是要决定哪些项目应该保留,哪些应该放弃。实验室主任和大学系主任们开始为自己的职位各显神通,以确保他们的反应堆或研究项目不会遭到削减。作为愿望清单上最昂贵的项目,国际热核聚变实验堆开始引来味道不对的关注。美国聚变界的一些人同意艾马和其他一些人的意见,认为直接跃进到工程反应堆太过冒险,相信应该先尝试一些更加适中的方案。一些人强调,在资源有限的情况下,为什么美国要支持一台建在其他国家且极其昂贵的装置(还不能确保一定成功),同时却拒绝本国聚变科学家用自家的钱去开展一些有意义的研究?国际热核聚变实验堆在国会也没什么朋友。通常情况下,如果一个大型项目将要在某个州或者地区内建设,那么代表该州或者该地区的参议员或国会成员将会在国会上为该项目进行力争。国际热核聚变实验堆还没有选定建设地点,并且几乎可以肯定它将不在美国,所以它缺乏一位这样的力争者。

但是,资金和政治并不是国际热核聚变实验堆所面临的唯一问题。20 世纪 90 年代中期,来自德克萨斯大学奥斯汀分校聚变研究所(Institute for Fusion Studies, University of Texas in Austin)的两名研究人员,威廉·多兰(William Dorland)和迈克尔·科琴罗伊特(Michael Kotschenreuther)为托卡马克内的等离子体开发了一套新的计算机模拟程序,它产生了一些对国际热核聚变实验堆来说非常不好的消息。等离子体内最热的区域是中心,这里是聚变最可能发生地方,包围它的等离子体则作为隔热层以减缓热量的散失。这正是大型托卡马克比小型的好的原因之一,因为热核心周围存在更多的隔热等离子体。湍流是这种隔热效应的大敌,因为它会将来自热核心的等离子体同外层的低温等离子体混合起来,有助于热量向边界散逸。托卡马克的设计者们知道这种湍流效应,并利用标度律,从现存反应堆中已知数量的湍流来外推未来反应堆(比如国际热核聚变实验堆)中将会有多少湍流。

与此不同,多兰和科琴罗伊特采用了一种精细的方式,对在不同尺寸的托卡马克中处于不同条件下的等离子体的表现进行了预测。为了验证他们的模拟,他们还通过调节程序来模仿现存的托卡马克,并且能够预测它们的性能如何。当他们在会议上报告了自己的模拟和它所预言的能量时,其他研究者印象深刻。然后,他们俩把自己的模型应用到建议中的国际热核聚变实验堆的设计上,并得到了令人震惊的结果。模拟预测,在国际热核聚变实验堆的大体积等离子体中将会存在很多湍流,比标度律预测的还要多很多。这种湍流从等离子体中心带走的热量将达到非常高的程度,以至于国际热核聚变实验堆可能无法达到聚变所需的温度。

在他们报告这些新结果的时候,人们对它并不欢迎。国际热核聚变实验堆是一个数十亿美元的项目,很多研究人员已经为此付出了他们全部的工作生涯,他们不想看到它被两个计算机讨厌鬼毁掉。这个模拟现在经受了严格得多的审查,他们的作者则受到了严厉的批评。但这对德克萨斯州的伙伴并没有放下自己的武器,直到今天,聚变研究者们对他们的预测是否正确依然存在分歧——只有一台运转中的国际热核聚变实验堆才会作出最终的证明。这项研究并没有使国际热核聚变实验堆偏离轨道,但是它确实为这个项目的批评者提供了有价值的弹药。

到 1997 年,国际热核聚变实验堆团队为反应堆的最终设计添上了最后几笔,完成了一份长达 1 500 页的巨型报告。它所描述的装置在很大程度上依然遵循的是雷巴特确定的路线:等离子体真空室的大直径是 22 米——比欧洲联合环的尺寸大 2.5 倍,用巨大而昂贵的超导磁体把等离子体控制到位。100 亿美元的造价同样令人惊叹。它的目标是稳定地产生 1 500 兆瓦的功率——是 1997 年破纪录的欧洲联合环能量输出的 100 倍。欧洲联合环需要 14 兆瓦的外部热量功率来保持反应进行,而国际热核聚变实验堆的设计则号称需要 150 兆瓦的功率,并同时用中子轰击和高频射电来实现加热。该计划同样想让国际热核聚变实验堆实现点火——用聚变反应产生的 α 粒子的能量实现自加热。那时候,甚至还没有哪一座反应堆接近过点火状态。

当国际热核聚变实验堆建议的规模和花费开始变得显而易见时,美国对该项目的参与变得越来越困难。自从共和党主导的国会在1994年当选以来,能源部的聚变预算已经反复地受到削减,导致了托卡马克物理实验的取消以及托卡马克聚变测试堆的终止。共和党议员吉姆·森森布伦纳(Jim Sensenbrenner)是一个怀疑聚变的人,他被任命为众议院科学和技术委员会主席,该委员会是美国聚变经费的最终负责机构。由于害怕聚变研究在美国遭到终止,能源部官员对艾马和他的团队施加了巨大的压力,让他们降低国际热核聚变实验堆的成本。连艾马自己都开始怀疑那个设计了,怀疑它太大、太贵,并且是对现有知识的巨大跳跃。在秘密情况下,艾马要求加尔兴的研究人员开始进行一个更加适中的设计,它依然可以产生很多能量,因此能显示聚变能源的可行性。但是,它只是现有托卡马克的一次进化,而不是革命。

其他人也在沿着类似的思路进行思考。由于每年仅有5 000万美元被用在国际热核聚变实验堆上,能源部的戴维斯知道,这种装置远远超出了美国的财力。能源部官员建议缩小国际热核聚变实验堆的设计尺寸,以建造一个较小的反应堆,适度降低其目标,并将标价减少一半——该计划被称为国际热核聚变实验堆简缩版(ITER Lite)。一些美国研究人员意识到这样一个事实,即资助国际热核聚变实验堆很可能会将美国国内的聚变研究经费挤压至无,因此,他们提出了一种更加彻底的退却:彻底放弃仅建造一台巨大装置的想法,而代之以升级现有的托卡马克,开展一个国际研究运动,以改进对燃烧等离子体的理解。带着头脑深处对湍流输运热量的疑虑,他们强调,如果还存在那么多的不确定性,那可能就最好不要建造这种巨大而昂贵、并且可能依然会失败的反应堆。在学术会议上,至少在参会的美国研究者中,走廊上的讨论暗示,国际热核聚变实验堆已经是奄奄一息了。

根据时间表,既然设计已经完成,伙伴国就应该在1998年为反应堆选定一个地点并开始建造,目标是在2008年完成国际热核聚变实验堆。但是,事情很快变得很清楚,美国并不是伙伴国中唯一存在经费问题的国家。长期以来,日本一直是国际热核聚变实验堆最热心的参与者,很多人预期会将这台装置建在该国。但是,1997年春天,日本也没有同这种热情相称的那么多钱。那时,日本的战后经济奇迹已经终止,20世纪90年代在今天被称为日本“失落的十年”。当时,这个国家曾试图通过宏大的公共工程来使自己走出经济衰退。当这种做法没能推动经济发展时,政府被迫通过削减开支来应对预算赤字。与其他高花费科学计划一起,日本被迫减少了对国际热核聚变实验堆的投入,所以请求将该实验堆的开工建造延期三年。

对吉姆·森森布伦纳和众议院科学技术委员会来说,这刚好强化了他们关于国际热核聚变实验堆项目已处于穷途末路的看法。按照委员会的观点,国际热核聚变实验堆100亿美元的成本太过昂贵,它能否运转也存在问题(根据多兰和科琴罗伊特的研究);并且,它甚至不能被认为是一个切实可行的项目,因为它还没有一个建设地点。在一个不能由美国控制的项目上花费纳税人这么多的钱,这同样让委员会感到不安。委员会允许美国在工程设计合作中的成员资格继续发挥作用,但从1998年7月21日起,美国停止了对该项目的参与。在加尔兴和那珂工作的科学家返回美国。圣迭戈的工作点被关闭,非美国的研究者被遣送回国。美国研究人员被禁止参加国际热核聚变实验堆的活动或会议,即便是作为观察员。从1958年日内瓦会议以来,前所未有的东西方合作以及随后的全球合作在聚变研究中存在了40年,持续的时间比冷战还长。但是,这种合作却因为美国国会的命令而结束了。

国际热核聚变实验堆项目正处在危机之中。在剩下的三个伙伴国中,现在只有欧洲仍然存在成规模的聚变项目。在这种情况下,很难令人看到前进的方向。欧洲一些人强调,他们应该直接放弃国际热核聚变实验堆,做一些更加力所能及的项目,也就是欧洲联合环的后继者。在日本,出现了一场信任危机。从第二次世界大战结束以来,日本在对外政策等事务上一直唯美国马首是瞻。在美国退出后,他们能信任欧洲人吗?

伙伴国建立了一个工作组来考虑两种选择:一台像国际热核聚变实验堆那样的大装置,能够同时用于研究等离子体燃烧的科学与工程问题;或者一定数量的较小装置,可以用来解决不同问题。这个小组最后得出结论,认为要对与燃烧等离子体相关的全部问题之间相互关联的方式进行研究,唯一途径就是利用一台单一的集成装置,并以长脉冲和 α 粒子作为主要热源。日本人决定留在这个项目中,所以在加尔兴和那珂的团队接受了任务,开始设计一台小一些的新装置,比 1998 年的设计成本减少一半,但尽可能多地保留了国际热核聚变实验堆的技术目标。

艾马曾预感,可能会出现对瘦身版国际热核聚变实验堆的需求。这一预感被证明是一种先见之明,许多必要的重新设计工作已经在加尔兴完成。2001 年,研究团队提交了一份新反应堆的最终设计,其真空室的大直径是 16.4 米,而不是原来的 22 米,能承载的等离子体电流也从 22 兆安降低到了 15 兆安。输出的功率是 500 兆瓦,同样是原先目标的三分之一。但最大的牺牲是,新国际热核聚变实验堆不再被期待实现点火了。反应堆并非单独依靠 α 粒子加热来维持运转,而可能至少需要 50 兆瓦的外部能量来对 α 粒子加热进行补充,以维持等离子体燃烧的进行。这仍然意味着增益可以达到 10,但是,又一次,聚变能量的主要里程碑之一似乎也变得遥不可及了。

新设计确实把项目成本减小到了一个稍微不太刺眼的 50 亿欧元,但是,伙伴国现在需要为地点选择和设备建造的现实达成协议。

在可用预算的限度以内,反应堆的设计是由科学家来决定的,而地点的选择在很大程度上是一个政治决定。所有研究人员所能做的就是端坐静候,并希望出现最好的结果。由于将反应堆建在自己领土上所具有的经济利益,原计划是让被选出的东道国担负建设所需的大部分费用,再由其他伙伴国分摊剩下的花销。但是,各伙伴国所提供的建设经费中只有一小部分会以现金形式支付给创建之中的国际热核聚变实验堆组织,大部分经费将以"实物方式"支付:反应堆的各个部件将由每个伙伴国的工厂进行加工,然后再运送到建造地。国际热核聚变实验堆的管理者对建造工作进行了仔细的分割和发包,以便让每个伙伴国都能作出规模适当的贡献,同时让该国工业界学会未来商业聚变电站建造中所需的技术。每一方都想分享一部分可以转变为数十亿美元产业的知识,但问题仍然是:谁来作东道国,这究竟是一项大受欢迎的恩泽,还是一项劳民伤财的负担?

2001 年 6 月,令人意外的是,第一个参与地点竞标的国家是加拿大,它那时还不是国际热核聚变实验堆项目的成员。这个提议是一个以安大略水电(Ontario Hydro)为首的公司财团推动的。它在多伦多(Toronto)东部的安大略湖畔(Lake Ontario)有一个场所,与达灵顿核电站(Darlington nuclear station)相邻,并且已经取得了建造核电站的执照。在很多方面,这个提议是颇有道理的:加拿大可以提供丰富的氚燃料,因为它是加拿大重水铀裂变反应堆(Canadian Deuterium Uranium Reactor,Candu)的副产品;安大略水电将会通过为该项目供应电力而获利;而且由于位于欧洲和日本中间,达灵顿所呈现的折中方案可能也会吸引加拿大南部的邻国重新加入该项目。

但是,其他伙伴国并没有准备让加拿大轻松加入并夺走大奖。在欧洲,德国一向是国际热核聚变实验堆最热心的支持者,并且已经考虑成为它的东道国。但是,在柏林墙倒塌后,与东德重新统一的花费让它现在不那么热心了。然而,法国几乎有一个现成的地点:卡达拉舍,艾马所组建的聚变研究的强大军团——原子能委员会实验室。它有可用的土地和电力的供应,还有已经为超环建造的冷却水系统,再加上来自法国国家和地区政府的支持。日本正在对三个可能的地点进行权衡:北海道岛北部的苫小牧、主岛本州北部尖端的六所村以及东京北部的那珂,那珂是 JT-60 的所在地。俄罗斯的经济不景气,这可将它排除到可能的东道国之外。

回到美国,聚变研究人员和能源部都忙于设法弄清楚,他们下一步该做什么。许多人想尽快回到国际热核聚变实验堆——国际热核聚变实验堆的剩余成员正致力于更小和更便宜的设计,这个事实对他们来说是一个鼓舞。但至少在一段时间内,重新加入这个项目在政治上是不可能的。聚变界开始了一座本国产新反应堆的设计工作。该反应堆被称为聚变点火研究实验(Fusion Ignition Research Experiment, FIRE),主要研究点火的物理学问题,由戴尔·米德(Dale Meade)领军。此人高大而友善,是普林斯顿聚变实验室的前副主任。与此同时,麻省理工学院的布鲁诺·科皮提出了另外一个备选方案:一个被称为“点火器”的反应堆。它依照的是麻省理工学院的阿尔卡托(Alcator)托卡马克的模型,利用超强磁场来获得强约束和加热。他所建议的点火器将全力以赴地表明,点火在物理上是可能的。但是,其他人却认为,它在其他方面将做不了有助于动力反应堆发展的任何事情。

2002 年 7 月,来自美国聚变界的高层人物聚集在科罗拉多州(Colorado)的斯诺马斯(Snowmass)滑雪胜地,召开了一个为期两周的会议,以考虑他们下一步该做什么。说到底,决定支持什么是能源部和国会的事;但是,科学家们知道,如果他们能够结成一个统一战线,那么,他们就更有可能得到自己想要的。现成的选择有三个:重新加入国际热核聚变实验堆,建造聚变点火研究实验,或建造点火器。其间出现过激烈的辩论，穿插在山间的散步中，但是最后的投票显示了研究者们的真心所在：他们以 43∶1 同意重新加入国际热核聚变实验堆；并且，如果这被证明不可能，那么就以聚变点火研究实验备选——甚至米德也对重新加入国际热核聚变实验堆投了赞成票。能源部的一个顾问小组同年晚些时候考虑了同样的问题，小组所有成员都对加入国际热核聚变实验堆投了赞成票，而把聚变点火研究实验作为备选，除了布鲁诺·科皮，他为点火器投了赞成票。

剩下的问题是去说服政治家，几年前他们决然拒绝的项目现在已经成为研究人员最优先的选择。但是，现在这已经不再像以前那样显得不可能了。共和党在国会中已经不再是以前那样的主导力量，然后出现了 2001 年 9 月 11 日的恐怖袭击，使美国的政治基调发生了变化。乔治·布什（George W. Bush）在那年 1 月已经取代比尔·克林顿（Bill Clinton）入主白宫，在聚变问题上，他的政府并没有表现出比克林顿政府更大的热情。他早期能源政策的重点是，提议把北极国家野生动物保护区（Arctic National Wildlife Refuge）开放给石油钻井公司。但是，在“9·11 事件”的余波中，一切都变了：突然之间，能源安全问题成为重要议题。万一发生另一次大规模恐怖袭击或者中东冲突，那么美国应该怎样确保它的能源供应？对不依赖进口化石燃料的能源技术的研究突然变成了合乎口味的选项。

就在恐怖袭击发生仅仅六个月后，由于聚变科学家现在明确支持国际热核聚变实验堆，政府官员开始研究如何才能让美国重新加入该计划。而据报道，这是布什自己提出的建议。在他 2003 年 1 月的国情咨文演说中，这位总统承诺发展更洁净的能源技术，并且更多地在本国进行生产，而不是进口石油。两周后，一个美国代表团前往圣彼得堡（St. Petersburg）参加了国际热核聚变实验堆的一次理事会议，开始了重新加入的进程。

美国并不是在圣彼得堡唯一寻求加入国际热核聚变实验堆的申请国:中国和韩国也前往那里签署加入协议。同西方和日本相比,包括印度在内的这几个亚洲国家参与聚变能探索的时间较晚。但是,它们很快就建立起专业知识基础,在20世纪90年代的十年中,它们开始建造大型新装置。在这三个国家中,它们的经济都在迅速增长,它们的人口也充满了对能源的渴求。所以,它们对可持续、无污染能源的需求可能比西方更为强烈。它们在聚变研究上已经开展了基础性工作,现在正想在主桌上寻求一个席位。

20世纪70年代初,正当世界其他地方的聚变研究人员竞相建造越来越大的托卡马克时,中国仍处于“文化大革命”的阵痛之中。在北京的中国科学院物理研究所的一个团队建造了一台小型托卡马克——中国托卡马克6或者CT-6,但是在首都开展工作的各种困难迫使他们在合肥建立了一个新的研究小组。研究团队迅速成长,建造了一系列小型的托卡马克,最终发展成了中国科学院等离子体物理研究所。

通过同其他国家的合作,尤其是与苏联的合作,中国聚变研究人员学到了许多。随着苏联在1991年的解体,它的聚变努力也随之瓦解。合肥的研究人员抓住一次机会,得到了俄罗斯淘汰下来的一台装置,并将它运到了中国。这台T-7是第一台具有超导磁体的托卡马克,已经证明它能够在聚变环境下运转。与传统磁体上的铜导线不同,超导体没有电阻,所以在聚变放电期间不会出现过热的情况。这意味着,放电时间能够变得更长,更加接近商用聚变电站所要求的稳态运行。

T-7到达合肥时的状况很糟,但是中国团队对它进行了清洁,制造了新的部件,并从世界其他实验室订购了零件。这台经过翻新的装置被重新命名为HT-7,并于1994年正式启动运行。合肥团队要建造世界上首台全超导托卡马克。到那时为止,超导还只被用到环形磁体上,也就是在对托卡马克内部等离子体的约束中起主要作用的那些垂直环。全超导装置的中心螺线管(中心柱下用于推动等离子体在环形面内运动的线圈)和极向场磁体(用来维持等离子体的形状和稳定性,并使之远离内壁)也都要使用超导体。全超导装置会产生时间更长的聚变脉冲。

1997年,他们提出了先进实验超导托卡马克(Experimental Advanced Superconducting Tokamak,EAST)的计划。该装置的等离子体真空室采用了最新的D形截面(与欧洲联合环和国际热核聚变实验堆一样),能够形成16分钟以上的聚变放电时间。先进实验超导托卡马克要参与同其他项目的竞争,以便从政府那里争取到经费。合肥团队据理力争,修改设计,最终赢得了评审委员会的同意。在经历了20年的经费紧张之后,他们的设计被采纳为一项国家计划,尽管3 000万美元的预算相对于西方标准来说还只是小巫见大巫。到2003年,先进实验超导托卡马克已经接近完成。由于计划中的国际热核聚变实验堆也是一台全超导托卡马克,因此,在为它的运行进行准备的过程中,这台中国装置将是一个很有价值的试验平台。

韩国同样必须尽快追上。在20世纪90年代早期,该国还只有少数聚变研究人员利用一些小型托卡马克开展研究。国家聚变研究所精力充沛的所长李京洙(Lee Gyung-Su)把聚变描绘为韩国能源问题(它目前的能源全部依赖进口)的解决途径,以此鼓动政府和产业界给予支持。1995年,他赢得对建造韩国超导托卡马克反应堆(Korean Superconducting Tokamak Reactor,KSTAR)的支持。这台装置比先进实验超导托卡马克稍大,同样使用全超导,但却意外地获得了相对奢华的3.3亿美元预算。在这两个国家请求参与国际热核聚变实验堆俱乐部的时候,韩国超导托卡马克反应堆的建造正在如火如荼地进行。

在五年时间内,这个项目的命运发生了戏剧性的逆转。在1998年,国际热核聚变实验堆已经到了瓦解的边缘。现在,它却有了六个伙伴国——其中一个几乎包含了全部的欧洲国家,有几个地点在竞争成为它的东道主,并且它还有一个每个人都信服的设计。就在这个时间点上,罗伯特·艾马决定是时候把领导权交给其他人了。他曾监督完成了两个设计,使国际热核聚变实验堆度过了它最大的危机:现在另一个遇到困境的项目正在召唤他。在欧洲核子研究组织设在日内瓦附近的欧洲粒子物理实验室,巨型粒子加速器——大型强子对撞机(The Large Hadron Collider)的建设已经超过了预算,并在挣扎中前行。所以他们召唤艾马。艾马当时说,他太老了,不能再参与像建造国际热核聚变实验堆那样的工作了,这个工程可能要持续另外一个十年。

一旦地点的问题得到解决,国际热核聚变实验堆项目将会变成一个羽翼丰满的国际组织,负责该反应堆的建造,这将意味着新的领导。所以,与此同时,艾马的副手、日本等离子体物理学家下村康夫(Yasuo Shimomura)成为临时总干事。当团队在等待政治家决定将把它建在哪里的时候,整个国际热核聚变实验堆的运转则处于生命暂停的状态。日本把它的提议地点名单减少到一个——六所村,而欧洲则出现了第二个地点——班德略斯(Vandellos),靠近西班牙的巴塞罗那(Barcelona)。国际热核聚变实验堆理事会是一个半年一次的会议,由来自伙伴国政府的代表团参加。会议审查了四个地点的优点,并宣布,从技术观点看,这四个地点都是合适的。如果它们全都合适,该如何从中作出选择呢?各地点的支持者开始强调它们的其他特点,好像是在推销旅游套餐,试图说服其他伙伴国:六所村将为工作人员提供西式房屋,并为他们的孩子提供国际学校;卡达拉舍有适宜的天气和普罗旺斯优美的环境,并且还有附近的蔚蓝海岸;而达灵顿距离国际性大都市多伦多只有一箭之遥。这次会议还为将就此作出决定的下次理事会约定了日期:2003年12月,在华盛顿特区。

欧盟决定,它必须在自己的两个候选地——卡达拉舍和班德略斯中选一个,以增加在华盛顿会议成功的概率。技术评估得出的结论是每个地点都可行。建在西班牙的成本将会低一些,但是这个地点与现存的一个核电站相邻,附近没有任何科学机构。如果需要帮助,卡达拉舍则已经有大量的科学家和工程师可供调度;但是这个地点远离海洋,所以朝那里运输又大又重的部件可能是一件麻烦事。围绕两个地点的争论喧嚣从夏天一直持续到秋天,有人招来支持团,有人在找关系,不同国家在支持他们最喜欢的地点。尽管整个过程在那时候造成了一些分裂,但却帮助欧洲巩固了赢得国际热核聚变实验堆的决心。在某种程度上,欧洲人感觉他们已经为此付出得足够多了。当美国的聚变预算开始缓慢消减,而俄罗斯和日本的项目受到经济困境的影响时,欧洲原子能共同体却一直在维持整个项目的运转,尤其是在美国退出后的那几年。将欧洲的土地作为国际热核聚变实验堆的建造地将是应得的回报。

负责协调让欧洲赢得国际热核聚变实验堆努力的人是阿基利斯·米佐斯(Achilleas Mitsos),他是一位来自希腊的粗鲁的经济学家、欧洲一体化专家,于1985年参与欧洲委员会,也就是欧盟的公务机构。按照委员会的惯例,每过几年他就会被轮调到一个不同的工作岗位上。米佐斯先后管理过诸如社会与经济的结合、教育与培训以及社会经济学研究之类的问题,直到2000年最终成为负责研究工作的总干事长。到目前为止,米佐斯已经是布鲁塞尔官僚机构中一位老练的操盘手。对于卡达拉舍和班德略斯之间的争斗,他表现得不慌不忙。问题的解决需动用一些必要的外交手段:当卡达拉舍被选定时,最终还需要有一个机构来管理国际热核聚变实验堆欧洲部分的建设;为了安抚西班牙,大家承诺将把这个机构建在该国。但是对于接下来会发生什么,他准备得却很少。

国际热核聚变实验堆委员会的华盛顿会议是该项目的转折点,是把纸上的想法变成旨在建造聚变反应堆的国际合作的时刻。布什总统已经准备好在协议签署的时候到会,以增加其权威性。每个人都期待着这个协议的通过,但是“911”事件给这次会议蒙上了一层阴影。伊拉克战争已经在仅仅9个月前打响,美国和法国的关系陷入了很深的僵化状态,因为法国反对这场战争。现在,欧盟带着把国际热核聚变实验堆建在法国的计划来到谈判桌上,这是有些鲁莽的。

甚至在会议尚未开始前,紧张的气氛就已经开始蔓延。会前不久,一份未经签署的文件在日本以外的所有代表团中传开。文件描述了卡达拉舍的优点以及六所村被断定的许多缺点,包括高昂的劳动力和电力成本、地震的风险和基础设施的缺乏。日本人怒不可遏。在最近重返合作后,美国决定在这次华盛顿会议上落实地点的决议,以平息各方的紧张情绪。

伙伴国曾期望进行一场庄重冷静的辩论,然后就在何处建设国际热核聚变实验堆的问题达成一致。结果,这次会议变成了一场火车事故。首先,加拿大人撤回了他们的地点。安大略水电和它的合伙人没有赢得加拿大联邦政府的支持,而没有那个地点,加拿大的合作成员资格也就没有成功的希望。由于卡达拉舍和六所村现在进入了一对一的肉搏战,各伙伴国都各自支持他们喜欢的地点:俄罗斯和中国支持卡达拉舍;韩国和美国支持六所村。谈判变成了互相谩骂。欧洲人指控美国只支持六所村,因为它不能容忍把国际热核聚变实验堆交给法国;而美国人则指控欧洲敲诈,因为一些法国代表说,如果国际热核聚变实验堆去了日本,法国将退出整个计划。最后,什么都没有决定。两个地点都被要求提供更多的技术信息,以帮助解决这个问题。香槟酒瓶塞没被打开,代表团在猜疑和相互指责的气氛中打道回府。

在接下来的18个月里，聚变科学家们在恐惧中观察着，因为他们珍爱的项目现在已经成为外交战的武器弹药。在政府官员接手后，高级研究人员被排斥在决定国际热核聚变实验堆命运的会议之外。在华盛顿会议之后，赞成和反对两个地点的火力继续在媒体上对轰。美国能源部长斯潘塞·亚伯拉罕(Spencer Abraham)告诉日本商业领袖："从技术的观点看，你们提供了一个上等的地点。"法国总理让-皮埃尔·拉法兰(Jean-Pierre Raffarin)则还击道："我们必须有国际热核聚变实验堆，即便是全部由我们自己来做……我们不会放手。"高层政客们接连访问其他国际热核聚变实验堆伙伴国的首都，以期赢得支持。两边都暗示，不管如何，他们都会考虑跟其他愿意加入他们的伙伴国一起继续向前推进。日本和欧盟甚至许诺承担越来越大的总建设开支份额，尝试以此换取支持。

每一方都试图利用对方的弱点来作文章。六所村的致命弱点是地震风险。日本位于环太平洋火山带上，是太平洋沿岸容易发生地震和火山爆发的地方。尽管中国官员没有公开发表任何言论，因为他们不想激发两个国家在历史方面的紧张关系。他们感觉六所村的地震风险太大，并暗示，如果选择这个地点，他们就会退出。卡达拉舍的问题是地处内陆，所以，为了把反应堆上许多巨大的部件运送到该地，该项目将不得不沿着一条106千米长的弯曲路线，开展拓宽道路、加固桥梁以及修改交叉路口的工作。日本强调，通过陆路运输这样的部件即使是可能的，但也是不切实际的。然而，法国却举出了空中客车A380超巨型飞机的例子。尽管装配地位于内陆的图卢兹市(Toulouse)，一些巨大的飞机部件——包括完整的机翼和机身部分，都是先在欧洲其他地方建造，并海运到法国西南部，然后再用专门建造的运输车在深夜穿过乡村，行驶240千米运送的。

与此同时，日本和法国的官员搜集了更多关于两地适合性的信息,并把它们分为9个领域的主题。3月中旬,在维也纳举行了一次会议来就这些主题进行辩论。在法国,反应堆的批准处于现有法律系统的覆盖范围之内,并且已经在很好地进行;在日本,批准此事则需要新的立法,这个进程到现在还没有开始。在六所村,反应堆受到大规模地震损害的风险被认为比卡达拉舍高20倍。据估算,卡达拉舍准备场所的成本是六所村的八分之一。而且,与日本北部寒冷的冬季相比,普罗旺斯温暖的地中海气候对研究人员来说当然更有吸引力。总之,在9个类别的主题中,卡达拉舍有7个被认为是更好的地点,有一个类别它们打成平手,它唯一失败的类别是它的内陆位置。

这个比较看起来是偏向卡达拉舍的,但是六所村的支持者却拒绝让步;并且,由于他们的反对,这份比较文件从来没有公开过。美国继续坚持,他们支持六所村是出于一些技术上的原因。然而,实际上美国官员之所以支持日本,是因为他们认为日本可以成为一个忠于承诺的好东道国,而欧洲则不可能。布什政府里的一些人不相信,欧盟可以被当作一个主权国家来同等对待。它的25个成员国对国际热核聚变实验堆承担不同级别的义务,美国政府认为它们不可能按照统一的目标行事,而这恰恰就是国际热核聚变实验堆的建设管理和相应的经费支付所需要的。

在谈判中不得不产生出一些东西。公开敌对是无路可走的。双方都意识到,在一方是"胜利者"而另一方是"失败者"的情况下,问题就无法得到解决。为了挽回面子,需要给没有得到国际热核聚变实验堆的一方一些奖励。于是,欧盟和日本之间开始了一系列的双边谈判,讨论的话题被称作"取得聚变的更广泛的途径"。聚变研究人员早就承认,要想取得迈向聚变电站的进步,除了国际热核聚变实验堆的建造外还有很多其他事情要做。他们需要一台粒子加速器设施,以测试这种电站所需材料的耐辐射性,并且需要用超级计算机来对它进行模拟。在那时，还没有人提出过任何明确的计划来建造这些设备；但是，现在需要用它们来充当谈判的筹码。为了平息两边的争议，谁将得到国际热核聚变实验堆和谁将得到另外一些设备的问题被放到了一边，谈判只涉及"东道国"和"非东道国"。希望达到的结果是，如果"更广泛的途径"中所包含的那些设备变得足够诱人，有一方也许就不会再介意自己拥有的是它们而不是国际热核聚变实验堆。

当潜在的东道国和非东道国进行相互交谈时，争论的火力攻击平静了下来。这一时期，米佐斯每月要去东京两次。很快，一个吸引人的方案被制定出来：东道国将要支付国际热核聚变实验堆几乎50%的总建设费（其他方各提供约10%），"非东道国"将会从"更广泛的途径"中得到一个或更多昂贵设备的建造权，它的成本将由东道国和非东道国共同分担。问题是，日本和欧盟仍然都想成为东道国。需要有其他东西来让天平朝着非东道国倾斜，这样，他们中的一方就会准备接受它。

2004年夏季的一天，普林斯顿大学等离子体物理实验室主任罗布·戈德斯顿（Rob Goldston）正在整理他的房子。日本科学部副部长要来访问他的实验室，戈德斯顿邀请他在访问的前一天晚上到自己家里共进晚餐。当一切看起来与欢迎的气氛相称时，戈德斯顿坐在自家的楼梯上，试图想出方法来打破国际热核聚变实验堆在选址上的僵局，因为当天的晚餐给他提供了一个难得的机会。戈德斯顿知道，在同日本政治家打交道时有一个严格的规程，一些交谈话题是触犯禁忌的。但是，仍有一条不成文的规则，在深夜消耗掉一定量的酒精后，坦率直言和提出一些难处理的问题是可以接受的。戈德斯顿把他的想法列了一个清单，当他的儿子杰克（Jake）在楼梯上加入他时，他向他展示了他的清单。杰克是一个学经济的大学生，带着年轻人的自信，他告诉父亲，这些都没用，除了第四项。

第四个想法是,作为对非东道国的补充激励,东道国除了担负整套装置50%的费用外,还要为在非东道国公司建造的一些国际热核聚变实验堆部件(比如全部部件的10%)支付费用。这样,东道国需要支付的总额仍然不超过50%,但是非东道国的工业会得到更多的利益。杰克解释说,在戈德斯顿的所有想法中,作为对"更广泛途径"设施的补充,这是非东道国唯一确实值得拥有的东西。戈德斯顿给能源部官员打电话进行了解释,说他想向日本客人建议这个想法。他被告知可以,只要不把它说成是能源部的意思。

晚上的一切按计划进行。当喝了足够的酒后,戈德斯顿谈起了国际热核聚变实验堆选址的话题,并抛出了他的观点。晚餐结束后,部长带着两页备忘录离开,其中阐明了戈德斯顿早先准备好的计划。当来访者第二天早上到达实验室时,他立即请求使用传真机。他想在那天工作结束前把备忘录发回东京。项目又重新开始运转,并很快就能聚集更多的力量。

制定所有细节花费了好几个月的时间。但是,在2005年5月,日本的《读卖新闻》(*Yomiuri Shimbun*)日报援引来自政府的消息说,如果日本能在建设中赢得一个赚钱的角色,它可能就愿意放弃争取国际热核聚变实验堆东道国的努力。在接下来的一周,最后一次欧盟-日本会议在日内瓦召开,协议得到确认。双方曾经决定,要在7月6日苏格兰格伦伊格尔斯(Gleneagles)举行的八国集团首脑会议(G8峰会)之前解决这个问题。7月初,在八国领导人将要聚集在苏格兰讨论气候变化和对非洲的援助之前,乔治·布什骑自行车撞到了一名英国警察,而国际热核聚变实验堆伙伴国的代表们则在莫斯科受到叶夫根尼·威利科夫的欢迎。在20年前,同样是他劝说戈尔巴乔夫,让他提议把国际热核聚变实验堆作为一个"为全人类造福"的世界性计划。现在,他见证了其发展过程的另一个转折点:正如每个人现在都期望的,卡达拉舍被宣布成为反应堆的建造地点。

同时公开的是欧洲为了得到它究竟必须支付多少钱。在欧盟与日本之间的计划制定出来后，接着考虑的是50亿欧元花费的分摊方案，包括从东道国转移到非东道国的另外10%，这是戈德斯顿想法中的第四项所框定的。另外，国际热核聚变实验堆总部员工有20%将是日本人，并且欧盟将会支持日本所提议的一名总干事。至于"更广泛的途径"，日本将挑选一个设施在它的国土上建造，成本高达8亿欧元，其中一半费用由欧盟支付。

经过18个月针锋相对的艰难谈判后，每个人都对这个结果感到满意。日本企业可以期待利润丰厚并由欧洲支付的合同，而欧洲则可以沐浴在成为国际热核聚变实验堆东道国的声望之中。尽管一些欧洲研究人员对自己承担的任务感到担心：国际热核聚变实验堆的巨额花费现在要威胁到其他所有的聚变项目，会让它们饿死。但是，每个参与其中的人都明显有一种如释重负的感觉。

仅仅一年后，当七个伙伴国的部长们（印度于2006年初加入）聚在一起签署国际协议，从而使国际热核聚变实验堆成为一个官方合作项目时，法国又赢得了对美国的一个小小的胜利。仪式不是在华盛顿由布什总统见证，而是在巴黎的爱丽舍宫（Elysée）由雅克·希拉克（Jacques Chirac）总统见证的。那年早些时候，米佐斯辞去了他在欧盟委员会的工作，并返回了希腊。他的工作完成了。国际热核聚变实验堆不再是一个梦：它是一项真正的国家间合作；随着印度的加入，它代表了世界一半以上的人口。它现在有一帮员工、一个总部、一大片光秃秃的土地和一个计划。他们现在需要做的一切就是去建造它。

第8章　若非此时，更待何时？

在20世纪70年代早期，随着俄罗斯T－3装置的实验成功，世界上多数核聚变科学家纷纷加紧建造各自的托卡马克。而在美国，一些科学家则认为，让他们的聚变计划变成一场只有一匹马参加的竞赛，这并不是什么好主意。美国的计划持续了20年，资助了一系列不同的聚变装置——仿星器、箍缩器、磁镜装置以及其他更多的奇异设备。不过，它们的数量正在逐步减少。随着托卡马克的出现，仿星器在很大程度上已经被放弃了，而其他类型的装置要么稳定性不好、等离子体泄漏，要么温度或密度太低，都无法正常运行。美国如果不打算变成"托卡马克秀"的话，那就还需要一些别的东西。

最有力的竞争者是磁镜装置，尽管它还在某种程度上落后于托卡马克。自旧金山附近的劳伦斯·利弗莫尔实验室成立以来，这类设备已经成为它的一个支柱，而理查德·波斯特则被任命为其受控核聚变课题组的带头人。波斯特和他的同事们已经建造了一些小的装置，但是不稳定性使它们对等离子体的约束不超过1毫秒，并且等离子体的密度一直较低。然而，对于反应堆工程师们来说，磁镜装置具有优雅的简约性：直线形磁感线，简单的环形磁体，可预测的粒子运动——与托卡马克或仿星器大不相同，因为它们需要几何扭曲才能运行。磁镜装置约束等离子体的方式同仿星器是一样的：磁感线沿通道直线排列，而粒子会被拉向磁感线，进而沿磁感线做紧密的小螺旋运动。当这些粒子到达管状真空室末端时，磁镜的问题出现了:该如何阻止它们逃逸?

最简单的方法就是在真空室的每一端加装强磁镜线圈。这使得磁感线被压缩成紧密的一束。当螺旋运动的粒子碰到这个更强的磁场时,它们会沿原路被反弹回来,并沿着管道来回漂移。这对于大多数粒子都起作用,但是仍有许多粒子会逃逸出去,设备的性能因此降低。研究人员开发出其他一些更复杂的端塞磁体设计,希望借此产生一个阻泄作用更强的磁塞。其中一种线圈,就像缝制棒球所形成的那种外凸形;另外一种线圈由两匝这样的线圈互锁而成,称为"阴阳线圈",其形状有点像代表阴和阳的道教符号。

1973年,利弗莫尔的科研人员运行被称为2XII的磁镜装置,没有得到很好的结果——约束性能很差。可是,他们注意到,当等离子体密度升高时,密闭度也随之提高。所以,他们开始寻找注入更多等离子体的方法,从而提高密度。附近伯克利辐射实验室的同事们提供了一种解决办法:他们研发了一套能够产生中性粒子束的系统,它对于2XII研究组来说似乎是一种理想方法,能够向他们的等离子体中添入更多原料。他们花了两年的时间来对中性束注入装置进行升级,但是,在1975年6月,当他们启动新的2XIIB[多出的B指"束"(Beams)]时,他们发现密闭度更糟。

在走投无路的情况下,他们尝试了一个几年前就已经提出的小手段,来降低等离子体的不稳定性:让一束低温等离子流穿过真空室中的高温等离子体。改进措施的效果非常显著。到了下一个月,他们已经将等离子体的温度升高到1亿摄氏度——等离子体密度也创下了当时的纪录,并且将约束时间增加了10倍。此外,它还产生了另外一种附带效应:温暖的等离子流能让中性束在加热等离子体方面变得非常高效,显著的效果使科研人员觉得,他们可以放弃先前采用的加热方法——利用磁镜线圈产生的高频电脉冲快速压缩等离子体。在没有电脉冲的情况下,2XIIB变成了一台有效的稳态装置——反应堆设计师的圣杯。

这些真的让能源研究开发署的项目管理人员颇感兴趣。托卡马克需要有一个有力的竞争者,而这台装置则可堪此任。当时,中东石油禁运将燃料推高到天价已经有一年多的时间,政治家们正在迫切地寻求任何一种能够成为替代能源的东西——对从阿拉伯半岛进口石油的替代。利弗莫尔实验室希望搭上这趟能发意外之财的列车,迅速制定了建造大尺度版 2XIIB 的计划。该装置被称为磁镜聚变测试设备(Mirror Fusion Test Facility,MFTF),而能源研究开发署则同意资助它的建造。

虽然 2XIIB 非常成功,但是它的端磁镜仍有泄漏,所以许多人怀疑磁镜聚变测试设备是否能真的达到动力反应堆的等级。即使是最乐观的预估,一台完整尺度的磁镜聚变测试设备也只能达到非常有限的增益——它所产生的能量会稍微超过用以维持它运转的能量。因此,在设计磁镜聚变测试设备期间,利弗莫尔实验室存在相当大的压力,要设法拿出一些技术来阻止泄漏和提高增益。

1976 年,他们与苏联的研究人员几乎同时找到了一种解决办法,也就是一种被称为串列磁镜的系统。在这种装置中,每端的单级磁镜被一对串列磁镜所取代,串列磁镜中间被一节短直的部分隔开。两个磁镜以及约束在两者之间的等离子体形成一种微型磁镜系统,它被证明是一种比单级镜更为有效的端塞。为了测试这个想法,利弗莫尔实验室说服能源研究开发署资助另一个实验装置的建造,它小于磁镜聚变测试设备,被称为串列磁镜实验(Tandem Mirror Experiment,TMX)。他们建造了串列磁镜实验,并足够肯定地显示,双磁镜端塞减少了泄漏量。唯一的麻烦是,现在利弗莫尔的研究人员不得不重新设计磁镜聚变测试设备。他们选择缩短现有的磁镜聚变测试设备,并把它变成第一个端塞,所以他们现在需要另一台完整的磁镜聚变测试设备,把它作为第二个端塞和新的中心部件。

新的设计被称为磁镜聚变测试设备-B，比原有装置要大很多，而且更贵。但是，在已经取得这么多进展的情况下，能源研究开发署同意继续推进该计划。

虽然串列磁镜减少了泄漏，但是仍有改进的空间。在 1980 年，利弗莫尔的研究人员提出了另一种构想：在装置的每一端各加装一个磁镜，这样将在两端形成一个双层等离子体塞，能进一步阻塞等离子体的泄漏。为了测试这种想法，他们通过加装磁镜对串列磁镜实验进行了升级，而这确实形成了一个更加有效的端塞。但这又导致了对磁镜聚变测试设备-B 的再次重新设计，以增加额外的磁镜。

到现在为止，磁镜聚变测试设备-B 已经变成了一个机器怪兽。等离子体管和每一端的所有磁镜被封裹在一个不锈钢的真空室里，真空室直径为 10 米，长达 54 米。你可以轻而易举地将一辆双层巴士开进它的中间。当它开始运转时，需要有 150 名工作人员来进行管理，估计每月要消耗 100 万美元的电能。这种变得复杂的端塞远不是当初的那种简单结构，那种结构曾经将许多人吸引到磁镜装置上。一些研究人员开玩笑说，通过数有多少磁镜被加到末端，你就能知道一台磁镜装置的岁数，就像树的年轮那样。

磁镜聚变测试设备-B 的建造共用了 9 年时间，花费高达 3.72 亿美元。1986 年 2 月 21 日，员工和来宾们聚集一堂，举行了正式的竣工仪式。能源部长约翰·赫林顿（John Herrington）及随行的能源部其他官员从华盛顿远道而来，他赞扬了利弗莫尔团队的工作。但是，这并不是大家一直期盼的欢庆场面。

20 世纪 80 年代中期的政治气候完全不同于 10 年前。罗纳德·里根于 1981 年入主白宫，对公共开支进行了大规模削减。70 年代的高油价和对可替代能源的那种疯狂搜求现在只是一段记忆。对于里根时代的能源部来说，单单为了同托卡马克竞争而去资助另一种聚变反应堆是一种昂贵的奢侈。所以，就在祝贺利弗莫尔成就后的第二天,能源部就对磁镜聚变测试设备-B关闭了大门,他们甚至都没有启动过它。几年之后,它被当成废品拆卸。直到今天,那些在这台装置上花费了数年时间的科学家、工程师和技术人员甚至都还不知道,它是否能正常运转。

这个故事的寓意是什么?核聚变能源并非必然。任何聚变装置,无论已经在它上面花费了多少经费,都无法躲过预算削减的大斧。今天的那些巨型装置——最近完成的国家点火装置和部分建成的国际热核聚变实验堆,可能会遭遇与磁镜聚变测试设备-B相似的命运。聚变能的探索是昂贵的,只有在政治家和公众想要它并且需要它时,它才会继续下去。

23年后,2009年3月31日,利弗莫尔又举行了一次竣工仪式,这次是为国家点火装置。该装置不会马上面临关停,但它是在巨大压力下运行的。它的资助方是美国能源部的国家核安全局(National Nuclear Security Administration,NNSA),他们想要从这台装置的巨额开销中得到回报,而且马上就要。几年以前,当国家点火装置还在建造的时,国家核安全局的官员和一些高级研究员制定了一份尽快让该装置实现点火的计划,因为这样能提供一个跳板,以便他们利用这台装置实施计划要做的所有事情:武器研究、基础科学,当然还有聚变能。

这一计划被称为国家点火攻坚计划(National Ignition Campaign,NIC),始于2006年,包括为国家点火装置的试验设计靶标,并且模拟这些靶丸所可能发生的状况。其他实验室也参与了国家点火装置的工作,包括罗切斯特大学的激光能量学实验室及其欧米伽激光器,还有桑迪亚国家实验室的Z装置。该装置研究的是惯性约束聚变,利用的是超高功率电脉冲而非激光器。在较低的能量下,这些设备能够对一些最后将在国家点火装置上开展的工作进行尝试。

到国家点火装置投入使用时，国家点火攻坚计划已经过去了 3 年时间。研究人员自信地认为，点火对他们来说是触手可及的事情。国家点火装置还要进行许多校准和调试，所以怎么也要等到 2010 年，研究人员才能对充满氘-氚燃料的靶标进行可以达到点火的打靶。但国家点火装置团队说，他们在 2009 年末也许就能实现他们的目标。

国家点火装置真是一台令人惊叹的装置。光是它的个头就足以让人窒息：装下它的整栋楼有一个足球场那么大，高达 10 层。里面有一台激光器，它的巨大和威猛足以把詹姆斯·邦德（James Bond）的邪恶对手们吓得痛哭流涕。在密布的金属、漆成白色的钢制上层结构和整齐成捆的线缆之中，有一种安静的效率在嗡嗡作响。这个地方给人感受是，有一股巨大能量亟待释放。

这台装置的心脏是一个小到不起眼的光纤激光器，它所产生的一束普通红外线光束的能量只有几十亿分之一焦。这个光束被切分成 48 个小光束，每一束都穿过一个单独的预放大器，即一根掺钕的玻璃棒。在这束脉冲到达之前，预放大器已经用氙闪光灯充满了能量。而当这个光束穿过时，这股能量即被倾注其中。在四次穿过这些预放大器后，这 48 个光束的能量已经被放大百亿倍，达到 6 焦左右。而后这些光束每个被分成四个束线——产生总共 192 束光——并穿过国家点火装置的主放大器。这些放大器占据了这一设施多孔前厅的大部分空间，是由 3 072 块钕玻璃平板（每块将近一米长，且重达 42 千克）组成的，由 7 680 个闪光灯进行能量输入。在几次穿过放大器后，光束总能量达到 6 兆焦，并转向编组站。

编组站是一个钢梁结构，支撑着管道和运转反射镜，引导光束遍布球形靶室周围，使它们能从所有方向入射。靶室本身直径 10 米，由 10 厘米厚的铝制成，外面加有 30 厘米厚的混凝土护封，以吸收聚变反应辐射出的中子。这个防护球上穿有几十个孔:方形的是激光孔,圆形的用作观察端口,用以接入大量研究聚变反应的诊断仪器。在进入靶室之前,光束必须先经过一个关键的终端光学开关。这些开关采用磷酸二氢钾晶片,能转换由钕玻璃激光器发出的1 053 纳米波长的红外光线,第一次将它变成绿光(527 纳米),然后再转换为紫外光(351 纳米),因为较短的波长在触发聚变靶标内爆上更有效。

这些光束的大部分旅程都位于直径为 40 厘米的导管内部,但最终它们会被聚焦到靶室中心的一点上,在那里穿过辐射黑腔两端直径为 3 毫米的两个入孔。虽然个头很大而且浑身蛮力,但是激光器的终端反应设备必须针尖般纤细,并且极其精密。黑腔被一根 7 米长的机械臂放置在靶室的正中心,这个定位臂必须保持靶标绝对稳定,准确地定位在正确的点上,误差不超过一张纸的厚度。这个臂也含有一套冷却系统,能将靶标的温度降到零下 225 摄氏度,好让氘-氚燃料冻结在靶丸内壁上。

国家点火装置的一次打靶是这样运行的:初始的光纤激光器发出一束短激光脉冲,大约 200 亿分之一秒长;然后脉冲穿过预放大器、放大器和终端光学组件,最终在进入靶室之前形成了 192 束紫外光,总能量达到了 1.8 兆焦,这与一辆 2 吨重的卡车在 160 千米/时(100 英里/时)时的动能大致相当。但由于这束脉冲只有几十亿分之一秒长,它的功率是巨大的,达到了 500 万亿瓦,是任一特定时刻整个美国所用电功率的 1 000 倍。一旦如此大的能量聚集在黑腔上,事情就会发生急剧的变化。这 192 束光通过顶部和底部的入孔被注入腔体的内壁上,内壁被瞬间加热到非常高的温度,从而发射出一种 X 射线脉冲。黑腔内部顷刻变成一个极热的炉膛,里面的温度能达到大约 400 万摄氏度,并且充满着 X 射线。靶丸的塑料外壳开始蒸发，而且在高速飞散。靶丸材料的喷射行为就像一枚火箭，迫使塑料壳的其余部分和聚变燃料朝靶丸中心内聚。

如果国家点火装置的科学家们所做的一切都没有问题，那么这种向内驱动将会是完全对称的，并且氘-氚燃料会被压缩成一个极小的颗粒，直径大约只有一毫米的 3%左右，密度是铅的 100 倍。颗粒的核心温度会超过 1 亿摄氏度，但是即使这样仍不足以引发聚变。这束激光脉冲还藏有一个最后的妙招，能够提供点火的“火花”。如果时序准确，那么就在颗粒达到最大压缩量时，来自初始激光脉冲的一束球形会聚激光应该恰好抵达颗粒的中心热斑。这种冲击将给热斑最后一激，导致聚变开始。一旦反应开始，每次聚变产生的高能 α 粒子加热热斑周围稍冷的燃料。这会导致更多次聚变，产生更多的 α 粒子，反应获得的动力和增益——创造了核聚变的历史！一次完美的发射可以产生 18 兆焦的能量，是注入激光束能量的 10 倍。

当利弗莫尔的研究人员在 2010 年开始在国家点火装置上的实验时，上述序列的事件就是他们的目标。第一个未知数，是激光器能否胜任这项工作。国家点火装置的批评者们已经提出警告，说激光器技术还无法支撑能量如此高的一台装置。他们预言，当大量的能量透过光学系统时，会导致系统过热并破裂；玻璃表面的灰尘微粒也会变热并造成损坏；闪光灯会不时出现爆裂并需要更换。在国家点火装置建造过程中出现过电容器和闪光灯爆炸的问题，整个制备和处理光学玻璃的系统不得不重新进行设计，以保持它像半导体生产车间那样洁净。国家点火装置的设计者们的工作做得很好。在他们最终启动机器并调高能量的头两年中，激光器并没有把自己撕成碎片。偶尔确实有灯泡发生爆裂，一些光学元件表面也受到损坏；但是，国家点火装置的工作人员早已找到了解决办法，要么修复表面,要么遮住受损的部分,这样激光器就能维持运转。

利弗莫尔的研究人员从早先的装置上知道,让激光器正常运行还只是事情的开始:无数的困难仍摆在面前。一旦产生激光脉冲,头一个困难是黑腔内部的混沌环境。当高能光束加热内壁时,它们会从中轰击出很多金原子,并在黑腔内形成一束等离子体。如果不小心控制,这束等离子体会导致严重的破坏,削弱注入光束的能量,使光束偏离预期的路径,甚至将一些光束从黑腔的入孔中反射回去。这样的相互作用曾经使早期的激光核聚变装置的成效受到限制,国家点火装置团队认真研究了这个问题,并进行了大量的模拟。在国家点火装置的早期实验中,研究团队主要是设法将等离子体的相互作用保持在可控的范围内,大部分情况下是避免出现使问题恶化的状况。

另一个潜在的困难是靶丸内爆。内爆是一种固有的不稳定状况,因为它涉及一种高密度材料(塑料外壳)推压一种低密度材料(核聚变燃料),并且瑞利-泰勒不稳定性能够致使燃料冲破其约束。研究人员对付这种情况的第一种武器是对称性,因此需要对黑腔内部的光束进行精确定位,以确保 X 射线均匀地加热靶丸。他们的第二种武器是速度:如果他们能让内爆足够快地发生,那么就会使塑料和燃料没有时间爆胀变形。

实验人员使用一种被称为实验点火阈值因子(experimental ignition threshold factor,ITFX)的量来记录他们的进展。点火阈值因子是这样定义的:一束被点燃的等离子体所具有的点火阈值因子为1。在国家点火攻坚计划的第一年,点火阈值因子的值证明了他们所取得的进步。在点火实验开始时,打靶取得的点火阈值因子值为0.001。一年后,它已经达到0.1——增长了100倍——但是却停滞不前了。国家点火攻坚计划的第二年一直受到这些现象的困扰,国家点火装置研究团队无法解释这些现象。虽然靶室插满了接近60种诊断仪器来探测里面正在发生什么,通过测量X射线、中子,甚至拍摄内爆的延时摄影,但是研究人员无法弄清,为什么靶丸的行为不符合计算机模拟所作出的预测。由于未知的原因,激光束的很大一部分能量都偏离了预定的驱动靶丸内爆的目标。在内爆开始前,靶丸外壳还受到前期加热——也许因为散射的激光能量——从而使外壳的密度降低,并且也使它对燃料的压缩效率降低。内爆的速度也太慢了。在2011年9月的一次聚变会议上,作为监督国家点火装置的官员,能源部负责科学事务的副部长史蒂文·库宁说:“点火被证明比预期的更加难以捉摸。”他还说:“某种科学发现可能是必要的。”其实这是在客气地说:“我们不知道发生了什么。”

库宁建立了一个独立的聚变专家组,向他定期报告国家点火装置的进展情况。专家组对国家点火装置的预定驱动方法(schedule-driven approach)提出了批评,这种方法虽然能确定哪些打靶必须进行,什么时间进行;但是,如果出现了什么意想不到的事情,却不能留出任何时间去探索哪里出错了。在2012年年中的一份报告中,该小组指出,利弗莫尔的国家点火装置模拟预测,他们当时正在进行的打靶应该能实现点火;但测量的点火阈值因子值却显示,他们还有很长的路要走。如果模拟的预测这么不靠谱,那模拟又是一种什么样的进展指南呢?就像之前激光核聚变中的情况一样,导致研究人员产生不切实际的期望的正是这些模拟。

在设计国家点火攻坚计划时已经作出了明确的规定,如果国家点火装置在两年的实验结束时仍然无法实现点火,那么国家核安全局有60天的时间向国会提交报告,报告的内容包括失败的原因、怎样可以挽回这种局面,以及这对核武器储存管理工作会产生什么影响。2012年9月30日,原定的期限到了。12月7日,国家核安全局向国会提交了它的报告。报告承认,利弗莫尔的研究人员还不清楚为什么内爆的行为不符合预测;其中甚至坦承,究竟能否在国家点火装置上实现点火,现在还言之过早。国家核安全局要求继续对国家点火装置提供3年的经费支持(每年大约高达4.5亿美元),以便让研究人员能够调查,为什么模拟和实测性能之间会存在偏差。重要的是,该报告还呼吁在其他实现点火的方法上开展平行研究,作为备选方案,以防国家点火装置失败。这些替代方法包括桑迪亚Z装置上的电脉冲核聚变、罗切斯特欧米伽上的激光直接驱动聚变,甚至还包括在国家点火装置上采用直接驱动。

到写这本书的时候,还不清楚国会对上述提议将会作出怎样的反应,尽管巴拉克·奥巴马(Barack Obama)总统提出的2014年预算案中建议削减国家点火装置20%的经费。此外,多年来一些国会议员一直在为终止国家点火装置而努力,上述这种揭短的行为只会为他们的行动加油助威。无论在发生什么,迈向点火的进展看来真的开始减速了。因为国家点火攻坚计划过去能使用国家点火装置上80%左右的打靶,而从2013年年初开始,武器科学家将会得到更大的份额,达到50%以上。许多激光核聚变专家仍然认为国家点火装置能够实现点火,但问题是:什么时候?

与此同时,在法国,国际热核聚变实验堆计划才刚刚开始启动。继2006年11月在巴黎举行的国际协议签字仪式之后,还需要将近一年时间来让各伙伴国批准该协议,只有到那之后他们才能正式创建国际热核聚变实验堆组织。不过,这并没有耽误建设场地的开挖。2007年1月,机械开始在圣波莱迪朗克(Saint Paul lez Durance)附近的土地上清除树木。一些珍稀植物和动物被迁往别处,一座18世纪的玻璃厂遗址和一些5世纪的古墓得到保留。重型推土机于2008年3月到达,开始推平一座小山的一侧来降低其高度,并将土壤推到坡下,以抬高那里的地面高度,从而建造出一个水平面。挖掘机一共搬运了250万立方米材料来打造一个42公顷的平台,这个区域足有60个足球场那么大。之后一切都停了下来,因为,在附近的临时办公楼里,新的研究团队正在拼命理解他们必须要建的这台装置。

在最终决定将国际热核聚变实验堆建在卡达拉舍后不久,项目的伙伴国开始为高级管理职位推选人员。正如预期的那样,日本推选本国驻克罗地亚(Croatia)大使池田要(Kaname Ikeda)担任总干事的提议获得了批准。池田要主持过众多有关研究和高新技术产业的政府工作,并且拥有一个核工程学位——是适合领导这样一个国际组织的资深人士,但却不是一位聚变科学家。他的副手诺伯特·霍尔特坎普(Norbert Holtkamp)是德国的一名物理学家,有一点管理大项目的经验,不久前参与建成了田纳西州橡树岭国家实验室的散裂中子源(Spallation Neutron Source)粒子加速器;但同样,他也不是一位聚变科学家。

这两个人完全不同。池田要是彻头彻尾的日本外交官:礼貌,恭顺,穿着得体。相比之下,霍尔特坎普悠闲,和蔼可亲,喜欢按照自己的方式做事。甚至几年的美国工作也没有把他锻炼出公司模式——在国际热核聚变实验堆,他设法说服办公室主管,把他从日常的禁烟规定中免除,这样他就能在自己的办公室抽着雪茄,吞云吐雾。他们手下有七个副干事,每个伙伴国一名。人员招聘继续以类似方式进行,试图保持每个伙伴国拥有数量差不多的工作人员。这是一个由国际官僚委员会设计的管理结构,将被证明是这个年轻组织的大包袱。

这个新管理团队的两位领导都是聚变方面的新手,其中还包括了很多没有参与过草拟国际热核聚变实验堆设计的研究人员,所以,他们不得不做的第一件事是彻底让自己熟悉这台装置。他们还必须检查和复核设计的每一个细节,确保它能够用作工业合同的蓝本,并据此建造反应堆的各种部件。然后,还存在这样一个事实——到那时,这个设计已经有五六年的历史了,而核聚变科学已经有了新的进步:现在正是将最新思想融入设计之中的时候。所以,新的团队呼吁全世界的聚变界为他们提供帮助。他们请研究人员填写“问题卡”,描述设计中任何令他们担心的方面,或者任何可能加以应用的改进。

核聚变科学家们并不羞于开口。到2007年年初,国际热核聚变实验堆团队已经收到大约500张卡片。他们征召外部专家前来帮忙,并设立了八个专家组来筛选所有的关切和建议。其中许多被证明是不切实际和不能当真的,其他的只要求对这个设计稍作修改,但有几个人要求的是大型且昂贵的改变。截至2007年年底,他们已经把这份清单削减成10几个主要问题;剩下的工作是,如何把这些纳入到设计中而不使成本膨胀。

最具争议的问题之一是关于一种控制边缘局域模的新方法,这种不稳定性会导致等离子体边缘区域出现喷射,从而损坏容器壁或偏滤器——是H-模(高约束模)优越约束性能的一种副作用。已经为国际热核聚变实验堆选定的解决方案是,以固定的时间间隔向等离子体中射入一些冷冻的氘丸。它们会引起小规模的边缘局域模,让一些能量泄漏出来,以防止更大、更具破坏性的边缘局域模的出现。但是,在圣迭戈的通用原子公司(General Atomics),DIII-D托卡马克的研究人员已经想出了一个更为简单的解决方法:在等离子体表面外加上一个附加磁场,使它粗糙起来,从而允许能量以一种可控的方式泄漏出来。问题是,这个额外的磁场需要一组新的磁体线圈,建在真空室的内壁上或其附近,这在建设后期可能是一种成本很高的改变。

一开始这几年的首要目标是,编制一份称为项目基准的文件。基准文件有数千页长,是一份有关该项目的完整描述,包含其设计、进度和成本。在看到并批准基准文件之前,项目的参与方是不会签字同意开工建造的。所以,当国际热核聚变实验堆团队还在为项目的纸质文件谈判时,平整好的场地依旧寂静而空空如也。

2008年6月,团队将设计的评估结果递交给国际热核聚变实验堆理事会,该理事会由每个参与方派出的两名代表组成。尽管他们大幅压缩了来自研究人员的许多建议,但是仍有众多需要完善和修改的部件,包含主磁体和加热系统,再加上控制边缘局域模的追加磁线圈。团队估计,这些变化会增加大约15亿欧元的费用。原先估计的50亿欧元的建设费看起来也不那么可靠。国际热核聚变实验堆团队对设计细节的调查越多就越觉得,2001年的设计者们可能过于乐观了,最终成本可能会高达原来估计的两倍。

像国际热核聚变实验堆这样的重大科学项目超出预算并不罕见,但是不断膨胀的价码会让推销变得越来越困难,因为自2006年国际热核聚变实验堆项目成立以来,全球金融危机席卷了所有项目伙伴的经济体。在紧缩成为新时尚的时候,各代表团都不喜欢回到自己的政府那里,索要更多的钱。所以,理事会让国际热核聚变实验堆团队重新开始工作,并指示他们彻底明确费用,防止再出现意外的情况。理事会也不相信,团队能在没有监督的情况下做好工作。它任命了一个独立的专家组,由卡勒姆的前研究人员弗兰克·布里斯科(Frank Briscoe)领导,以审查工程的成本和估算方式。它还成立了第二个专家组,以研究该组织的管理结构。

一年后,团队请求理事会批准分阶段建设国际热核聚变实验堆。他们第一步启动的装置是只具有真空室、约束等离子体的磁体以及冷却超导磁体所需的低温系统。这背后的想法是为了让整个系统更加简单,以便让操作人员在尽量简单的情况下掌握运行装置的方法——完全没有诊断仪器、粒子和微波加热系统、室壁上的中子吸收包层和偏滤器所带来的复杂性,而这些设备将在以后另行添加。理事会同意了,并且还批准了一项时间表的改动:第一束等离子是在2018年而不是2016年,第一束氘-氚等离子体则是在2026年,比原计划推迟了近两年。国际热核聚变实验堆团队仍在忙着做项目基准,包含所有重要费用的估算,但是理事会却要求在2009年11月召开的下次会议上见到它。

但是,那次秋季会议最终全部集中到了时间进度上。欧盟的关切是,在2018年完成建设仍然太快。急切推动进度可能会导致以后不可能更正的错误。所以,国际热核聚变实验堆的设计者们又被送回到绘图板前,要在时间表上做更多的工作。其他合作成员对延迟感到有些沮丧。他们想尽可能快地向前推进,但是,作为该项目占比45%的最大经费贡献者,欧洲也会承受最大的损失,因此可以以势压人。在2010年的春天,新的完工日期商定了:2019年11月。但仍然没有基准,而且反应堆的家园仍然是一片闲置的建筑工地。

春末的时候,国际热核聚变实验堆实际低估的费用变得清晰明确。作为它45%的成本分担份额,欧盟将不得不支付72亿欧元的费用。那意味着总金额达到了160亿欧元的范围。对国际热核聚变实验堆所有的参与方来说,这个巨大的数目将对聚变经费造成严重的财政压力,而对欧盟来说,这几乎引发了崩溃。问题是这样的:欧盟的拨款需要在其七年预算中得到各成员国的同意;目前的预算周期将运行到2013年末;在2012和2013年两年,聚变的预算限额控制在7亿欧元;但是,新上涨的国际热核聚变实验堆费用需要欧盟在这几年中提供21亿欧元,所以欧洲不得不从其他地方筹集到这多出的14亿欧元。

欧盟的管理人员考虑了很多能填补缺口的可选方案,包括获得欧洲投资银行的贷款,那是一家向欧洲开发项目借贷的机构。但是这遭到拒绝,因为没有可以证明的收入来源用来偿还贷款。他们想过抛售欧洲研究项目的预算,但担心遭到欧洲大陆科学家们的强烈反对。最后,他们直接呼吁欧盟成员国政府追加款项,好让他们摆脱困境。6 月,项目的成员国拒绝为这个项目解困,并直接说,这是欧盟的问题,因此它必须自己去寻找解决方案。6 月份的国际热核聚变实验堆理事会召开了会议,但还是没有对基准作出决定。

通过反复劝说和机构内部的角力,欧盟管理人员最终设法在欧盟预算范围内凑齐了必要的资金。约有 4 亿欧元取自其他研究项目,剩余的则来自其他渠道,特别是未经使用的农业补贴。国际热核聚变实验堆前进的障碍被清除了。

2010 年 7 月 28 日,国际热核聚变实验堆理事会在卡达拉舍举行特别会议。主持这次会议的不是别人,正是叶夫根尼 · 威利科夫,他再次接手来指导国际热核聚变实验堆通过它的主要转折点之一。有了巨额的救援,各国代表批准了基准,允许国际热核聚变实验堆进入建造阶段。但那并不是他们唯一的议题。他们也告别了总干事池田要,因为之前他请求,只要基准获得通过他就马上辞职。理事会任命本岛修(Osamu Motojima)接替他的职位,他是日本国立聚变科学研究所(Institute for Fusion Science)原所长。本岛修知道如何建造大型核聚变设施,曾经领导建设了日本的大型螺旋装置(Large Helical Device),一种仿星器。随着基准的挫败而离开的不是只有池田要。诺伯特 · 霍尔特坎普也辞职了,他的首席副总干事职位暂时空缺。

理事会给本岛修的命令是降低开支,保持进度,简化国际热核聚变实验堆的管理。在着手最后一点时,他清除了先前的七部门结构,而代之以更精简的三部门制。第一个部门负责安全控制、质量保证和安保,由西班牙人卡洛斯 · 阿莱哈尔德雷(Carlos Alejaldre)主管,他在旧的组织结构中担当同样的角色。为了管理关键的国际热核聚变实验堆工程部——负责装置的建造,本岛修任命了德国马克斯 · 普朗克等离子体物理研究所的雷梅尔特 · 杭戈(Remmelt Haange)。杭戈像本岛修一样,是一位经验丰富的反应堆建设者,曾参与了欧洲联合环的建造,并且担任过德国文德尔施泰因(Wendelstein)7-X仿星器项目的技术总监。最后,普林斯顿等离子体物理实验室的副主任理查德·哈夫雷鲁克(Richard Hawryluk)被选来领导新设立的行政管理部。有了这些核聚变研究的老将掌舵,项目开始了真正的工作,着手建设世界上最大的托卡马克。很快,卡车和推土机开始像工蚁一样在场地上爬行。

聚变能研究现在已经进入第7个十年。成千上万的男男女女一直在研究这个问题,数十亿美元已经被花光。因此看起来有理由要问,它真的会成功吗?这项惊人的技术作过如此多的承诺,但又如此难以掌控;它真的会制造出发电厂,能高效地输出廉价的电力来驱动我们的城市吗?今天,像国家点火装置和国际热核聚变实验堆这样的一流装置看起来都模拟和建造得如此彻底,而前一代装置又如此接近能量收支平衡,这是否意味着,我们长期追求的目标肯定不会太远了?让我们首先考虑一下惯性约束聚变和国家点火装置的情况。

在写这本书的时候,依然有人猜测国家点火装置会不会真的能成功运行。许多人相信,这只不过是一个转动所有旋钮的事情,只要找到了参数的正确组合,一切就豁然开朗。然而,利弗莫尔选择钕玻璃激光器和间接驱动靶,这些做法一直存在争议。批评人士说,整个领域需要完全改变方向,比如改用氪-氟气体激光器——它们本身就具有短波长,是一种简单和廉价的直接驱动靶。

国家点火装置无法逃避这样的事实,它的主要目标不是聚变能,而是模拟核爆炸以帮助管理和维持核武库。然而,当这台装置于2009年落成时,新闻报道几乎完全聚焦在聚变能上。那不是偶然。在之前的几年,国家点火装置的管理者已经察觉到了政治风向:维持和管理核武库固然重要,而气候变化和能源自主也同样重要。如果他们要获得公众和国会对国家点火装置的支持,他们就不得不扩大其吸引力。因此,要强调能源,而不是核武器。

国家点火装置的主管埃德·摩西(Ed Moses)和他的团队期望,当他们实现点火时会激发一股对聚变能的兴趣,并且也希望能带来新的资金。他们要为借助这波热潮作好准备。于是,按照传统的方式,他们开始计划接下来要出现的那个反应堆,一个专门用于动力生产,而不是科学或核武器储备管理的反应堆。把取得点火——他们认为不久就能实现——作为起点,他们试图论证,自己究竟能多快、多便宜地建造一座激光核聚变电站原型。他们采取了一种精心考虑的低风险方法,尽可能坚持国家点火装置的设计,以缩短研发时间。所有部件都必须是现在或不久的将来能从市场上得到的。他们咨询了一些电力公用公司,问他们想要什么样的反应堆,这些事情是以前的聚变研究人员从来没有真正做过的。他们称这台梦想装置为LIFE,代表激光惯性聚变能(laser inertial fusion energy)。

要处理的第一件事是激光器。国家点火装置的激光器虽然是一个奇迹,但完全不适合惯性聚变电站。它是一种单一的庞大设备,容易发生光学损伤,并且一天只能启动几次。国家点火装置团队并不想完全抛弃钕玻璃激光器——这是他们所知道和理解的技术。但他们也放弃了那种用于向激光玻璃泵入能量的氙气闪光灯,因为它既不稳定又耗电。理想的替代将是固态发光二极管,类似于LED电视屏幕和最新一代节能灯泡所用的那种。它们比闪光灯效能更高,充电更快,且不易损坏。今天的电子公司能制造出合适的二极管,但它们都太贵了,会使一座激光电站赚不到钱。然而,据国家点火装置的研究人员计算,像大多数电子元器件一样,它们的价格会很快下降。到激光惯性聚变能装置需要用它们的时候,他们也将负担得起。

让激光惯性聚变能装置依靠单一的激光器去驱动整个电站,这也行不通。如果有任何微小的东西出了问题,将不得不关闭整个电站来进行维修。因此,激光惯性聚变能装置具有的将不再是由一束激光切分成的192束,而是两倍数量的光束(384),并且每束都是由自己的激光器产生的。具体计划是让激光器作为独立单元在工厂生产,一个单元基本上是一个箱子,大小能装得下一枚鱼雷。电站的操作人员不需具备激光器的任何知识;这些单元将会用卡车运送,操作人员只要将它们安插到位并打开它即可。电站就地会有一些备件,如果一台激光器坏了,它就能被拔出和更换,而不用停止发电。

聚变反应堆设计中的另一个大问题是中子损伤,对此,利弗莫尔的研究人员也想出了一个新颖的解决办法。核工程师们正在努力为聚变反应堆寻找新的材料,使它能连续几年承受高能中子持续的密集轰击。但是,利弗莫尔团队不想只等待新材料的开发和测试。他们为激光惯性聚变能装置选择了一个更为简单的解决方案:让反应靶室可更换。在他们的设计中,物理上连接到反应靶室的唯一东西是用于冷却液的管道系统。一两年后,可以切断这个连接,顺着铁轨将带轮子的整个反应靶室推到相邻的一座楼中,随后推入一个新的靶室。旧的靶室需要几个月的"降温",以使其放射性降低到安全水平,之后将被拆解,最后埋进浅坑。

这是一个大胆的计划,并且由于其策略是依赖已知的技术和现成的部件,设计小组计算,一旦国家点火装置实现点火,他们就能够在短短12年内建造出一座激光惯性聚变能装置发电站原型。

利弗莫尔并不是唯一提前考虑到实现点火后将会发生什么的组织。美国能源部,特别是它的科学事务负责人史蒂文·库宁意识到,一旦实现突破,白宫、国会、其他组织以及公众会开始问问题,诸如美国近几年是一直在研究惯性核聚变吗?以及,为了取得从科学突破到商用发电站的迈进,现在计划做什么?对第一个问题的回答是:做得不是很够。在国家点火装置的建造过程中以及以后,其他有关惯性约束聚变的研究经费匮乏。作为国家点火装置的支撑角色,罗切斯特大学实验室获得了一些经费,但在国家实验室和其他地方开展的研究很少。然而,这并不意味着,在这一领域工作的那一小部分研究人员对于下一步要做什么没有想法。

库宁非常熟悉国家点火装置,多年来已经被招募到各种专家小组去对它和其他聚变项目进行评估。库宁现在需要的是对惯性聚变研究整个领域的状况作一次广泛的调查,所以国家科学院再一次受委托开展调研。国家科学院组织了专家小组,成员来自大学、国家实验室和工业界。在一年的过程中,他们走访了投入惯性约束聚变研究的主要设施,并听取了几十个报告。他们离开华盛顿后的第一站被请到了利弗莫尔。在那里,国家点火装置的研究人员解释了他们的激光惯性聚变能装置电站计划。

接着,他们参观了位于新墨西哥州阿尔伯克基的桑迪亚国家实验室。那里的研究人员一直在从事惯性约束聚变研究,但使用的不是激光器,而是用极其强大的电流脉冲产生的磁场力去挤压靶标。他们的技术使用的是箍缩效应,这种现象是彼得·托曼在20世纪40年代偶然发现的,它促使他从澳大利亚前往牛津,在那里开始了聚变反应堆的建造。箍缩效应使一股流动的电流在其自身产生的磁场作用下受到向内、向电流通道中央的挤压。托曼的设备,连同所有托卡马克,都使用箍缩效应挤压一束流动等离子体,对它进行压缩和加热。桑迪亚的研究人员以一种不同的方式利用箍缩效应。他们将聚变燃料约束在一个圆柱形金属罐中,然后沿着罐的外壁通入一股巨大的电流。箍缩效应将罐壁向中心挤压,并将金属罐压扁。如果电流脉冲够大够快,被压扁的金属罐就能被足够压缩并加热罐中的燃料,从而点燃聚变。

要做到这一点需要有一束超强的电流脉冲。所以,桑迪亚研究人员采用了Z装置。它能将电荷储存在多个巨大的电容库中,然后急速放电。这台装置宽37米,能创造一个2 700万安并持续一千万分之一秒的电流脉冲。到2013年,桑迪亚团队将用Z装置开始尝试实现聚变。计算模拟表明,他们或许能够达到能量收支平衡。但是,他们测算,要真的把这个想法付诸测试,并产生真正的能量,他们需要一台新装置——Z-IFE——能够产生高达7 000万安的电流脉冲。

作为一种潜在的能量来源,Z装置有它的缺点。它比激光器要花更长时间充电,金属罐靶标也更大,比激光聚变的燃料靶丸更笨重。因此,桑迪亚这种配备将以一种较慢的重复速度进行运转——每10秒发射1次。为了使这样的速度更经济,每次爆炸就必须更大,以产生更多的能量。因此,这种配备对反应靶室的研发具有更大挑战。这个反应靶室要能承受一次大得多的爆炸,并且每隔10秒要为下一次作好准备。尽管如此,研究团队认为,相对于激光聚变所要求的高速和针尖般的精度,他们大脉冲、大爆炸和慢重复的砸大锤方法更容易实施。

国家科学院专家组的下一站是罗切斯特和激光能量学实验室。在这里,讨论的主题是实现激光聚变的其他方式,所使用的激光器要避免国家点火装置用钕玻璃激光器进行间接驱动的某些缺点。罗切斯特和华盛顿特区海军研究所的研究人员强调,对激光聚变发电来说,直接驱动会是一种更好的途径。让激光直接照射燃料靶丸避免了将能量损失在黑腔里,所以就不需要那么强大的激光器。它也会更加简单,因为只需要燃料靶丸本身,而没必要每打一次靶就建一个靶标,并且还要把靶丸精心定位在黄金罐或铀罐内。由于按照预计,未来的激光核聚变电站每秒大约必须进行10次打靶,因此这些电站每天将消耗的靶标只比100万略少一点,所以,简单——同样重要的是低成本——将是一个关键因素。

利弗莫尔研究人员放弃了直接驱动，因为为了让它起作用，你需要品质非常高的激光光束，光束和靶丸里的任何缺陷都不会导致对称内爆。但是，罗切斯特和海军研究所却坚守着它，并开发出了一些消除光束缺陷的方法。他们用罗切斯特的欧米伽激光器测试了这些技术，但是它没有国家点火装置那样的功率，所以他们还没有能力试验直接驱动点火的能量。

海军研究所团队也作出了另一项创新。他们开发出了一种激光器，它发出的光是紫外光，所以它并不像欧米伽和国家点火装置那样需要逐步减小波长，这样就避免了用磷酸二氢钾晶体进行转换过程中的能量损失。他们的激光器没有用掺钕玻璃作为光放大介质，而是使用氪-氟气体，并以电子束泵入到满能量。海军研究所的研究人员已经建造了一些演示模型，其中一些具有高重复率但低功率，还有一些具有高功率但只能执行单次发射。他们还没有赢得经费，来支持开发一种准备用于聚变实验的高功率、高重复率的型号。

国家科学院专家组同样还听说了其他方法，例如使用重离子束实现靶标的内爆。与制造激光束相比，离子加速是一种能效更高的过程，而且在创造高重复速度方面不存在问题。其聚焦使用的也是强大而结实的电磁体，而不是能被爆炸或者强光束损坏的精细镜片。但是，创造具有合适能量和足够高强度的束线来实现靶标的内爆，这仍然是一个挑战。在旧金山附近的劳伦斯·伯克利国家实验室，研究人员已经建造了一台加速器来研究那些挑战，但该项目的经费极其短缺。

此外，还有一种基于激光器的技术，被称为快点火。它将激光脉冲的两种功能——压缩燃料和将它加热到聚变温度——分开来，对于每种功能使用不同的激光器。在一座传统的激光器聚变设施中，这两项工作是通过在20纳秒长的激光脉冲里精心塑造它的形状来实现的:对这束脉冲的前段稳步施加压力,使得靶丸发生内爆并压缩燃料;然后,在其末段的一次强烈的爆发向燃料发射出一股冲击波,并聚焦在中心的热斑上,将它加热到点火需要的数千万摄氏度。获得正确的脉冲形状是相当复杂的,这要求一台能量很高的激光器。通过分离这两种功能,只需一台能量低得多的激光驱动器就能让快点火反应堆运转,因为它必须做的只是压缩部分。一旦内爆已经停止,燃料也已达到最大密度,单独一束很短但强度非常高的脉冲光束就会被发射到燃料上,从而将一部分燃料加热到足以引发点火的温度。

在日本的大阪大学(Osaka University),研究人员开创了快点火的方法,并且最近罗切斯特欧米伽激光器也加入了他们的工作。这台激光器已经通过增加第二个激光器而进行了升级,以便用于快点火实验。在理解快点火是如何工作的这一点上,这些努力都在取得进展。不过,尽管如此,它们也都还没有强大到足以实现完全点火的程度。在欧洲,研究人员也热衷于加入这场角逐,并且已经制定了一台大型快点火装置的详细计划,以验证它的发电潜力。这台装置被称为高功率激光能源研究(High Power Laser Energy Research, HiPER) 设施,它将拥有一台 20 万焦能量的驱动激光器(国家点火装置能量的十分之一)和一台 7 万焦的加热激光器。计算表明,与国家点火装置相比,高功率激光能源研究设施应该能实现更高的能量增益,但它的设计者们却正在等待设计的最终敲定。他们要等国家点火装置实现点火,以便汲取它所提供的任何有用的经验教训。

所有这些可能的可选方案——只有罗切斯特的欧米伽激光器可能是个例外——所存在的问题是,它们一直缺乏经费。在过去 20 年中,美国能源部向国家点火装置大笔大笔地倾注经费的同时,其他方案却一直受到忽视。这些可选方案的支持者们所害怕的是,历史即将重演:利弗莫尔对激光惯性聚变能装置反应堆的设计是非常全面、非常具有说服力的；它能说服国家科学院专家组，让它相信未来惯性约束聚变经费的主体部分应该直接流向利弗莫尔吗？

但是，调查组并没有受到诱惑。它的任务原本是：根据国家点火装置已经实现了点火这一假定，提出一个未来的研究项目。国家点火装置上的点火固执地拒绝配合，这减损了激光惯性聚变能装置计划的荣光——在下一代惯性聚变项目中，它看起来显然不再是那么稳操胜券了。在 2013 年 2 月发表的专家组报告中说，惯性聚变所涉及的许多技术仍处于技术成熟的早期阶段，决定挑选哪匹马来支持还为时过早。它建议设立一个广泛的研究项目，以便为将来在该领域集中方向提供所需的信息。这对可选方案是个好消息。但是，疲软的美国经济迫使许多领域的科研经费受到削减，再加上利弗莫尔研究人员在点火的道路上似乎迷失了方向，启动一项资助丰厚的研究计划的前景并不乐观。

国际热核聚变实验堆的建造正在全速前进，国家点火装置也一直在朝着点火努力。在这种情况下，核聚变是否正在逼近研究者们已梦想了 60 多年的重大突破呢？成千上万的研究人员愿意相信如此，但之前就一直出现过虚假的曙光：罗纳德・里克特从未成真过的阿根廷聚变反应堆，零功率热核装置和 1958 年的日内瓦会议所引发的全部热潮，俄罗斯首台托卡马克在 1968 年达到的惊人高温，以及 20 世纪 90 年代托卡马克聚变测试堆和欧洲联合环产生的热量，它们接近了能量收支平衡，但并没有完全达到。每一次，新闻界都兴奋地发表报道，描述聚变给解决世界能源问题所带来的希望；但是，之后意想不到的技术问题、经费的匮乏或者缓慢的研究进展本身，所有这些都使聚变再一次从公众的意识里被淡忘。许多人逐渐开始冷嘲热讽，说聚变永远不会兑现它的承诺。请记住这句嘲笑：聚变是未来的能源，而且将永远是。

但也存在真正的担心,担心核聚变是否真的能提供一种经济的能源——即使实现了高增益——而这些担心通常是由工程师们表达的。他们强调,聚变科学家们痴迷于开发一种反应堆,希望它产生的能量能直接超出其消耗的能量。但是,这种痴迷忽视了一个非常严重的障碍,而在能够与现有能源竞争之前,仍然必须克服这个障碍。

1994年,电力研究院(Electric Power Research Institute, EPRI)——美国电力行业的研发之翼——邀请一些工业研发经理和高级执行官组成了一个专家组,以制订一套标准。聚变反应堆必须达到这些标准才能得到电力工业的接受。他们最后提出了三条。第一条是经济标准:为了抵消采用新技术所增加的风险,新聚变电站的寿命周期成本必须低于同时存在的那些与之竞争的技术。第二条标准是公众的接受度:它必须是公众想要并且相信的东西。最后一条是,专家组想让核聚变具有一套简单的监管审批程序:如果核监管机构要求对设计进行冗长的调查,或要求反应堆选址在远离人口中心地区,或者装进一座封闭的建筑里,聚变的前景可能就会非常暗淡。

劳伦斯·李德斯基(Lawrence Lidsky)是最早质疑聚变发电可行性的人之一,他是麻省理工学院的一位核工程教授,也是该学院等离子体聚变中心的副主任。到1983年,李德斯基在等离子体物理学和反应堆技术领域已经工作了20年。对核聚变的未来,他已经产生了一些深切的忧虑。在等离子体聚变中心,同事们都不愿谈论它。所以,李德斯基给麻省理工学院的杂志《技术评论》(*Technology Review*)写了一篇文章,题为“聚变的困境”。李德斯基强调,由于无法逾越的氘-氚聚变物理学,与一座具有可比性的核裂变反应堆相比,任何一座聚变电站注定会更大、更复杂、更昂贵(所以就无法达到电力研究院制定的经济和监管标准);而且,这种复杂性会使它容易发生小故障（所以无法达到公众接受的标准）。

李德斯基首先对燃料本身的选择提出了批评。在20世纪40年代和50年代，当核聚变的先驱们意识到，想达到足够高的温度来引发核聚变是有多么困难的时候，他们自然地选择了最容易发生反应的燃料——氘和氚的混合物。在当时的技术条件下，任何其他轻原子核组合的反应（如氘和氘或氢和氦-3）都是根本不可想象的。所以氘-氚成为核聚变研究的焦点，科学家们选择性地忽视了这样的事实——这种反应会产生大量的高能中子。对任何投入运营的发电反应堆来说，这都会是一件令人头疼的事情。裂变反应堆也产生中子，但聚变反应堆中的那些中子具有更高的能量，因此能穿透反应堆自身的钢结构，把钢铁中的原子撞离原有的位置。经过多年的运行，这种中子轰击将使反应堆产生放射性，并削弱它的结构强度。这制约了它的寿命，也意味着人类对它的任何维护或修理都会变得困难或不可能。

当然，反应堆的关键部分可以用其他更耐中子辐射的金属（如钒）制造，但这样会增加费用。聚变科学家早已注意到这个问题，并且一直在寻找其他更加奇特的耐中子辐射材料。但是，在向实现能量收支平衡的推进过程中，这种努力总是居于次要位置。不管怎样，测试这种材料将需要强度非常高的中子源，而今天并不存在这样的中子源。美国研究人员已经提议建造一些核聚变反应堆，通过优化让它们产生大量的中子，而不是能量；在它们中间，有的就可以用作新材料的试验平台。但是，随着美国聚变预算的严重紧缩，这永远不会具有很高的优先性。

另一种选择是，在一台专门建造的加速器设施中，利用高强度粒子束来产生中子。在欧盟和日本就国际热核聚变实验堆建造地所达成的协议（即所谓“更广泛的途径”）中，就为这样一座测试平台提供了动工建设的经费，该平台被称为国际聚变材料辐照装置（International Fusion Materials Irradiation Facility,IFMIF)。但是,到写这本书的时候,这一项目仍在忙着进行设计和技术测试——远没有用中子轰击过任何材料。所以,同聚变事业的其他方面相比,为聚变反应堆寻找合适材料的努力相对落后。尽管它可能对国际热核聚变实验堆的后继者装置有用,但是不太可能为国际热核聚变实验堆提供任何有用的数据。

李德斯基还主张,氘-氚聚变反应堆将不可避免地变得庞大而且复杂,因而对电力行业来说无法接受。刚开始,这座反应堆就必须应付在几米长限度内的温度急剧变化,从大约 150 000 000 摄氏度——比我们太阳系中的任何地方都要热——到零下 269 摄氏度;后面的温度仅高于绝对零度几度,这就是超导磁体的运行温度。控制这些温度梯度和热量流动将是一项重大挑战。此外,他还强调,一座氘-氚动力反应堆不可避免地会很大,因而也很昂贵。历史证明了他的断言:随着托卡马克发展,它们已经变得越来越大。国际热核聚变实验堆的等离子体真空室大直径是 19 米,而这仅仅才是个开始:外面它还有几米多厚的结构,包括第一层壁(抵抗热量和中子的第一道防线),还有液态锂流经的“包层”;其中的锂能够通过中子转化成氚,同时也是一个防热护罩,能为超冷的磁体隔绝反应堆的热量,最终也为磁铁本身提供保护。加在一起就形成一个巨大的结构,远大于一座裂变反应堆的核心;而在电力工程中,大小=成本。不管怎么说,国际热核聚变实验堆不是为发电而设计的;在它之后,按计划将出现演示动力反应堆,被称为 DEMO。据一些人估计,其线性尺寸将要增加 15%。

李德斯基在 1983 年总结说,如果核聚变研究以现在的路线继续下去,“昂贵的聚变反应堆将有同其他一些技术的‘巨大成功’处于同一行列的危险,例如飞艇、超音速运输以及中子增殖裂变反应堆,它们最后都被证明是多余和无用的”。他在《技术评论》上发表的文章的摘编版接着出现在《华盛顿邮报》(*Washington Post*)上,题为"我们经济拮据的能源王牌是张小丑:聚变不会起飞"(Our Energy Ace in the Hole is a Joker:Fusion Won't Fly)。这些公众批评引起了聚变研究中的一场风波,导致了李德斯基同普林斯顿等离子体物理实验室主任哈罗德·菲尔斯之间的一场书信战,并持续了很多个月。这些文章刊登不久,李德斯基就被免去了等离子体聚变中心的副主任头衔,他变成了聚变学界的弃儿。

然而,李德斯基所传达的信息并不完全是负面的。他承认核聚变在燃料无限和放射性废料极少两方面的吸引力,但是,他本质上认为,聚变已经进行了错误的转向,需要重新开始,将重点放在一种不产生中子的不同反应上:氢和硼-11 的聚变。这看起来很理想,但硼有 5 倍于氢的正电荷数,这让聚变更难实现。虽然已经有人提出了一些氢与硼聚变的方案(包含采用桑迪亚的 Z 装置),但是,还没有一个方案受到过测试。

尽管 30 几年前就有人表达了这些忧虑,其中许多到今天仍然正确。现在存在更好的材料和技术,但基本的物理学却相同。核聚变的支持者们也承认,前面还存在一些重大挑战;但那不是说它们无法解决,它们只是尚未解决。只是因为有些事情很难,但这并不意味着我们不该进行尝试。但是,即使是在最热心的聚变拥护者中间,也有许多人承认,商业聚变能在 2050 年之前是不可能实现的。这一观点得到了电力研究院另一份近期报告的支持,该报告试图发现,在现存的聚变技术中是否有什么会在短期内对电力行业有用。报告于 2012 年出版,它审查了磁约束和惯性约束的聚变方法以及一些可选方案,但得出的结论是:这些方法都处在技术成熟的早期阶段,其中没有一项能在未来 30 年内投入使用。该报告建议,核聚变研究工作应该更关注发电问题,而不是总盯着产生超额能量的科学可行性。

那么,核聚变是否注定是永远不能实现的能源梦想?聚变常常被拿来与裂变作比较,它们都诞生于战后对所有与技术相关事情的热情。裂变以惊人速度证明了其价值:重元素的裂变于1938年被发现,第一座原子堆于1942年开始产生能量,而第一座实验发电站则于1951年建成。从发现到发电只用了13年的时间。但是,与核裂变进行比较是一种误导:几乎不需要任何能量就能引发铀-235的原子核分裂,并释放其存储的一些能量;而且作为一种燃料,固体铀很容易处理。与此相反,核聚变所要求的温度要达到太阳核心温度的10倍,它的燃料是难以控制的等离子体。当聚变研究开始时,科学家们对等离子体是如何工作的还所知甚少;并且,尽管后来已经取得了巨大进步,但是等离子体物理学中还有许多我们仍然无法了解的东西。

裂变在其最初的几年还具有另一个优势:它出现在战时研制原子弹的急速努力之中。早期的一些原子反应堆对这项努力是必不可少的,因为它们生产钚,所以大量资金被注入它们的开发中。战争之后,由于军事计划人员把核裂变反应堆看成是潜艇的一种完美动力源,所以快速的研究得到继续。事实上,轻水反应堆不过是对潜艇核动力站的改装,它现在已占据了核电工业的主导地位;而以现在的后见之明,它原本也不是陆基发电的最佳选择。如果所有这些研发是在和平时期由民用科学家开展的话,那么就有可能要花费数十年的时间。

核聚变也诞生于英国、美国和苏联的军事研究实验室,而且起初也出于与核裂变同样的原因而受到保密:因为它可以用来制造钚。但是,一旦军事计划人员意识到这一点不比使用裂变反应堆容易,他们就失去了对受控核聚变的兴趣。从那时起,核聚变研究就一直在挣扎中前行;随着政府对替代能源热情的增增减减,该研究也在餍足与饥馑的轮回中几起几落。它从未享受过政府明确的热情支持,就像肯尼迪总统承诺要把人送上月球之后阿波罗计划所受到的支持那样。这是聚变研究痴迷于实现能量收支平衡的原因之一。明确证明核聚变能产生多余的能量,这样的消息肯定会抢占报纸头条,并掀起一股激动的浪潮。这样,许多科学家和工程师才会争先恐后地加入核聚变研究人员的行列,政府的经费也才会源源不断地注入。不管怎么说,这就是希望。

有些技术的梦想确实需要时间去开花结果。请看看航空的历史。1903年莱特兄弟(Wright brothers)的飞行并不是这一进程的开始,在那之前的几十年中,航空先驱们一直在为升空而努力。在基蒂霍克(Kitty Hawk)首次的12秒飞行也许只是对可行性的证明——类似于聚变中的能量收支平衡,也许?奥维尔(Orville)和威尔伯(Wilbur)还不知道,他们的发明接下来会如何发展。他们不可能想象到今天巨大的喷气式客机,更不用说维珍银河(Virgin Galactic)太空巡航的快乐。但是,这些进展并不是一蹴而就的:在喷气发动机和增压舱成为常规技术之前,人们用了40多年的时间,其中还包括两次世界大战期间的加速发展。聚变现在仍然处于木杆、线绳和帆布的发展阶段。未来的聚变电站看起来可能一点也不会像是一座升级版的国际热核聚变实验堆。

我们不得不把让聚变成为现实的成本和时间同它将带来的巨大好处进行权衡。假定李德斯基那类人描述的所有工程障碍是可以克服的,一个全部由核聚变驱动的世界会是什么样子?国际热核聚变实验堆当前的合作伙伴代表了一半以上的世界人口,所以建造核聚变反应堆的技术诀窍将广泛流传——垄断将不会存在。也没有任何一个国家会对燃料供给形成绝对控制。每个国家都能获得水。将不再会有煤矿的开采,或者油砂的挖掘;不再会有石油钻井平台,无论是在海上,还是在脆弱的陆上栖息地;不再会有管道切过草地,穿过荒野;不再会有油轮或石油泄漏。能源的地缘政治——以及与之伴生的所有腐败、政变和战争——都将会消失。经济蓬勃增长的国家,例如中国、印度、南非和巴西,将不再需要依赖于仓促建成的火电站和核电站。聚变能也非常不可能像美国原子能委员会主任刘易斯·斯特劳斯在1954年所断言的那样,会"便宜得无须计量";但是,它却不会破坏气候,它不会污染环境,它不会耗竭。我们怎么能不试试呢?

到达那个境地并不容易而且也不会完成,除非整个社会和政府以及聚变科学家们都想要它。作为领导本国努力20多年的苏联核聚变先驱,列夫·阿尔齐莫维奇有一次曾被问到:聚变能何时才能得到。他回答说:"当社会需要它时,聚变就会准备好。"

致　谢

首先，我要感谢《科学》杂志的同事们，他们帮助和支持了我编写聚变研究编年史的努力。他们是科林·诺曼、罗伯特·孔茨、约翰·特拉维斯、理查德·斯通、埃利奥特·马歇尔、杰弗里·玛费斯、艾德里尔·朱、罗伯特·色维斯、丹尼斯·诺迈尔和安德烈·阿拉克霍夫朵夫。

许多科学家和科学行政工作者奉献了他们的时间和精力与我交谈，向我解释他们错综复杂的工作。没有他们的努力，本书根本无法完成。为此我要感谢：罗伯托·安德里尼、罗伯特·艾马、迈克尔·贝尔、史蒂芬·博德纳、哈拉尔德·博特、杜阿尔特·博尔巴、理查德·伯特列、大卫·坎贝尔、瓦莱丽·杰尔诺娃、托姆·科克伦、约翰·科利尔、布鲁诺·科皮、格伦·康赛尔、迈克尔·库尼奥、罗尼·戴维森、安妮·戴维斯、史蒂芬·迪安、阿诺·戴佛雷德、迈克·邓恩、雅克·艾勃拉蒂、克莉丝·爱德华兹、阿伯托·芬齐、埃里克·弗雷德里克森、理查德·加文、大卫·盖茨、艾伦·吉布森、齐格弗里德·格兰兹、罗伯特·戈德斯顿、马丁·格林沃尔德、格雷格·哈米特、大卫·哈莫、诺伯特·霍尔特坎普、洛恩·霍顿、肯耐姆·池田要、吉恩·吉亏奈奥、更特·吉斯切兹、雷蒙德·金乐兹、鲍勃·卡阿太、玛丽莲·凯莱、托马斯·克林格、检塞尔·克罗斯罗德、乔·克文、约翰·林德尔、史蒂文·列斯哥、克里斯托弗·列维列·思密斯、迪克·马耶斯基、盖伊·马太、基思·曼特兹、罗伯特·麦克罗里、戴尔·米德、斯奇·米诺弗、尼尔·米切尔、阿基利斯·米得索斯、爱德华德·摩西、奥斯莫·莫托吉玛、丹尼斯·米勒、弗拉迪米尔·斯米诺维奇·莫柯凡德、斯蒂文·奥本斯切、克莉丝·佩因、杰罗姆·帕梅拉、理查德·皮茨、斯图尔特·柏拉杰、斯基·列兹文.列兹尼、克西尼亚·阿历克桑德·雷兹莫娃、鲍尔亨利·里伯特、迈克尔·罗伯茨、弗朗西斯科、史蒂文·斯班格、耐德·斯福夫、罗伊·斯切沃兹、约翰·斯芬尼、雅索·西摩奥麻拉、吉姆·斯特罗恩、雅苏·西摩莫拉、吉姆·斯特罗恩、维奇切斯拉夫·斯吉维奇·斯德列柯夫、爱德蒙·西奈柯夫斯基、布赖恩·泰勒、鲍尔·凡得泼拉斯、意凡吉尼·弗里柯夫、迈克尔、沃特金斯、彼得·王、兰迪·威尔逊、席琳·毕顿、凯·杨、迈克尔、占姆斯托夫和哈得摩特·朱荷。如果我在此遗忘了某人,务请接受我的致歉,你的贡献同样具有价值。

我也永远感激那些科学写作的无名英雄,那些实验室和大学出版社的工作人员。他们是阿里斯·阿布罗奈多、尼尔·考尔德、克莉丝·卡彭特、米歇尔·克莱赛斯、马可·康士坦茨、萨班娜·格里菲思、詹尼弗·海、邦妮·赫伯特、朱迪思·荷兰丝、尼克·霍洛韦、吉特·麦克弗申、伊莎贝拉·摩尔切、约翰·帕里斯、鲍尔·普罗斯、琳达·西弗、杰夫·舍伍德、比尔·斯塔克曼、派蒂·威泽和马可·伍拉德。

我特别要感谢卡勒姆聚变能研究中心的史蒂文·考利,他让我阅读手稿并帮助我避免重大的错误。我也十分感激我的经纪人,科学社的彼得·泰尔克,他自始至终地监护这一项目直至出版。

我十分感谢我的编辑,在达克沃斯的乔恩·杰克逊和在奥佛洛克的丹·克里斯曼,以及包括特蕾西·卡恩斯、迈克尔·戈德斯密斯、彼德·曼雅和吉米李·拿东的所有人。他们将我的手稿十分完美地出版,把我的文字变成如此出色的书本。

我也要感谢厄福德书社的亚当、格雷丝、杰里米、乔、琼、马雷克、玛甘、纳塔利、菲利普和替格，感谢他们六周一次的不间断鼓励。

最后，要将我的爱和感激献给贝尔纳黛特·劳伦斯、萨姆·劳伦斯-克莱利和埃伦·劳伦斯-克莱利，他们作为最出色的家庭成员给了我持久的支持和鼓励。

译 后 记

从20世纪40年代到本世纪最初十余年中,全世界的科学家、研究机构和政府在可控核聚变能量方面进行了艰苦曲折的探索。本书以简洁的语言对这一段历史进行了比较全面的叙述,不仅通俗地解释了可控核聚变以及各种聚变装置的发现与发明的过程及其科学原理,而且讲述了这一过程中科学、技术、工程、政治、经济、军事与外交等因素之间复杂的互动关系。作者既广泛利用了大量的文献和档案,又对相关的科学家、工程技术人员以及政府官员进行了大量访谈,从而透露了不少背后的故事。在现代社会中,能源问题已经成为全人类所面临的重大挑战,可控核聚变为我们提供了一种最具吸引力的可能应对方式,而本书则为较全面地了解可控核聚变探索的历史提供了一个非常好的起点。

本书是中国科学技术大学科技史与科技考古系2015年上半年"西方科学史前沿"课程的阅读材料。参与课程的研究生对可控核聚变的历史进行了分工调研和课堂讨论,并开展了对本书的初步翻译。具体分工为:第一章,张乃乙(中国科学技术大学科技史与科技考古系硕士生);第二章,吴国伟(中国科学技术大学核科学技术学院博士生);第三章,陈婷(中国科学技术大学科技史与科技考古系博士生);第四章,叶雪洁(中国科学技术大学科技史与科技考古系博士生);第五章前一半,冯竞超(中国科学技术大学核科学技术学院博士生);第六章,吴忠霞(中国科学院北京生命科学研究院博士生）；第七章，李晓兵（中国科学技术大学科技史与科技考古系博士生）；第八章，王亚伟（中国科学院上海光学精密机械研究所硕士生）。在此基础上，本人用四个月时间对初译稿进行了非常仔细的核对和修改，同时翻译了第五章后半部分，并对部分不能采用的初译稿进行了重译，又进行了统一润色。由于本人学识所限，翻译中必定会存在不少问题，欢迎广大读者批评指正。作为主译，本人对这些问题承担责任。

石云里

2015 年 11 月 22 日

A PIECE OF THE SUN: THE QUEST FOR FUSION ENERGY By DANIEL CLERY

This edition arranged with Louisa Pritchard Associates and The Science Factory
through BIG APPLE AGENCY, INC., LABUAN, MALAYSIA.

图书在版编目（CIP）数据

一瓣太阳：可控核聚变的寻梦之旅 /（英）丹尼尔・克利里
（Daniel Clery）著；石云里译. —2版. — 上海：上海教育出版
社, 2017.12（2022.9重印）
（“科学的力量”科普译丛. 第二辑）
ISBN 978-7-5444-8064-2

Ⅰ. ①一… Ⅱ. ①丹… ②石… Ⅲ. ①热核聚变—普及读物
Ⅳ. ①TL64-49

中国版本图书馆CIP数据核字（2017）第312072号

策划编辑　屠又新
责任编辑　李　祥
审　　校　曹　磊
封面设计　陆　弦

“科学的力量”科普译丛（第二辑）
一瓣太阳
——可控核聚变的寻梦之旅
[英] 丹尼尔・克利里（Daniel Clery）　著
石云里　主译

出版发行　上海教育出版社有限公司
官　　网　www.seph.com.cn
地　　址　上海市闵行区号景路159弄C座
邮　　编　201101
印　　刷　常熟华顺印刷有限公司印刷
开　　本　890×1240　1/32　印张 8.625　插页 2
字　　数　206 千字
版　　次　2017年12月第2版
印　　次　2022年9月第2次印刷
书　　号　ISBN 978-7-5444-8064-2/T·0025
定　　价　35.00 元

如发现质量问题，读者可向本社调换　电话：021-64373213